鲍正风 郑 静 汤正阳 陈瑜彬 等 著

长江流域控制性水利工程综合调度关键技术与平台开发

长江出版社

CHANGJIANG PRESS

图书在版编目（CIP）数据

长江流域控制性水利工程综合调度关键技术与平台开发 / 鲍正风等著 .
武汉 : 长江出版社, 2024. 11.-- ISBN 978-7-5492-9884-6

Ⅰ . TV882.2

中国国家版本馆 CIP 数据核字第 2024F8X478 号

长江流域控制性水利工程综合调度关键技术与平台开发

CHANGJIANGLIUYUKONGZHIXINGSHUILIGONGCHENGZONGHEDIAODUGUANJIANJISHUYUPINGTAIKAIFA

鲍正风等 著

责任编辑： 郭利娜　吴明洋
装帧设计： 汪雪
出版发行： 长江出版社
地　　址： 武汉市江岸区解放大道 1863 号
邮　　编： 430010
网　　址： https://www.cjpress.cn
电　　话： 027-82926557（总编室）
027-82926806（市场营销部）
经　　销： 各地新华书店
印　　刷： 湖北金港彩印有限公司
规　　格： 787mm×1092mm
开　　本： 16
印　　张： 17.25
字　　数： 400 千字
版　　次： 2024 年 11 月第 1 版
印　　次： 2024 年 11 月第 1 次
书　　号： ISBN 978-7-5492-9884-6
定　　价： 178.00 元

前　言

PREFACE

国家"十四五"规划纲要明确提出"构建智慧水利体系，以流域为单元提升水情测报和智能调度能力"。水利部高度重视智慧水利建设，将推进智慧水利建设作为推动新阶段水利高质量发展的最显著标志和六条实施路径之一，提出"治水管水必须以流域为单元，实施统一规划、统一治理、统一调度、统一管理"。其中，"统一调度"即"综合分析比对各要素，预演防洪、供水、发电、航运、生态等调度过程，动态调整优化调度方案"。流域综合调度是智慧水利建设的重要组成部分，是数字孪生流域建设的出发点和落脚点，也是检验数字孪生流域建设成果的主要标准。

目前，长江中上游流域控制性水利工程体系已逐步形成，涵盖金沙江、雅砻江、大渡河、乌江、嘉陵江、汉江等干支流大型控制性水库。在长江大保护背景下，以三峡水库为核心，以乌东德、白鹤滩、溪洛渡、向家坝、葛洲坝等巨型电站水库群为骨干的控制性水利工程建设运行对流域防洪、水资源管理、水生态环境保护影响日益显著，水库群多任务多目标调度管理趋于复杂，现行业务系统功能单一、覆盖面有限、信息化支撑能力不足。为全面提升长江流域统筹调度管理能力、满足多约束多目标综合调度需求，2016 年长江水利委员会（以下简称"长江委"）提出了建设长江流域控制性水利工程综合调度支持系统（以下简称"综合调度系统"）的构想。2018 年 12 月，水利部明确系统建设采用长江委组织实施、相关单位参与建设、共建共管共享的模式，系统于 2023 年初步建设完成。通过综合调度系统的建设，实现水工程群联合调度运行，保障全流域防洪安全，提供经济社会发展需要的优质清洁能源，同时兼顾供水、航运、泥沙、生态环境保护等多目标，充分发挥梯级水库群综合效益。

本书的主要成果基于综合调度系统的建设内容，涵盖了模型、知识、业务平台等数字孪生建设的核心工作。本书从流域模拟、防洪、水量、泥沙、水生态、应急、发电、多目标调度共 8 个板块，系统描述了以水流为核心的流域综合调度业务中涉及的算法、流程、规则、知识，以及相关实例化应用案例，对于推动流域预报调度智慧化技术进步和落地具有重要的理论和实践意义，对长江流域和全国其他流域的数字孪生和

“四预”能力建设有积极的推广和示范作用，具有广泛的发展前景和潜在效益。

本书共分为10章。第1章主要介绍了编写本书的背景、意义，平台的建设目标与任务、建设内容、设计思路，以及特色与创新性；第2章从降水和水流两个层面概述了预报模型、方法以及水文气象耦合技术，创新了专家交互式的预报方法，描述了短中长期的流域模拟引擎的构建方法；第3章主要介绍了防洪调度关键技术，包括防洪调度规则库、防洪调度模型库，以及调度方案的优化与管理；第4章主要介绍了水量调度关键技术，以中长期水量预测为基础，涵盖了水量调度规则库以及水量调度算法与模型；第5章主要介绍了泥沙调度关键技术，包括泥沙调度模型及其构建方法，以及在三峡库区和中下游的实例化案例；第6章主要介绍了水生态调度关键技术，包括水生态调度的方式、规则库，以及调度模型和具体案例；第7章主要介绍了应急调度关键技术，包括一、二维水质应急调度模型，应急调度模块功能介绍，以及应急调度案例；第8章主要介绍了发电调度关键技术，以中长期发电调度为主，包括模型和实例化案例；第9章为多目标综合优化关键技术，主要介绍了流域多目标的梳理以及水库多目标调度模型，并给出了在长江流域的水利化案例和决策分析；第10章为综合调度系统平台建设，详细介绍了平台的实现与应用，包括平台的架构和构建方式、各个子系统的集成方式，以及系统的应用案例。

本书由鲍正风、郑静、汤正阳、陈瑜彬主编，任玉峰、秦昊、张潇、张涛、王乐、田逸飞、贾克、原松、董炳江、王敏、元嫒、刘宝楠、翟少军、李文晖、张玉柱、辛小康、林臬、白凤朋、任金秋、罗成鑫、黄瓅瑶、陈小娟、徐薇、金瑶、温德平、马一鸣、刘新波，舒卫民、梁志明、冯志州、田锐、刘晓阳、杨旭、吴碧琼、李文晖、李文达、曾志强、卢佳、杨钰琪、李雨晨、金传鑫参与了本书的编写工作。秦洪亮、杨雁飞、童冰星、顾丽、曾明、余峻锋、秦鼎、黄仁勇、邓春艳、曾鑫、龙瑞等参与了本书的研究工作。陈瑜彬、任玉峰、秦昊对本书进行了校审和审查。本书由中国长江电力股份有限公司科研项目(242102024)资助，在编写过程中，得到了长江委水旱灾害防御局、水资源管理局、水文局等单位专家和领导的大力支持，在此一并致以衷心的感谢。

由于笔者水平有限，书中如有不足之处，敬请批评指正。

作　者

2024年3月于武汉

CONTENTS

目 录

第 1 章 绪 论 …… 1

1.1 背景与意义 …… 1

1.1.1 建设背景 …… 1

1.1.2 基本情况 …… 2

1.2 建设目标与任务 …… 2

1.2.1 建设目标 …… 2

1.2.2 建设任务 …… 3

1.3 建设内容 …… 3

1.3.1 模型与调度规则库建设 …… 4

1.3.2 系统功能开发与集成 …… 7

1.4 设计思路 …… 10

1.5 平台特色与创新性 …… 11

1.5.1 平台特色 …… 11

1.5.2 平台创新性 …… 12

第 2 章 流域模拟关键技术 …… 13

2.1 降水预报方法 …… 13

2.1.1 短中期降水预报 …… 13

2.1.2 延伸期降水预报 …… 29

2.1.3 长期降水预测 …… 34

2.1.4 展望 …… 39

2.2 水流预报模型 …… 40

2.2.1 降水径流模型 …… 40

2.2.2 河道演算模型 …… 46

2.2.3 调洪计算模型 …… 50
2.2.4 水资源预报模型 …… 54
2.3 预报体系构建 …… 58
2.3.1 预报模型分类 …… 58
2.3.2 预报模型组件化 …… 59
2.3.3 预报模型库建立 …… 65
2.3.4 预报模型搭建 …… 68
2.4 交互式预报 …… 70
2.4.1 一体化流程技术难点及设计理念 …… 70
2.4.2 一体化流程设计 …… 71
2.4.3 一体化流程构建 …… 74
2.4.4 基于“正逆向”互馈的实时防洪预报调度预演技术 …… 76
2.5 长期水资源预测调度 …… 80
第3章 防洪调度关键技术 …… 82
3.1 防洪调度规则库 …… 82
3.1.1 调度规则库设计 …… 82
3.1.2 调度规则库建设 …… 83
3.2 防洪调度模型库 …… 92
3.2.1 重要控制站洪水来源组成模型 …… 92
3.2.2 重要河段潜在风险分析模型 …… 92
3.2.3 工程实时防洪能力分析模型 …… 93
3.2.4 防洪工程调度配置推荐模型 …… 94
3.2.5 防洪工程联合调度引擎 …… 94
3.2.6 水库控泄调度模型 …… 96
3.2.7 水库补偿调度模型 …… 96
3.2.8 长江中下游蓄滞洪区分洪运用模型 …… 98
3.2.9 长江中下游洲滩民垸行蓄洪运用模型 …… 99
3.2.10 长江中下游排涝泵站应用模型 …… 99

3.2.11 防洪工程体系一体化智能调度模型 …… 100
3.2.12 重点区域二维洪水淹没模型 …… 100
3.2.13 洪灾风险损失评估模型 …… 102
3.2.14 工程运用效益评估模型 …… 105
3.2.15 三峡库区回水计算模型 …… 105
3.3 防洪调度实例化 …… 107
3.3.1 常规计算 …… 107
3.3.2 方案优化 …… 120
3.3.3 方案管理 …… 122
第 4 章 水量调度关键技术 …… 124
4.1 总体设计 …… 124
4.2 功能结构 …… 124
4.3 水量调度规则设置 …… 125
4.3.1 流域水量调度规则设置 …… 125
4.3.2 水利工程水量调度规则设置 …… 127
4.3.3 水量调度关联规则设置 …… 128
4.4 水量调度方案生成模块 …… 128
4.4.1 水量调度参数设置 …… 128
4.4.2 水量调度目标设置 …… 129
4.4.3 水量调度方案推送 …… 129
4.5 水量调度模拟仿真模块 …… 130
4.5.1 水利工程调度仿真 …… 130
4.5.2 流域水量调度仿真 …… 131
4.5.3 河段水量调度仿真 …… 132
4.6 水量调度方案综合评估模块 …… 132
4.6.1 水量调度方案对比分析 …… 132
4.6.2 水量调度方案综合评估 …… 133

第 5 章　泥沙调度关键技术 …… 135
5.1　泥沙调度模型 …… 135
5.1.1　模型简介 …… 135
5.1.2　单站水沙模型 …… 136
5.1.3　区间降水产流产沙模型 …… 136
5.1.4　一维水沙数学模型 …… 139
5.2　泥沙调度模型构建 …… 145
5.2.1　库区一维水沙数学模型 …… 145
5.2.2　长江中下游水沙数学模型 …… 149
5.3　泥沙调度实例化 …… 151
5.3.1　调度方案预设 …… 151
5.3.2　方案列表及成果查看 …… 153
5.3.3　仿真显示 …… 155
第 6 章　水生态调度关键技术 …… 159
6.1　水生态调度背景和意义 …… 159
6.1.1　长江水系“四大家鱼”介绍 …… 159
6.1.2　三峡工程论证阶段对“四大家鱼”影响预测 …… 161
6.1.3　三峡工程建设运行阶段对“四大家鱼”的影响 …… 162
6.1.4　三峡水库生态调度的必要性与可行性 …… 164
6.2　水生态调度方式研究 …… 166
6.2.1　基于系统重构分析的水文—生态响应关系模型 …… 166
6.2.2　基于水动力模型和栖息地模拟的生态流量确定 …… 168
6.3　水生态调度实例 …… 169
6.3.1　三峡水库生态调度方案 …… 169
6.3.2　三峡水库生态调度监测评估 …… 172
6.4　水生态调度系统功能构建 …… 176
6.4.1　鱼类适宜性曲线 …… 176
6.4.2　栖息地水力模拟 …… 177
6.4.3　栖息地模拟评价 …… 184

第 7 章 应急调度关键技术 …… 197
7.1 建设范围…… 197
7.2 模型输入输出参数…… 197
7.3 一维水质应急调度模型原理…… 199
7.3.1 模型控制方程…… 199
7.3.2 方程离散格式…… 200
7.3.3 方程的求解方法…… 202
7.4 二维水质应急调度模型原理…… 207
7.4.1 模型控制方程…… 207
7.4.2 数值计算方法…… 210
7.4.3 模型计算流程…… 215
7.5 模型验证…… 216
7.6 模型功能介绍…… 219
7.6.1 事件报告…… 219
7.6.2 水质预测演算…… 219
7.6.3 调度模拟仿真…… 221
7.6.4 调度方案管理…… 221
7.6.5 调度方案三维复演…… 222
7.7 应急调度模型集成方式…… 223
7.8 应急调度实例化…… 223
7.8.1 事件报告…… 224
7.8.2 通用解析解模型…… 225
7.8.3 长江干流宜昌—湖口江段一维模型…… 227
7.8.4 汉江中下游一维模型…… 234
7.8.5 丹江口大坝—王甫洲江段二维模型…… 237
7.8.6 调度方案管理…… 238
7.8.7 应急调度展示…… 240
第 8 章 发电调度关键技术 …… 242
8.1 中长期发电调度模型…… 242

8.2 发电调度实例化 …… 245
8.2.1 发电调度计算 …… 245
8.2.2 调度方案管理 …… 247
第 9 章 多目标综合优化关键技术 …… 249
9.1 流域调度目标梳理 …… 249
9.1.1 效益评价方式 …… 249
9.1.2 目标与调度阶段的耦合 …… 250
9.2 全周期—自适应—嵌套式的水库群多目标模型 …… 251
9.2.1 多目标调度模型与各效益关系 …… 251
9.2.2 多目标调度模型边界约束 …… 252
9.3 多目标综合优化调度实例化 …… 254
9.3.1 方案预览 …… 254
9.3.2 多目标综合分析 …… 255
9.3.3 决策分析 …… 256
第 10 章 综合调度系统平台建设 …… 257
10.1 综合调度系统平台架构 …… 257
10.1.1 基础设施层 …… 257
10.1.2 数据资源层 …… 259
10.1.3 应用支撑层 …… 259
10.1.4 业务应用层 …… 259
10.1.5 标准规范体系 …… 259
10.1.6 运行维护体系 …… 260
10.1.7 安全保障体系 …… 260
10.2 综合调度系统平台集成技术 …… 260
10.2.1 集成框架 …… 260
10.2.2 集成方式 …… 261
10.3 系统应用示例 …… 262
参考文献 …… 264

第1章 绪论

1.1 背景与意义

1.1.1 建设背景

长江流域是我国重要的战略水源地、水电能源基地、黄金水道和生物宝库，保护好、利用好、治理好、管理好长江，关乎长江流域片4亿多人民的福祉和经济社会可持续发展的大局。新中国成立以来，党中央、国务院十分重视长江流域的治理与开发，尤其是改革开放以来，按照长江流域综合规划的总体布局，长江干支流的一大批控制性水利工程正逐步实施。据初步统计，截至2015年，长江流域已建或具备发挥最终规模能力的控制性水库总库容为1835.51亿m^3、防洪库容约为582.93亿m^3；预计在2030年前后，长江上游地区投入运用的控制性水库总库容将超过2640亿m^3、防洪库容约为630亿m^3。长江中下游已建成3900余千米干堤，安排了46处蓄滞洪区，可容纳超额洪水约592亿m^3。全流域规划跨流域调水总量约为452.5亿m^3，占全国水资源一级区调出水量的78%。目前，已建成的跨流域调水工程向外调水规模达到272.4亿m^3；长江中游设计流量$20m^3/s$以上的涵闸57座，设计流量为$19692.63m^3/s$，中型以上规模的泵站55座，装机容量为31.8万kW；长江大通以下引排江工程共1205座，其中取水工程1060座，设计最大引江流量之和为$25962m^3/s$。这些控制性水利工程作为流域开发治理中的骨干性工程，是实现流域防洪减灾、水量时空调节和分配、维护流域生态平衡、改善水生态环境的主要载体，在保障流域防洪安全、供水安全、生态安全、能源安全，以及生态环境保护修复等方面发挥着重要作用，为促进长江经济带可持续发展和长江大保护提供有力保障。

在长江大保护背景下，长江流域控制性水利工程建设运行对流域防洪、水资源管理、水生态环境保护影响日益显著，水库群多任务多目标调度管理趋于复杂，现行业务系统功能单一、覆盖面有限、信息化支撑能力不足。为全面提升长江流域统筹调度管理能力，满足多约束多目标综合调度需求，2016年长江委提出了建设综合调度系统的构想。2018年12月，水利部明确系统建设采用长江委组织实施、相关单位参与建设、共建共管共享的模式。

1.1.2 基本情况

综合调度系统在国家防汛抗旱指挥系统、国家水资源监控能力建设项目、长江流域水利综合管理信息资源整合与共享项目、长江流域主要水利工程运行管理单位业务应用系统等现有资源的基础上，通过补充完善、升级改造，以大数据信息平台为数据和基础应用支撑，构建基于统一技术架构的综合服务平台。整体架构包括多源数据汇集平台、综合调度数据库、应用支撑平台、综合应用、运行环境和安全保障环境等。通过综合调度系统的研发，提高长江流域水工程统一调度管理的信息化支撑服务能力，提升调度决策智能化水平，实现流域多目标综合调度，为全面推进长江经济带高质量发展提供强有力的水利支撑与保障。

综合调度系统包含大数据信息平台和业务应用两个部分。

(1)大数据信息平台

大数据信息平台主要承载综合调度系统中的运行环境、共用基础平台的搭建，以及共性应用服务系统的建设，避免重复建设，促进应用集成。主要包括以下五大任务：①多源数据汇集平台建设，实现长江委原有系统数据通道由一源向多源扩展，包括利用数据汇集平台和数据交换平台，汇集防汛抗旱和水资源监测信息，实现与水利部、其他行业部门、各省水行政主管部门的防汛抗旱和水资源数据交换共享；利用长江上中游水库信息共享平台汇集控制性水利工程水情信息；依托互联网采集工具实现综合调度需要的防洪、水量、水质、水生态监测，以及相关水利对象基础数据、互联网数据等多源数据汇集，为综合调度系统提供丰富的数据源。②综合调度数据库建设，存储汇集而来的多种类、多来源数据资源，并进行深加工处理。③应用支撑平台建设，面向调度目标，依托各类调度模型，借助数据挖掘和机器学习等手段，提供功能支撑服务。④综合应用建设，面向最终用户提供监视与评价、综合调度会商等应用。⑤运行环境和安全保障环境完善。

(2)业务应用

业务应用主要实现业务支撑的相关功能，在应用支撑平台的公共应用服务层的基础上，依托应用支撑平台环境，实现流域水模拟、流域情势分析、综合预报调度分析，以及各专业精细化调度分析等业务应用功能。

1.2 建设目标与任务

1.2.1 建设目标

在长江上中游水库群联合调度的基础上，将调度对象从目前的 40 座水库扩展至包含水库、引调水工程、涵闸、泵站、蓄滞洪区等的 165 座控制性水利工程，调度目标从防洪调度扩展至水量、水生态、泥沙、航运、应急等方面，构建基于统一技术架构的多源数据汇集平台、综合调度数据库、应用支撑平台、综合应用为一体的综合调度系统，提高信息化支撑服务能力，提升调度决策智能化水平，实现流域防洪、水量、水生态等多目标综合调度，为全面推进长江经济带高质量发展提供强有力的水利支撑与保障。

1.2.2 建设任务

针对已建系统之间缺乏功能协同和应用整合、调度业务功能应用发展不均衡从而无法满足流域多目标综合调度需求、数据资源融合度不高缺乏大数据分析手段、现有运行环境无法满足未来系统运行要求等问题，本书有以下主要建设任务。

①编制系统开发建设技术标准体系，建设各业务应用系统之间及与已建大数据信息平台之间的接口服务管理系统，使各业务应用系统能够基于大数据信息平台提供的数据服务、计算服务实现调度应用功能。

②升级扩展流域水模拟、防洪调度、水量调度业务应用系统，形成以流域控制性水库群、蓄滞洪区为主要调度对象的防洪调度业务应用和以流域控制性水库群、引调水工程、涵闸，以及泵站为主要对象的水量调度业务应用。

③新建泥沙调度、生态水量调度、水生态调度、应急调度、航运调度、电力调度、多目标调度综合优化分析等业务应用系统，形成以保障长江中下游两湖湿地生态安全、改善重要鱼类繁殖等水生生境、水库减淤、突发水污染事件应急、航运发电为目标的调度应用。

④建设流域情势（防洪、水资源、水生态等）分析、预防调度方案评价、预报调度方案管理、多目标调度综合优化分析等功能应用。

1.3 建设内容

为保障长江流域控制性水利工程发挥防洪、发电、水量、生态、航运、应急救援等综合效益，综合调度系统基于统一的建设架构、技术标准、接口规则、建设和运行环境，以大数据信息平台为支撑，实现监视与评价、流域水模拟、流域情势分析、调度业务分析、预报调度方案评价、预报调度方案管理、综合调度会商等功能，全面涵盖长江流域水库群调度运行管理的防洪、水量、泥沙、生态水量、水生态、应急、发电、航运、多目标调度综合优化分析共 9 个调度业务分析功能，建立业务专用数据库，实现与大数据信息平台的集成。建设内容包括模型与调度规则库建设、系统功能开发与集成，以及系统部署等。

1.3.1 模型与调度规则库建设

1.3.1.1 模型库建设

在梳理原有模型和新增模型的前提下，按照统一的标准规范对各类预报调度模型进行开发、封装，并接入平台，形成模型、数据、应用相互解耦的服务化管理体系，可通过授权为用户提供相应的模型计算服务，具有不同决策地方、决策场景下的通用支撑能力。主要包括模型防洪、水量、水生态、泥沙、应急、航运、发电、多目标综合等调度模型，以及现有预报调度模型改造完善等。新建预报模型库模型见表 1.3-1，新建调度模型库模型见表 1.3-2，已建需改造完善的模型见表 1.3-3。

表 1.3-1　　新建预报模型库模型

序号	类型	模型名称	模型主要功能
1	气象数值预报模式	WRF 模型	短期定量降水预报
2		CFS 模型	未来 30d 逐日降水预报
3		RegCM4 模型	旬、月降水预报
4	水文、水力学预报模型	SWAT 模型	日、旬平均流量预报
5		两参数月水量平衡模型	月径流预报
6		新安江模型(日模型)	日平均流量预报
7		分布式新安江模型	洪水预报
8		水力学模型(MIKE11 内置)	洪水演进
9	智能预报方法		洪水预报

表 1.3-2　　新建调度模型库模型

序号	类别	模型名称	描述
1	防洪调度模型	重要控制站洪水来源组成模型	根据流域关键控制站预报水情，计算控制站预见期内洪水来源河段及相应的组成比例
2		重要河段潜在风险分析模型	分析水位抬高后的影响范围和长江中下游重要站点超警超保情况，评估洪水位抬高的潜在风险
3		工程实时防洪能力分析模型	结合防洪调度知识图谱中水工程运用与目标控制点洪水位、洪峰流量的关系，分析工程的防洪能力
4		防洪工程调度配置推荐模型	结合实时水情特征和工程的实时防洪能力，结合防洪调度知识图谱，提出推荐防洪工程调度配置
5		水库控泄调度模型	按下游防洪控制点安全泄流量采取固定泄量的控泄调度方式进行计算

续表

序号	类别	模型名称	描述
6	防洪调度模型	水库补偿调度模型	考虑未控区间洪水的变化对水库泄流方式的影响采用补偿调度调洪方式进行计算
7		水库群优化调度模型	支撑根据水工程调度控制方式与控制对象控制边界的人工设置，并根据全局目标进行优化计算
8		长江中下游蓄滞洪区分洪运用模型	进行高效率的蓄滞洪区分洪运用计算，提供高精度、全要素的分洪运用效果定量分析
9		长江中下游洲滩民垸行蓄洪应用模型	进行高效率的洲滩民垸分洪运用计算，提供高精度、全要素的分洪运用效果定量分析
10		长江中下游排涝泵站应用模型	进行高效率的排涝泵站运用计算，提供高精度、全要素的分洪运用效果定量分析
11		水工程联合调度引擎	根据实时水雨工情和预见期内来水过程，驱动对调度知识图谱数据的分析，获得水工程调度过程
12		防洪工程体系一体化智能调度模型	在基础河网水动力学模型的基础上，上述各类工程调度模型的一体化调度应用和智能快速分析计算
13		重点区域 2D 洪水淹没模型	综合考虑重点区域洪水传播特性、地形特点与空间尺度，模拟淹没区的洪水演进过程
14		洪灾风险损失评估模型	基于给定洪水过程，定量分析计算主要受灾损失指标
15		工程运用效益评估模型	基于水工程调度前后各项洪水过程与指标，定量分析计算工程投入运用后的效益
16		三峡库区回水计算模型	基于上游水库群不同的防洪调度方案，分析三峡水库的库区回水水面线以及因此造成的淹没范围等影响
17	水量调度模型	大尺度流域分区水量调度模型	采用大系统分解理论，进行流域范围内水资源分区。根据长、中、短期径流预报预测以及需水预测，分析流域各片区水量调度需求，结合区域内重要水利工程的调度规则，实现大尺度流域分区水量调度方案模拟
18		流域干支流分段水量调度模型	以水量控制断面为依据将区域内各河段划分若干段，以水资源供需平衡计算为核心，以控制断面最小下泄流量等控制条件为约束，实现干支流分段水量调度方案模拟
19		流域水量调度协调模型	将水量调度目标在流域上分解平衡，构建流域水量调度协调模型，通过模型计算提出水利工程的调度方案及调度计划，包括水库供水调度、水库群蓄水调度、引调水工程调水等
20		生态水量调度模型	基于水量调度方案生成模块，通过生态水量预警判别后，根据设置的生态水量调度目标，开展工程生态水量调控方案生成

续表

序号	类别	模型名称	描述
21	水生态调度模型	栖息地水动力模型	构建鱼类关键栖息地的二维水动力学模型，模拟栖息地的流速、水深等生境要素的时空动态变化
22		栖息地适宜度模型	计算目标鱼类对不同生境因子适宜性指数，遴选合适的方法对栖息地进行单因子与多因子适宜度评价
23		目标鱼类繁殖规模估算模型	计算监测时段内目标鱼类的鱼卵密度和产卵量
24		鱼类繁殖与水文参数回归模型	遴选回归模型，建立鱼类产卵量和水文参数的映射关系，模拟不同水文参数条件下的鱼类产卵量
25	泥沙调度模型	金沙江下游及三峡库区未控区间降水产流产沙预报模型	通过对多种流域产输沙模型进行比选，最终选定基于土壤侵蚀概念性的小流域产沙模型作为泥沙预报的区域产输沙模型
26		单站水沙关系模型	主要依据各站近期实测水沙数据之间的相关关系构建关系模型，进而在流量预报的基础上进行泥沙预报
27		库区一维水沙数学模型	库区泥沙冲淤计算模拟采用一维非恒定流、非均匀沙的水沙数学模型
28		河段一维水沙数学模型	实现长江中下游干流的泥沙输移、河床冲淤量，以及冲淤分布变化趋势的数值模拟
29	应急调度模型	一维水动力水质模型	实现对水质污染传输扩散过程的一维模拟计算
30		二维水动力水质模型	实现对水质污染传输扩散过程的二维模拟计算
31	航运调度模型	航运调度优化模型	以流域水模拟为边界，通过优化模型，采用自动和人工交互两种模式确定以通航条件最优为目标，采用已构建的多目标优化调度模型，制定相应优化调度方案。分析成果包括水利工程的调度运行方式，下游河道水位/流量变化情况，船舶通航满足时机与时间等
32	发电调度模型	中长期发电调度模型	综合建立水头—流量—电量—电价一体化梯级水库中长期发电调度模型，实现多种调度模式优化计算
33		考虑来水不确定性的发电计划风险分析模型	根据历史数据评估预报来水误差情况，计算中长期调度方案集以及预报不确定性与计算结果间的影响关系
34	多目标综合调度模型	计算参数自适应配置模型	根据各控制站点实时及预报水情过程，分析不同水库在不同时期的调度边界
35		多目标优化调度模型	实现对流域不同调度期，防洪、发电、水资源、水环境、航运等多种调度目标，以及综合优化目标的调度计算

表 1.3-3 已建需改造完善的模型

序号	模型名称	模型代码	模型类型
1	API 模型	API_UH	PQ
2	新安江模型	XAJ	PQQ
3	蓄满产流集总模型	RYNS0_UH	PQ
4	蓄满产流模型	RYNS_UH	PQ
5	NAM 模型	NAM	PQ
6	分类谢尔曼单位线	UH_Job	PQ
7	综合单位线	INTER_UH	PQ
8	径流系数产流单位线汇流	PRCoef_UH	PQ
9	马斯京根	MAS	QQ
10	汇流系数	RUNOFF_COEF	QQ
11	合成流量	SQ	QQ
12	相关图模型	XGT	PQQ
13	URBS 模型	URBS	PQQ
14	大湖演算模型	DHRouting	PQQ
15	水库静库容调洪	RESERVOIR	RQH
16	河道落差	AddDHQ	QQ
17	等值外延	EXTENSION	QQ
18	借用临站	BORROW	QQ
19	水位流量转换模型	HQTRAN	QQ
20	反馈实时校正	RealUpdate	PQQ

1.3.1.2 调度规则库建设

将批复的防洪调度规程、流域水量分配方案、水量调度方案、调度计划、水工程调度规程等成果进行归类整合，并参数化处理成预报调度模型和调度分析模块可调用计算的形式，建立调度规则库，并基于人工智能和知识图谱技术，形成具有规则自分析、自提取功能的智能化方案检索、提取、使用、分析处理、可视化展示的技术闭环。调度规则库建设包括工程与对象管理图谱建设、水工程调度效果影响关系曲线、水工程防洪调度规则库建设。

1.3.2 系统功能开发与集成

1.3.2.1 监视与评价

集成大数据信息平台监视与评价相应建设成果，主要包括实况监视与告警、预报预警、调度评价结果展示、监视与评价体系管理等。实况监视与告警包括水位监视与告警、流量监视与告警、水量监视与告警、生态水量监视与告警、水质监视与告警、泥沙监视、水生态监视与告警、工情监视、视频监视等模块。预报预警包括洪水预报预警、水量预报预警、水质预测预警等模块。调度评价结果展示包括防洪调度评价结果展示、水量调度评价结果展示、生态水量调度评价结果展示、泥沙调度评价结果展示、水质调度评价结果展示、水生态调度评价结果展示等模块。监视与评价体系管理包括节点管理和告警指标管理。

1.3.2.2 流域水模拟

流域水模拟是综合调度的基础性工作，为专业调度和监视与评价提供各专业要素的背景场(含长序列监测情况和模拟预报成果)。流域水模拟子系统主要根据各专业调度提供的调度对象节点与调度目标节点，分析确定各专业调度需要的模拟范围及预报节点，进行预报模型开发、模型方案参数化、系统功能开发。

系统功能主要包括降水预报、水文预报、水量预测、预报评估、预报成果管理及展示，并实现无人值守式自动预报、专家沉浸式精细预报、会商渐进式分析预报、多维度全息洪水仿真等功能，为全流域大场景模拟提供支撑。

1.3.2.3 流域情势分析

根据水雨情、工情、水资源、水质、水生态等现状，以及水雨情可能的变化态势，明确当前防洪、水资源、水质、水生态等面临的形势，分析当前的调度任务与目标，编制流域情势分析报告，初步确定流域总体情势。流域情势分析主要包括流域防洪、水资源、水质、水生态等。

根据长江流域水资源管理的特点，结合流域水量分配方案、水量调度方案中规定的流域水资源管理控制指标、水质评价指标、水生态评价指标等，根据水雨情、工情等现状，以及水雨情可能的变化态势，分析防洪、水资源、水质、水生态现状及可能的变化，以及可供调配的水工程水量，编制分析报告，并实现相关分析展示功能。

1.3.2.4 调度业务分析

(1)防洪调度分析

防洪调度分析模块为长江流域水库群防洪调度提供技术支持与服务，依据流域水模拟成果，基于知识图谱分析确定防洪调度涉及的相关调度对象与影响范围；开发防洪调度分析工具，包括库区淹没仿真、蓄滞洪区行洪仿真等；开发精细化防洪调度方案分析功能，基于构建的防洪调度模型，自定义防洪调度目标、调度对象、计算方法，设置防洪调度方案，采用自动优选和人机交互调度模式，开展精细化的防洪调度分析计算，智能推送调度方案；基于深度学习等技术，实现与历史相似调度过程的对比分析。

(2)水量调度分析

依据流域水模拟成果，以水量调度模型为基础，进一步丰富水量调度规则库，改善水量调度模型功能；利用新技术，实现水量调度模拟仿真、水量调度方案管理等功能，为水量调度管理提供方案决策支持。

(3)泥沙调度分析

针对长江上游乌东德、白鹤滩、溪洛渡、向家坝、三峡、葛洲坝 6 个典型控制性水库，以及长江中下游干流宜昌至大通河段，编制泥沙试验性预报方案，开发泥沙预报功能；分析泥沙调度控制条件(包括调度任务、调度目标、约束条件)，开展泥沙冲淤仿真、泥沙冲淤影响评估、调度方案生成功能建设。

(4)生态水量调度分析

生态水量调度是以生态水量断面阈值为基础，通过实况以及预测水量信息与生态水量阈值进行比较、判定，提供重点控制断面生态水量保障预警功能，同时根据断面生态水量控制目标，制定相应生态水量调度方案。

(5)水生态调度分析

开发重要鱼类关键栖息地模拟功能，建设关键栖息地适宜性分析与评价功能；开发重要鱼类自然繁殖与水文因子关系分析功能，模拟重要鱼类自然繁殖需要的水文过程；针对调度目标和调度对象，开发水生态调度方案生成、水生态调度效果评估等功能。

(6)应急调度分析

应急调度分析主要围绕抗旱补水、水污染、水上安全事故三类事件展开，具体调度对象主要是流域控制性水利工程，调度节点主要根据应急事件种类和发生区域确定，其中抗旱补水应急调度节点主要参照水量调度节点；针对水污染应急事件，应根据流域水质预测预报基础工作的就绪度，此外，还应结合突发水污染事故应急调度重点在坝下游邻近江段的特点。

(7)发电调度分析

基于人工智能、机器学习等技术，开发电网适应性调度过程分析工具，建设发电调度精细化分析功能，实现中长期发电计划制作、综合效益评估，以及智慧化的发电调度方案推荐；实现以中长期发电计划为目标的发电调度方案优化、发电计划风险分析、发电调度模拟仿真、发电调度方案综合评估和管理等功能。

(8)航运调度分析

航运调度分析主要针对河道航运需求和任务，建立水库出库流量与河道水位定量关系，根据航运调度相关约束条件，主要包括通航水位、通航流量、水位(流量)变幅，基于构建的多目标优化调度模型，优化水库调度过程，提高通航效率，保障通航安全。

(9)多目标调度综合优化分析

以流域水模拟分析计算结果为基础，以纳入系统的预报调度节点为分析目标，自定义调度目标、调度对象，按照自动优选或人机交互等模式，开发防洪、水量、泥沙、水生态、应急、发电、航运等多目标综合预报调度计算分析功能，并实现历史相似过程的比较、推演、调度方案智能推荐等功能。调度计算包括规则调度、指令调度、优化调度、设定控制目标调度等方式。

1.3.2.5 预报调度方案评价

完成综合预报调度方案的工程运用情况、调度效益(防洪、发电、泥沙、生态、供水、航运等综合效益)和调度方案的可行性等方面的评价比较，以供决策选择。

1.3.2.6 预报成果管理

预报成果管理功能主要用于对降水预报成果、洪水预报成果、水量预测成果进行管理，包括成果的发布、查询、修改、保存。

1.3.2.7 综合调度会商

集成大数据信息平台综合调度会商相关建设成果，围绕调度方案，集中展示流域水雨情和水工程运行状态等相关实况信息、预测预报信息、仿真和效益评估信息，提供会商汇报、科学决策分析关联应用等服务。

1.4 设计思路

综合调度系统采用“需求为引擎，业务为向导”的设计理念，建立以流域水模拟为中心，各个调度模块共同支持的多目标综合调度体系。该系统建立了大数据平台，将各个数据与模型服务通过注册的方式纳入系统，真正做到共建、共管、共享。在系统建设方面，充分利用主流的快速部署和动态更新的开发理念，利用分布式云平台、容器管理等技术，保障了系统的快速更新迭代。在流域体系构建方面，建立的自组织的流域拓扑体系可以灵活动态地添加防洪控制节点与目标，为流域综合科学调度指挥决策提供有效的技术支撑。有以下主要建设原则。

(1)稳定性

本系统作为整个综合调度系统的业务平台，建设过程中采用云计算、虚拟化等技术，保证各项业务的正常运行。软件开发采用 DevOps 等主流的软件开发和部署方案，测试和开发同步进行，及时修补各类软件故障，保证代码的完备性，确保平台的稳定性。

(2)可用性

本系统需要保证各类数据资源和计算资源的可用性，采用负载均衡、弹性伸缩、冗余备份、异地备份等方式，提高系统的健壮程度。在正式部署后，进行各类压力测试，保证系统在多用户、多任务的情况下稳定运行。

(3)先进性

本系统采用各种先进的计算机科学应用技术,以提高水利工程调度管理信息化智能化水平为目的,利用云计算、人工智能等"互联网+水利"技术,结合不同类型的数据资源,打造水利工程数据分析、业务综合应用平台。

(4)安全性

本系统满足等级保护相关要求和国家网络与信息安全的其他要求,具备身份鉴别、访问控制、弱口令规避、日志留存、安全审计等能力,切实保障数据和系统安全性。

(5)开放性

本系统将遵循相关国家和行业标准,并按照各项标准,设计统一的数据接口与服务调用方式,规范各个业务系统之间的数据流,以满足总体集成的需要。同时,考虑本系统的延续性和发展性,考虑对各项主流技术的兼容性。

(6)易用性

为满足不同用户对业务应用系统的需求,本系统在设计时考虑各项功能的易用性,通过各类数据可视化技术手段,方便直观地展现各项信息,通过清晰的操作逻辑与直观的说明,提供友好的人机交互界面及便捷的使用环境。

1.5 平台特色与创新性

1.5.1 平台特色

①多目标调度。扩展了流域模拟、防洪调度、水量调度业务应用系统,形成以流域控制性水库群、蓄滞洪区为主要调度对象的防洪调度业务应用和以流域控制性水库群、引调水工程、涵闸,以及泵站为主要对象的水量调度业务应用。此外,项目新建泥沙调度、生态水量调度、水生态调度、应急调度业务应用系统,形成以保障长江中下游两湖湿地生态安全、改善"四大家鱼"(青鱼、草鱼、鲢、鳙)和中华鲟等水生生境、水库减淤、突发水污染事件应急为目标的调度应用。

②建立了模型应用市场。制定了标准化的模型封装、集成技术,形成了长江水利模型服务开发标准体系,创建了基于资源共建、共管、共享模式的模型应用市场。目前已将新安江模型、API 模型、相关图模型等传统模型,以及一维水动力 CJH 模型、江湖分蓄洪区容积自适应洪水模拟模型、洪水概率预报业务化模型、基于渐进决策理论的降水预报模型等一系列完全国产化、自主可控的预报模型纳入该应用市场。模型应用市场与通用化、向导式预报方案配置工具无缝结合,实现了长江全流域洪水模拟预报。

③开发并完成了完全自主知识产权的一维河道水动力学模型,并在三峡库区水面

线计算与长江中下游干流中投入试验性应用,模拟精度在总体上与商业软件相当。

④开发并完成了蓄滞洪区—大湖演算耦合的容积自适应模型,实现江—湖—分蓄洪区洪水联调联算。

⑤设计了长江洪水模拟引擎,支撑流域智慧模拟。一是通过预报体系组件式搭建技术,结合流域智适应参数自优化方法,快速构建流域水模拟体系,实现全流域分布式模拟;二是通过水工程知识图谱调度规则库,支撑调度预演实时方案快速生成;三是通过“江河湖库”联调联算智慧优化技术,实现了多节点、多工程、预报调度复杂互馈关系的联动计算,有效支撑纳入联合调度的111座水工程准确高效演算。当前洪水模拟引擎应用规模覆盖长江流域全河系近500个节点、1000多种方案,演算效率大幅提升。

⑥实现了流域综合信息汇集与监视。以水雨情数据为基础,加强了泥沙、水质、水生态、航运等数据的收集,利用先进的可视化展示手段,实现多源信息的综合展示与监视。

1.5.2 平台创新性

①实现长江流域综合调度。目前,长江中上游流域控制性水利工程体系已逐步形成,涵盖金沙江、雅砻江、大渡河、乌江、嘉陵江、汉江等干支流大型控制性水库,以三峡水库为核心,以乌东德、白鹤滩、溪洛渡、向家坝、葛洲坝等巨型电站水库群为骨干,通过系统建立的综合调度体系,保障全流域防洪安全,提供经济社会发展需要的优质清洁能源,同时兼顾供水、航运、泥沙、生态环境保护等目标,充分发挥梯级水库群综合效益。

②引入机器学习等先进技术,实现智能预报调度。以水文预报结果实时智能校正、历史雨洪相似性智能分析、中长期机器学习预报模型为基础,将机器学习、人工智能等技术业务应用进行充分的结合,为智慧水利的建设提出了具体的思路。

③构建洪水预报模型参数智能优化算法。考虑长江流域点多、线长、面广的特点,利用基于SCE-UA算法,实现了多模型的预报方案参数自动率定。

④建立流域联调联算体系。基于水模拟预报方案体系和预报调度一体化思路,通过设置调度对象、目标节点、调度规则,实现了跨河系、多调度对象、多目标节点的实时在线联调联算,支持方案概览、方案比选。

⑤建立实时洪水调度知识平台。基于实时调度规则库、历史洪水案例库,引进知识图谱技术,将预报调度相关的原理、规律、规则、经验、策略、方法等信息结构化,构建形成洪水调度知识平台,根据水文气象预报成果和流域防洪形势分析,基于知识图谱推理方法,智能推荐调度方案集,辅助防汛调度决策。

第2章
流域模拟关键技术

2.1 降水预报方法

2.1.1 短中期降水预报

一般而言，短中期降水预报的预见期为1～7d。国内短中期定量降水预报主要基于数值模式，24h内预见期的预报主要结合天气学方法进行融合订正，24h以上预见期的预报主要参考数值天气预报模式。

2.1.1.1 天气学预报方法

天气学预报方法是一种以天气图、卫星云图等为主要手段，应用天气学知识的半理论半经验预报方法。这种方法取决于预报员的主观经验，不同预报员做出的降水量预报可能有很大的差异。

(1)天气图

天气图是传统预报中最基本的工具。通过分析不同时期的地面和高空天气图，预报员可以了解气压分布、风向、风速、温度、湿度等关键参数，而这些参数是预测天气变化(尤其是降水)的基础。在地面天气图上，等压线(等值线)的分布可以显示高压区域和低压区域，一般而言，低压区域容易带来云层和降水。此外，锋面也是地面天气图分析的重要内容。锋面是不同气团接触的界面，其生成发展通常伴随着明显的天气和降水变化。高空天气图展示了对流层中高度大气的情况，其中500hPa高度天气图尤为重要，它能反映出高空槽和脊的位置，这对于降水的发展非常关键(图2.1-1)。例如，高空槽的东侧通常会有上升气流，有利于降水的发展，槽后则经常伴随有冷空气南下或小的扰动系统。由历史观测数据可知，某些特定的天气图配置与降水有很强的相关性，因此，通过分类天气类型，预报员可以基于历史数据推测未来可能发生的天气。

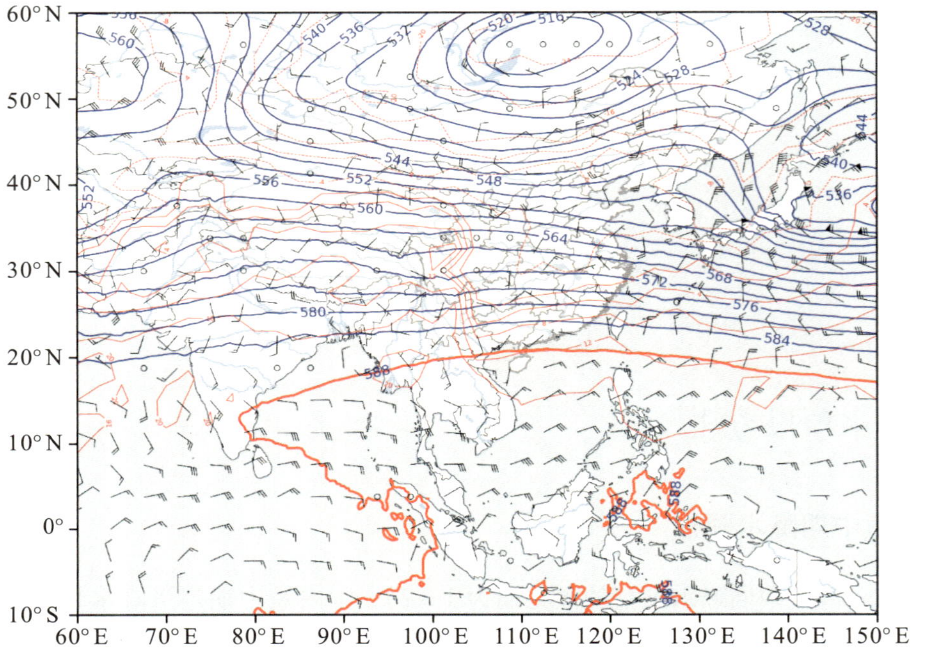

图 2.1-1　东亚地区 500hPa 高度天气图

(2)云分析

云是降水预报中一个不可或缺的指标。云的类型、发展和移动都与天气变化紧密相关。积云的快速上升可能预示着雷阵雨的到来,而层状云则表示可能会出现持续的小到中雨。观察云的发展可以为短期降水预报提供直观的线索。

(3)湿度和稳定性分析

湿度是预报降水的关键因素。当相对湿度接近 100%时,大气中的水汽将凝结成云和降水。大气稳定性是判断降水动力条件的有效因素,如计算抬升凝结高度(LCL)和对流抑制能量(CIN)等指标,可以帮助预报员判断大气层是否有利于对流云的发展,进而形成降水。

(4)雷达和卫星观测

虽然雷达和卫星技术相对较新,但是它们仍然被视为传统的观测工具,因为它们在数值模型广泛应用之前就已经用于天气预报。雷达图能够检测降水粒子的运动和强度(图 2.1-2),而卫星云图能提供云层覆盖和运动的宏观视图(图 2.1-3)。

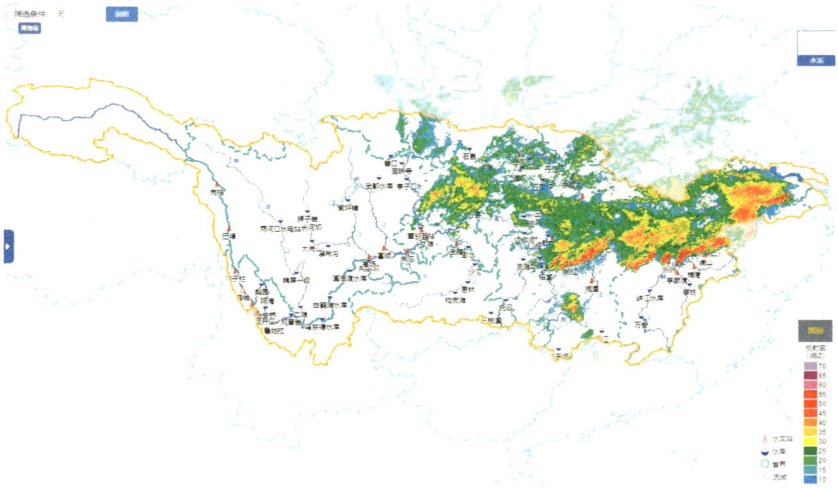

图 2.1-2　雷达图

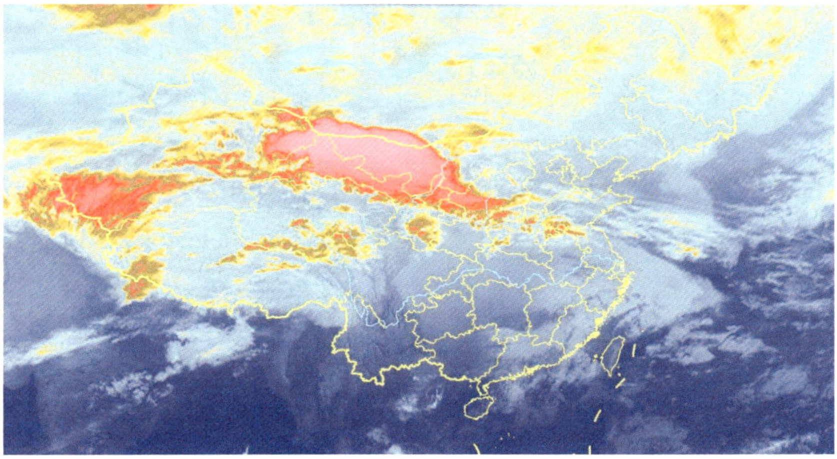

图 2.1-3　卫星云图

(5)综合分析预报

传统的降水预报是一个综合分析的过程，需要考虑各种气象因素和观测数据。预报员通常会根据天气图分析、云的观察、湿度和温度的分布等，综合判断降水的可能性。此外，还会结合地形和地面条件进行判断，因为这些因素也会显著影响降水的发生和分布。

总体而言，虽然现代降水预报方法在精度和可靠性方面已经取得了显著的进步，但是传统方法仍然是理解和预测降水的基础。了解大气的基本动力学、熟练运用天气图分析、观察云系变化，以及利用经验数据，这些传统技能对气象学家仍然具有重要价值。随着科技的发展，这些传统技术正与先进技术手段(如数值模型和机器学习)相结合，进一步提高降水预报的精确度和效率。

2.1.1.2 多源数值模式预报

数值天气预报是指根据大气实际情况，在一定的初值和边界条件下，通过大型计算机进行数值计算，求解描写天气演变过程的流体力学和热力学的方程组，预测未来一定时段内大气运动状态和天气现象的方法。

20 世纪 80 年代，数值预报方法较好地解决了 5d 左右的天气形势场预报，在提高降水预报准确性、延长预报时效等中期预报需要解决的关键问题上也有所突破。随着观测能力（特别是雷达和卫星）的提高、资料同化技术的发展、计算机能力的加强和模式物理过程的改善等，短中期天气预报的准确率在近几十年稳步提升，全球数值天气模式每 10 年延长可用预报时效 1d 左右，极大地推动了中期定量降水预报的业务化运用。国内外的数值天气业务预报经验显示，数值预报是实现定时、定点、定量天气预报最根本有效的科学途径，也是提高天气气候预测水平最具潜力的方法。

全球模式是气象业务部门开展确定性预报的主要工具，当前全球数值天气预报模式多通过集合系统对天气过程进行预报。欧洲中期天气预报中心（European Centre for Medium-Range Weather Forecasts，ECMWF）、日本气象厅（Japan Meteorological Agency，JMA）、美国国家环境预报中心（Nation Centers for Environmental Prediction，NCEP）、中国气象局（China Meteorological Administration，CMA）、英国气象局（United Kingdom Meteorological Office，UKMO）、加拿大气象中心（Canadian Meteorological Centre，CMC）等机构均有自己的全球预报系统。主要气象中心的全球数值天气预报业务模式见表 2.1-1。

表 2.1-1 主要气象中心的全球数值天气预报业务模式

机构	模式	水平分辨率	垂直层数	集合成员	预报时效
ECMWF	IFS-HRES	T1279(9km)	L137	51	10d
	IFS-ENS	T639(18km)	L91		15d
JMA	GSM	TL959(20km)	L100	27	4/11d
	GEPS	TL479	L100		11d
NCEP	GFS	T1534(13km)	L64	20	16d
	GEFS	T254(55km)	L42		8d
CMA	GRAPES_GFS	0.25°×0.25°	L60	15	10d
	GRAPES_ENS	0.5°×0.5°	L60		15d
UKMO	UM	10km	L70	17	6d
	MOGREPS-G	20km	L70		7d
CMC	GEM	Uniform 600×300 (33km at 49°N)	L80	20	16d

从整体上看，各个气象业务中心的全球集合预报系统有 20～50 个成员，模式水平分

辨率在 9～50km，垂直层数多在 50～100 层。其中，ECMWF 的预报系统处于全球领先水平，其模式水平分辨率达 9km，垂直层数为 137 层，预报时效在 10～15d。ECMWF 对其综合预报系统（Integrated Forecasting System，IFS）逐步升级，战略目标为 2025 年将全球预报分辨率提高到 5km。ECMWF、日本、美国，以及我国自行研发的全球区域一体化同化预报系统（Global-Regional Assimilation and Prediction System，GRAPES）模式预报，都可输出高度场、风场、水汽、温度场等气象要素预报数据，并提供直接的网格化降水预报数据。

制作短中期降水预报时，利用多种模式的要素场和物理量场进行天气学方法分析，可最大限度地提高预报水平。另外，国外先进的业务中心已经把集合预报作为灾害天气预报和提高中期时效预报水平的主要手段之一，以解决单一性预报的不确定性问题。应用集合预报发展灾害性天气概率预报，将是今后灾害性天气预报的发展方向。

总体来看，数值模式能够较好地把握未来一周的降水过程，但是对于定量预报精度还显得有所不足，应密切关注雷达图和卫星云图，同时加强滚动预报，以期对量级有较好的预估。此外，采用人工经验对数值模式预报结果进行订正，依然是目前最为有效的定量降水预报方法，特别是对于 2d 以上的降水预报效果有显著提升。预报员进行预报时，应综合参考数值模式结果，熟练掌握预报流域的水雨情特性，注重总结典型个例预报经验，才能更加行之有效地提升作业水平。

2.1.1.3　多模式集成预报

受初值、物理过程、不同区域气候特性差异等因素的影响，数值模式预报产品存在一定的预报误差，同一数值天气模式对不同时期或不同地区的预报效果存在一定的差异，且各种数值模式在降水的定量预报方面各有特点，因此综合多模式预报结果的集成预报方法已经成为数值预报产品释用中的一个重要手段。多模式集成预报是一种采用数学模型将多种相互独立的单模式预报产品进行整合与分析，最终得到更为理想、统一的预报结论的技术。它是一种当前国内外提高模式预报准确率较为推荐的后处理理统计方法，尤其在实际业务中效果较为显著。

（1）多模式降水标准化降尺度

由于各类数值预报的范围、空间分辨率各不相同，集成前首先需要对各类数值模式预报进行空间降尺度处理，生成统一格式的数值预报，包括定义标准化的数据格式，如产品空间范围、空间分辨率、时间分辨率等。常用的降尺度插值方法包括反距离权重插值、普通克立格法、双线性插值、三次样条插值等，其中反距离权重插值应用相对广泛。

（2）集成权重方案构建

多模式集成预报的目标是在有限的时间内提高对模式数据的使用效率，从而提高预报的准确率。在进行多模式集成时，通过结合不同模式前期预报的检验效果，综合确定各模式的权重系数，利用多模式加权平均结果表示最终的集成降水预报结果。

(3)长江流域多模式集成试验应用

从集成实现的技术角度讲，长江流域综合调度系统集成实现的方法有空间维度集成和时间维度集成两种实现方法。

1)空间维度集成

由前期集成模式数据生成TS评分检验结果。基于TS评分检验结果，计算模式所占比例，使用不同模式过去几天同一预报时效的TS评分，分级别累加、平均，不同级别的评分分别乘以每个级别的比例并将结果进行累加，获得模式的最终得分，将所有模式的评分相加，计算出模式所占比例即为模式比例。其表达式如下：

$$p_{m,t}=\sum_{i=1}^{n}a_{i,t}p_{i,t} \tag{2.1-1}$$

$$a_{i,t}=\frac{\sum_{j=1}^{4}b_j\times \mathrm{TS}_{i,t,j}}{\sum_{i=1}^{n}\sum_{j=1}^{4}b_j\times \mathrm{TS}_{i,t,j}} \tag{2.1-2}$$

式中，$p_{m,t}$——预报时效t时段的多模式集成预报；

$p_{i,t}$——预报时效t时段的第i种模式预报；

$a_{i,t}$——预报时效t时段第i种模式预报对应的权重系数；

n——集成的模式总个数；

j——降水等级；

$\mathrm{TS}_{i,t,j}$——过去几天 $p_{i,t}$ 对第j种等级降水的平均TS评分；

b_j——不同等级降水的权重。

由于本书的集成降水预报主要用于水文预报输入，而在水文预报中，中雨以上的降水对产流影响较大，小雨对产流影响很弱，因此本书对降水的等级设置为中雨、大雨、暴雨、大暴雨及以上共4个等级，权重初步按照均分设置。

空间维度融合，使用不同模式过去几天同一预报时效的TS2、TS3、TS4、TS5评分累加并平均，获得过去几天不同降水级别的TS评分，将不同模式平均后的TS2、TS3、TS4、TS5评分与比例(0.25、0.25、0.25、0.25)相乘获得每个模式的最终评分，将所有模式最终评分累加，获得模式分数，将所有模式分数相加，计算出每个模式所占比例。相同模式的比例与模式预报雨量值相乘，获得该模式预报雨量，将所有模式获得的预报雨量进行相加即可得到预报雨量。空间维度融合流程见图2.1-4。

2)时间维度集成

使用过去几天模式预报数据，分别计算每个格点的TS评分，不同级别的TS评分分别乘以每个级别的比例获得模式评分，将所有模式评分相加，计算出模式所占比例即为模式比例。

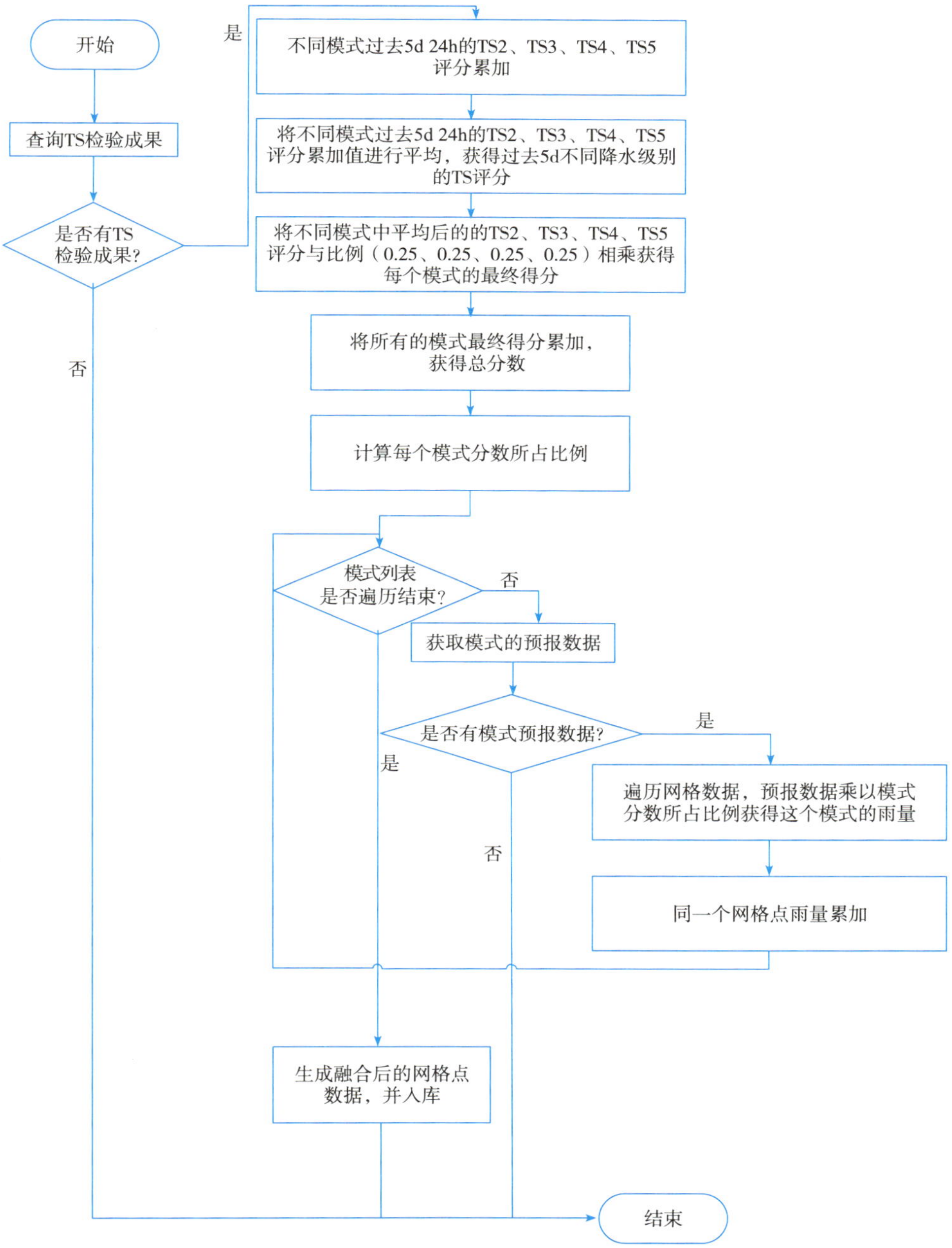

图 2.1-4　空间维度融合流程

时间维度融合，统计不同模式每个格点过去几天的不同级别 TS1、TS2、TS3、TS4、TS5 的正报、空报、漏报数，计算出格点的 TS1、TS2、TS3、TS4、TS5 评分，将不同级别的 TS 评分分别与比例(0.2、0.2、0.2、0.2、0.2)相乘获得每个模式的最终评分，将所有模式最终评分累加，获得模式分数，将所有模式分数相加，计算出每个模式所占比例。将模式预报雨量每个格点降水量分别乘以该格点模式所占比例，获得模式降水量，所有模式降水量相加即可得到预报雨量。时间维度融合流程见图 2.1-5。

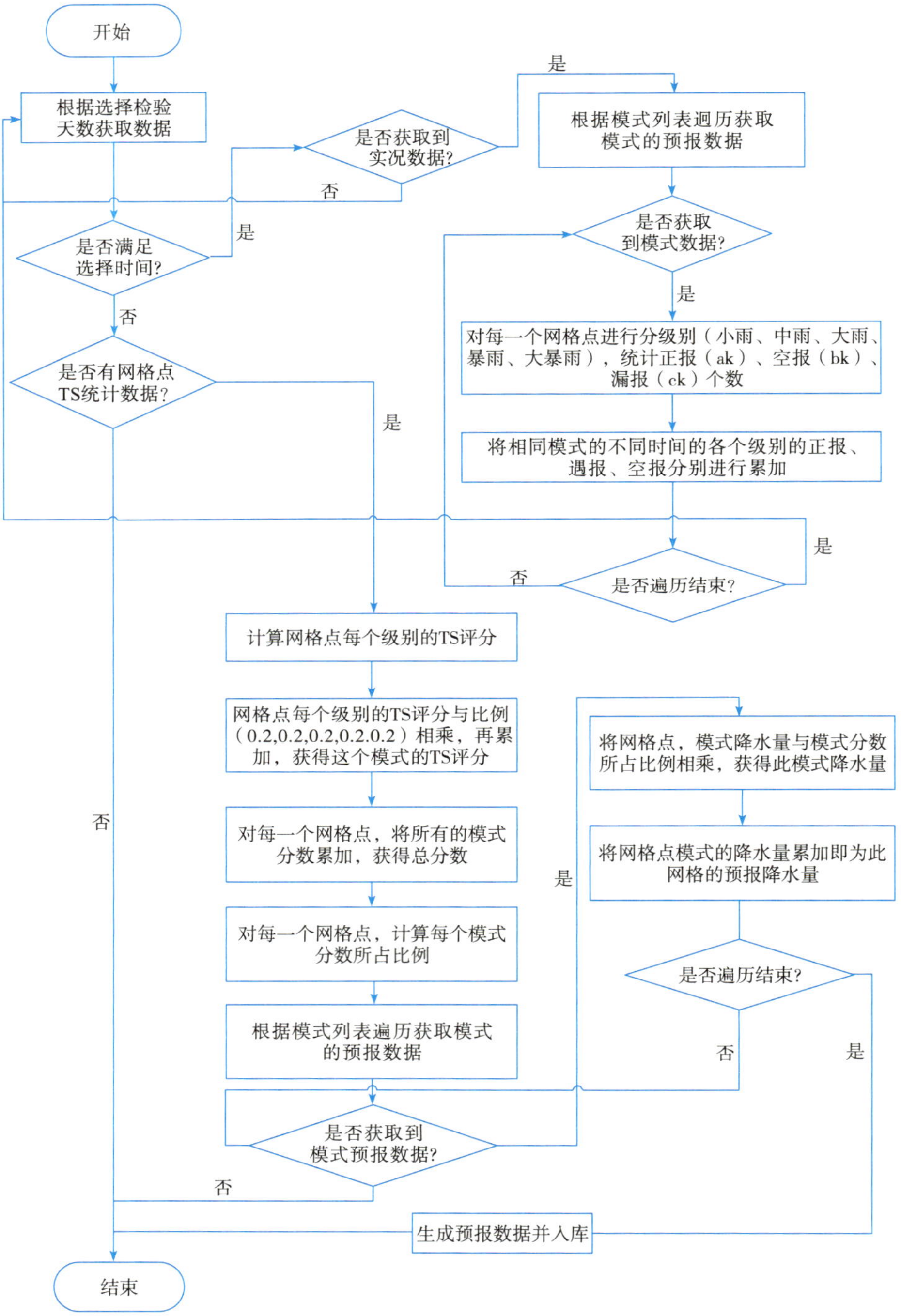

图 2.1-5　时间维度融合流程

(4)集成结果检验

对 2022 年 9 月 18—20 日的汉江上游强降水过程进行 24h 预报时效的集成预报试验(图 2.1-6)。总体而言,多模式集成预报很好地把握了此次汉江流域强降水过程的雨区位置、形态和演变过程,但是其预报的降水强度与实况相比偏低,特别是对于大暴雨以上的强降水有明显的坦化作用。同样分析了 48h 和 72h 预报时效的多模式集成预报结果,分析结论与 24h 时效预报类似,此处不再详述。

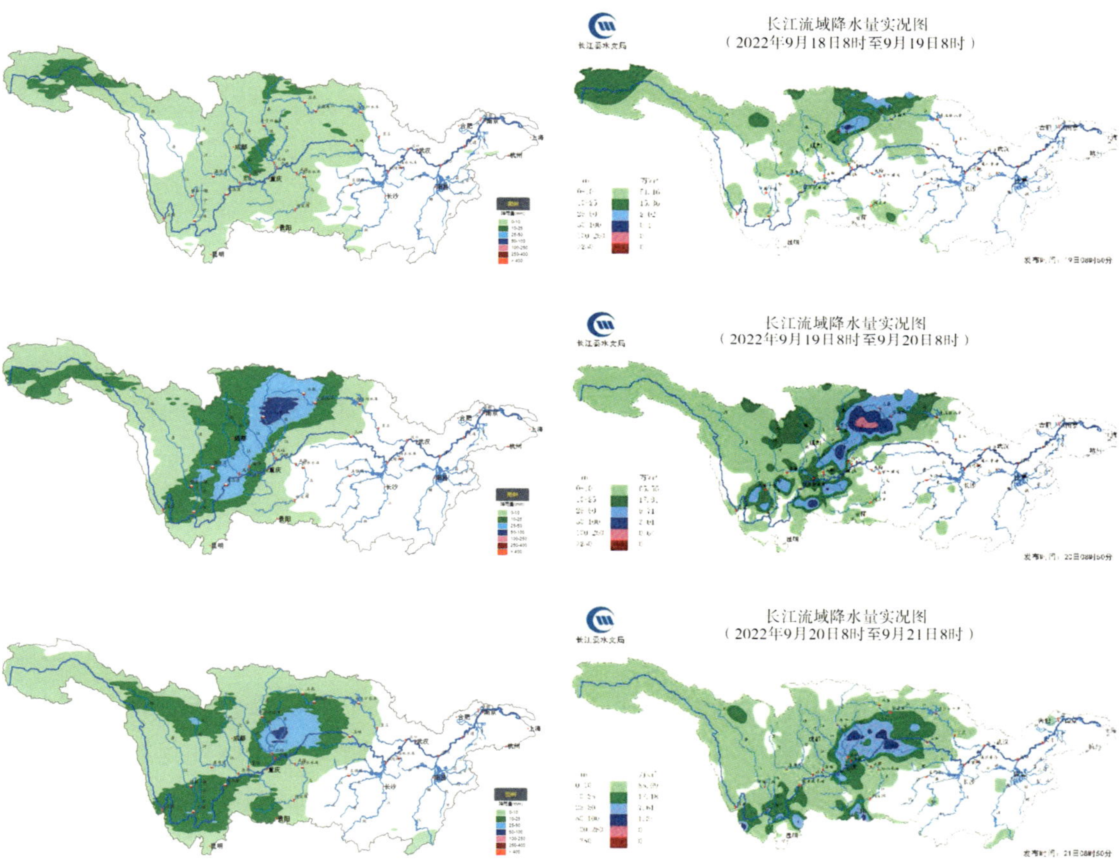

图 2.1-6　2022 年 9 月 18—20 日汉江流域强降水过程 24h 时效多模式集成预报试验(左:预报,右:实况)

2022 年 9 月 18—20 日各数值模式 24～72h 预报时效的降水预报效果检验结果见表 2.1-2。由表 2.1-2 可知,9 月 18 日,汉江石泉以上发生了中雨、局部大雨,各模式的预报明显偏小,未报出中雨等级以上的降水,集成预报效果仅次于 JMA 模式,优于其他数值模式;9 月 19 日为本次过程的主雨日,汉江上游、嘉陵江、向寸区间(向家坝至寸滩区间)有大雨,其中渠江上游、汉江白河以上南部有暴雨到大暴雨,各模式中,集成预报对中雨的预报效果最好,GERMAN 模式对大雨和大暴雨及以上降水预报效果最好,其次为集成模式和 EC 模式;9 月 20 日,汉江上游南部、渠江、三峡区间有中到大雨、局地暴雨,各模式中 GERMAN 预报效果最好，其次为集成模式和 EC 模式。

表 2.1-2　2022 年 9 月 18—20 日各数值模式 24～72h 预报时效的降水预报效果检验结果

	降水等级	集成	EC	GERMAN	NCEP	JMA
9 月 18 日	中雨	0.08	0.06	0.07	0.01	0.11
	大雨	—	—	—	—	—
	大暴雨及以上	—	—	—	—	—
9 月 19 日	中雨	0.52	0.44	0.44	0.35	0.27
	大雨	0.33	0.33	0.39	0.25	0.18
	大暴雨及以上	0.23	0.31	0.34	0.12	0.02
9 月 20 日	中雨	0.43	0.43	0.46	0.22	0.36
	大雨	0.35	0.36	0.46	0.20	0.27
	大暴雨及以上	0.05	0.01	0.17	0.11	0.10

2.1.1.4　长江流域短中期定量降水预报业务

(1)长江流域短中期面雨量预报产品

随着流域水文预报、水库群联合调度、水旱灾害防御等业务需求的发展，长江流域短中期面雨量预报在时空尺度上渐趋精细，在产品展现形式上也日渐丰富。经过多年发展，自 2024 年起长江流域已经实现在综合调度系统上展示 1～10d 定量降水预报。由于太过精细的流域分区不利于充分发挥专家经验进行融合订正，而分区尺度偏大又不能完全满足水情预报业务需求，因此按照长江流域水系分布、暴雨洪水特性、水文水库节点，并兼顾水文预报体系分区等，于 2017 年汛前，根据预报服务对象的需求更新，将流域面雨量分区由原来的 26 区调整细化为 39 个分区(图 2.1-7 和表 2.1-3)，发布未来 10d 逐 24h 分区面雨量预报(表 2.1-4)，并绘制面雨量预报图，提供降水时空变化趋势分析材料，若遇到特殊水雨情和需求，可将分区尺度和时间尺度进一步加密。

(2)自主化数值预报模式

自主化数值预报(Weather Research and Forecasting，WRF)模式是美国的一款开源天气模式，主要应用于中小尺度天气系统的精细化研究，具有完善的参数化方案等，可实现单向嵌套、多向嵌套和移动嵌套，可以很好地模拟从几米到几千千米尺度的各种天气系统。目前，WRF 模式提供的物理参数化方案越来越完善、成熟。该模式是一款可以广泛推广应用的数值模式。

长江委水文局引入 WRF 模式框架，并依据长江流域地理气候特性对该模式进行本地化构建。随着几次升级，目前使用的 WRF 版本更新到 WRF4.0，其初始条件和侧边界条件采用 NCEP 分辨率为 0.5°×0.5°的 GFS 数据，总积分时间调整为 4d，使用三重双向嵌套网格，水平格距分别为 81km、27km、9km。WRF 模型产品输出有图像文件和文本文件两种形式，输出的气象要素包括降水、气温、风向、风速、相对湿度、气压等。其中，降水数据根据流域分区计算相应的面雨量信息，供预报员参考以及与洪水预报系统耦合使用。

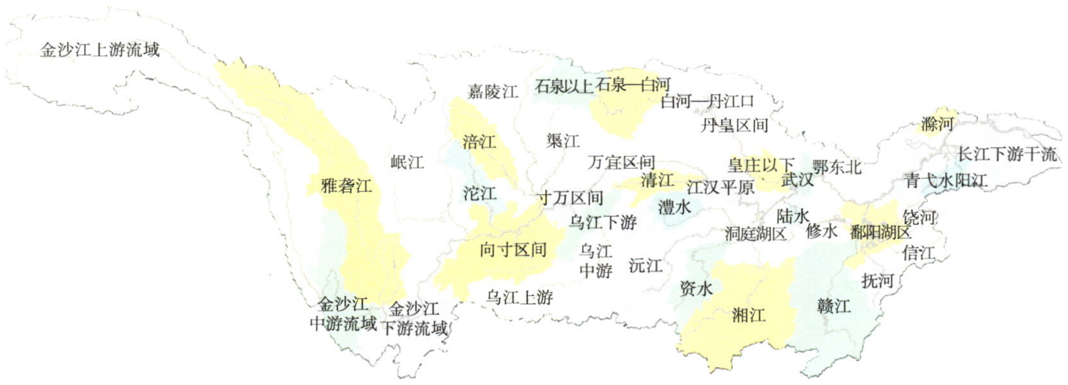

图 2.1-7 长江流域 39 个分区

表 2.1-3　　长江流域 39 个分区名称及面积　　（单位：万 km^2）

序号	分区	面积	序号	分区	面积	序号	分区	面积
1	金沙江上游流域	21.6	14	寸万区间	2.4	27	丹皇区间	4.5
2	金沙江中游流域	4.4	15	万宜区间	3.5	28	皇庄以下	1.6
3	金沙江下游流域	7.2	16	清江	1.6	29	武汉	0.5
4	雅砻江	12.8	17	江汉平原	3.4	30	鄂东北	4.5
5	岷江	13.5	18	澧水	1.5	31	修水	1.3
6	沱江	2.0	19	沅江	8.6	32	赣江	8.0
7	嘉陵江	9.1	20	资水	2.7	33	抚河	1.6
8	涪江	2.9	21	湘江	8.3	34	信江	1.5
9	渠江	3.8	22	洞庭湖区	4.7	35	饶河	1.1
10	向寸区间	7.1	23	陆水	0.3	36	鄱阳湖区	2.7
11	乌江上游	4.1	24	石泉以上	2.4	37	长江下游干流	10.5
12	乌江中游	2.7	25	石泉—白河	3.4	38	滁河	0.7
13	乌江下游	1.5	26	白河—丹江口	3.7	39	青弋水阳江	1.1

注：向寸区间、寸万区间、万宜区间分别为长江上游干流向家坝至寸滩区间、寸滩至万县区间、万县至宜昌区间，丹皇区间为汉江中游丹江口至皇庄区间。

表 2.1-4 长江流域分区面雨量预报示例 （单位：mm）

序号	分区名称	昨日实测	4月2日		4月3日		4月4日		4月5日		4月6日		4月7日		4月8日		4月9日		4月10日		4月11日		累积雨量
			范围	倾向值	范围	倾向值	范围	倾向值	范围	倾向值	范围	倾向值	范围	倾向值	范围	倾向值	范围	倾向值	范围	倾向值	范围	倾向值	
1	金沙江上游流域	0.7	1～5	3	1～5	1	1～5	3	1～5	3	1～5	3	1～5	3	1～5	3	1～5	3	1～5	3	1～5	3	28
2	金沙江中游流域	0.2	1～5	2	1～5	1	1～5	2	1～5	2	1～5	1	1～5	1	1～5	2	1～5	3	1～5	1	1～5	3	18
3	金沙江下游流域	0.1	1～5	2	1～5	2	1～5	3	1～5	3	1～5	1	0	0	1～5	2	1～5	4	5～10	7	1～5	4	28
4	雅砻江	0.2	1～5	5	1～5	5	1～5	5	1～5	5	1～5	3	1～5	3	1～5	5	5～10	6	1～5	5	1～5	4	46
5	岷江	1.8	5～10	7	5～10	7	5～10	7	5～10	7	1～5	4	5～10	6	5～10	8	5～10	7	5～10	6	1～5	5	64
6	沱江	1.7	5～15	9	5～15	9	5～15	10	5～10	8	5～10	4	5～15	10	5～15	9	10～20	15	5～10	7	5～10	7	91
7	嘉陵江	2.6	5～10	6	5～10	6	5～10	6	1～5	4	1～5	5	1～5	5	5～10	6	5～15	9	1～5	4	1～5	1	51
8	涪江	0.5	5～15	9	5～10	7	10～20	13	1～5	5	1～5	6	5～10	7	5～15	10	5～15	9	1～5	4	1～5	3	72
9	渠江	8.4	5～10	8	5～15	9	5～10	8	1～5	5	5～10	6	5～10	8	1～5	5	5～15	11	1～5	4	0	0	64
10	向寸区间	3.6	5～10	7	5～15	10	5～10	8	5～10	8	5～10	4	5～10	6	5～10	6	10～20	13	5～10	6	1～5	5	75
11	乌江上游	0.5	1～5	4	1～5	5	5～10	6	1～5	4	1～5	9	1～5	4	1～5	3	5～10	6	1～5	3	1～5	3	42
12	乌江中游	11.4	5～15	9	5～15	10	5～15	9	5～10	6	5～15	10	5～15	9	1～5	4	5～10	8	1～5	3	1～5	3	70
13	乌江下游	8.6	5～15	10	10～20	16	5～15	9	5～10	7	5～15	5	5～15	9	5～10	6	5～15	9	1～5	4	1～5	3	83
14	寸万区间	14.2	10～20	15	15～25	20	1～5	5	5～10	6	1～5	5	5～10	7	5～10	6	5～15	12	1～5	4	1～5	2	82
15	万宜区间	8.6	15～25	20	5～15	10	5～10	7	1～5	5	1～5	7	1～5	5	1～5	4	5～10	6	1～5	2	0	0	64

续表

序号	分区名称	昨日实测	4月2日		4月3日		4月4日		4月5日		4月6日		4月7日		4月8日		4月9日		4月10日		4月11日		累积雨量
			范围	倾向值	范围	倾向值	范围	倾向值	范围	倾向值	范围	倾向值	范围	倾向值	范围	倾向值	范围	倾向值	范围	倾向值	范围	倾向值	
16	清江	18.7	15～25	18	5～15	10	5～10	8	5～10	6	5～10	5	5～10	6	1～5	4	1～5	5	1～5	2	0	0	66
17	江汉平原	22.5	20～40	28	5～10	8	5～10	7	1～5	5	1～5		1～5	4	1～5	4	0	0	0	0	0	0	61
18	澧水	29.8	10～20	13	5～15	9	5～15	9	5～10	7	5～15	9	5～10	7	1～5	5	1～5	4	1～5	1	0	0	64
19	沅江	10.4	5～15	10	10～20	17	5～15	12	5～10	7	5～10	8	5～15	9	1～5	4	1～5	5	1～5	3	1～5	3	78
20	资水	10.5	15～25	21	15～25	23	10～20	14	5～15	10	5～15	11	5～15	10	5～10	6	1～5	4	1～5	1	1～5	3	103
21	湘江	14.4	15～25	19	20～40	28	15～25	20	10～20	15	5～15	12	10～20	15	5～10	7	1～5	3	1～5	1	1～5	3	123
22	洞庭湖区	37.3	20～40	30	10～20	14	5～15	10	5～15	9	5～15	9	5～10	8	5～10	6	1～5	3	0	0	0	0	89
23	陆水	57.3	20～40	30	5～15	9	5～15	9	5～10	8	5～10	7	5～10	8	1～5	5	0	0	0	0	0	0	76
24	石泉以上	0.5	1～5	4	1～5	3	1～5	4	1～5	3	1～5	3	0	0	1～5	2	1～5	3	1～5	2	0	0	24
25	石泉—白河	8.9	5～10	8	1～5	5	1～5	4	1～5	3	1～5	2	1～5	1	1～5	1	1～5	4	1～5	1	0	0	29
26	白河—丹江口	15.3	5～15	11	1～5	4	1～5	4	1～5	3	1～5	1	0	0	1～5	1	1～5	1	0	0	0	0	25
27	丹皇区间	9.4	15～25	18	1～5	4	1～5	3	1～5	3	0	0	0	0	1～5	2	0	0	0	0	0	0	30

经过多年应用，总体而言，WRF 模式对于普通降水预报效果弱于国际领先模式，但是对于长江流域对流性强降水过程有较好的预报效果，特别是对于小尺度突发性强降水过程，预报效果时常优于国际领先模式。本地化 WRF 模式运行结果见图 2.1-8。

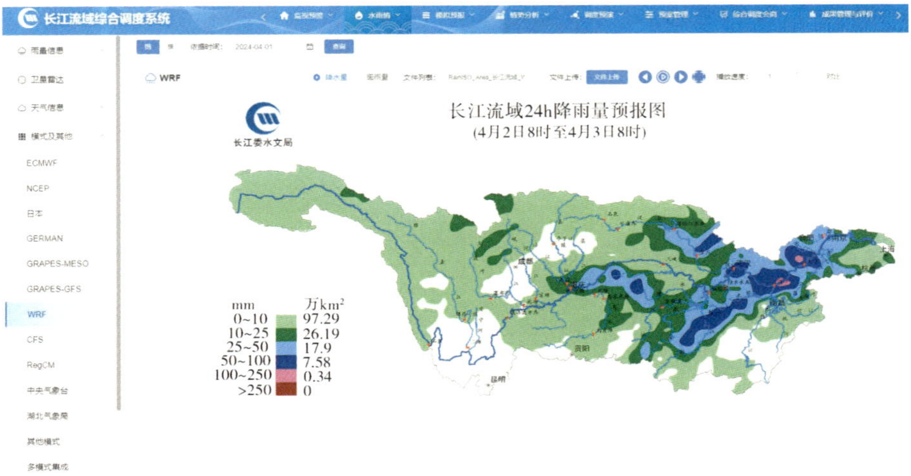

图 2.1-8　本地化 WRF 模式运行结果

当前，长江流域 1～10d 定量降水预报主要基于天气学方法和数值天气模式。其中，预见期 24h 内的预报需要结合天气学方法、遥感资料进行融合订正，特别是遇到重大灾害性降水时，预报员的经验显得尤为重要。而对于 24h 之后的降水预报，数值预报发挥着重要的基础性作用，数值预报产品的解释应用、集合预报技术的应用越来越受到重视。ECMWF、JMA 和 NCEP 等机构的数值预报模式是目前的国际主流，其业务化产品的预报质量较高，基本得到了公认；我国自行研发的 GRAPES 模式，替代了原 T639 模式，已经实现了业务化。在长江水文气象预报业务中应用的主要模式预报产品见表 2.1-5。

表 2.1-5　在长江水文气象预报业务中应用的主要模式预报产品

机构	模式	水平分辨率	最小时间分辨率	气象要素	预报时效
ECMWF	IFS-HRES	0.125°×0.125°	3h	降水、气压、温度、湿度、风等	10d
JMA	GSM	0.5°×0.5°	6h	降水、气压、温度、湿度、风等	4d
NCEP	GFS	0.5°×0.5°	3h	降水	15d
CMA	GRAPES_MESO	0.1°×0.1°	1h	降水	4d
本地化模式	WRF	27km	1h	降水、气压、温度、湿度、风速及风向等	4d

同时，长江委水文局开展了多模式降水预报产品动态集成技术，利用 ECMWF、

NCEP、WRF、GRAPES-MESO 等大尺度模式和中尺度模式的原始数据，将各个模式不同分辨率的资料插值到统一的细网格上，然后开展模式前期和当前预报性能检验（TS 评分等），评估不同模式分级降水预报质量，对各模式进行评分排序选优，再基于动态检验结果，建立多模式综合权重的优化处理技术方案，生成最优的长江流域短中期网格降水预报产品。

（3）专家交互

随着数值预报技术的发展，数值模型预报水平不断提高，数值预报在日常预报中充当越来越重要的角色，尤其是 24h 以上预见期的预报已成为主要的参考数值天气预报模式。

汛期每天滚动发布长江流域未来 7d 分区面雨量预报。长江流域短中期降水预报方案见图 2.1-9。预报员首先要分析前一日的实况和当天 8 时的大气状况，必要时参考雷达图、卫星云图等遥感资料对短时强降水进行分析，然后重点分析 ECMWF、NCEP、WRF、GRAPES 等模式产品，以及多模式集成最优降水预报产品和集合预报产品。除了参考降水预报产品外，更重要的是对多种模式的要素场和物理量场进行天气学方法分析，利用预报员的经验对模式进行订正，这是目前提高预报水平的重要手段。预报完成之后交由首席预报员或值班领导校核、签发，最后发布给水情预报员使用。

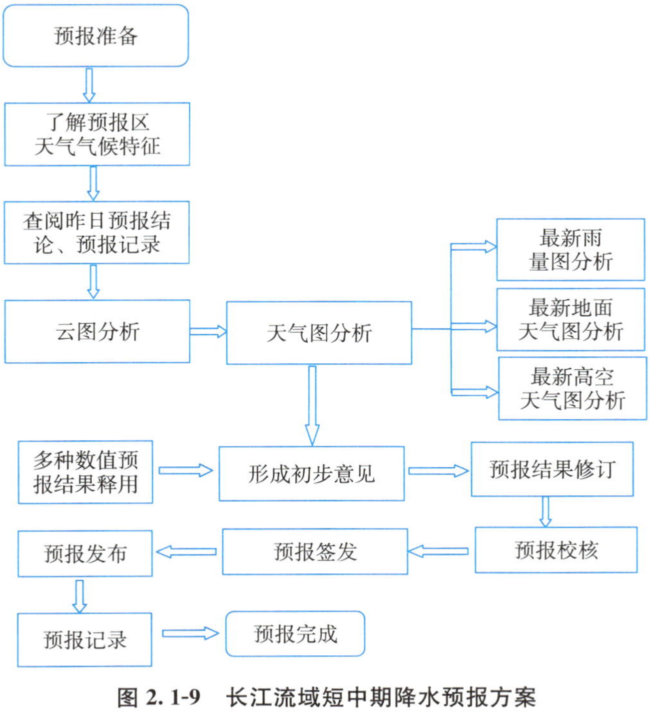

图 2.1-9　长江流域短中期降水预报方案

(4)短中期面雨量预报效果

采用长江委面雨量模糊评分方法对近年的面雨量预报效果进行评估，当实况面雨量落在预报面雨量范围之内则得100分，预报与实况面雨量差值越大，得分越小(表2.1-6)。

表2.1-6　长江流域短中期面雨量预报评分

实况/mm	预报/mm											
	0	1～5	5～10	5～15	10～20	15～25	20～30	30～50	40～60	50～80	60～100	>100
$R=0$	100	80	0	0	0	0	0	0	0	0	0	0
$0<R\leqslant5$	80	100	90	80	80	60	0	0	0	0	0	0
$5<R\leqslant10$	0	80	100	100	90	80	60	0	0	0	0	0
$10<R\leqslant15$	0	60	90	100	100	90	80	60	0	0	0	0
$15<R\leqslant20$	0	40	80	90	100	100	90	80	60	0	0	0
$20<R\leqslant25$	0	0	60	80	90	100	100	90	80	60	0	0
$25<R\leqslant30$	0	0	40	60	90	90	100	90	90	80	40	40
$30<R\leqslant40$	0	0	0	40	80	90	90	100	90	90	60	60
$40<R\leqslant50$	0	0	0	0	60	80	90	100	100	90	80	70
$50<R\leqslant60$	0	0	0	0	40	60	80	90	100	100	90	80
$60<R\leqslant80$	0	0	0	0	0	40	80	90	90	100	100	90
$80<R\leqslant100$	0	0	0	0	0	20	60	80	90	90	100	100
$R>100$	0	0	0	0	0	0	40	80	90	90	100	100

2013—2023年长江流域短期降水预报准确率评分统计见表2.1-7。从年际的比较来看，2013—2023年短期降水预报平均准确率较为稳定，24h预报平均得分为91.8分、48h为90.5分、72h为89.2分，均满足业务运行要求。

表2.1-7　2013—2023年长江流域短期降水预报准确率评分统计

预见期	2013年	2014年	2015年	2016年	2017年	2018年	2019年	2020年	2021年	2022年	2023年	平均
24h	91.8	91.7	91.8	89.4	91.8	92.5	92.7	92.7	92.0	92.4	91.5	91.8
48h	89.7	90.1	90.0	87.7	90.8	91.6	91.5	91.4	90.5	91.5	90.2	90.5
72h	88.3	89.0	87.4	87.2	89.7	89.9	90.5	90.3	89.2	90.6	89.2	89.2

采用短中期面雨量预报评分标准，对2009—2018年长江流域汛期中期面雨量预报评分统计(表2.1-8)。由表2.1-8可知，随着预见期的延长，预报效果整体呈下降趋势，全流域各区预报平均评分为83.3～86.7分。中期面雨量预报可基本准确地预报出预见期内的降水过程，而受预报方法和技术的制约，对降水的落区、强度、时间分布等的预报有一定的偏差。

表 2.1-8　　2009—2018 年长江流域汛期中期面雨量预报评分统计

年份	第 4 天	第 5 天	第 6 天	第 7 天	平均
2009	85.0	85.0	87.0	84.0	85.3
2010	86.0	86.0	85.0	81.0	84.5
2011	86.0	84.0	83.0	81.0	83.5
2012	89.0	85.0	85.0	84.0	85.8
2013	81.0	78.0	81.0	80.0	80.0
2014	85.0	84.0	83.0	84.0	84.0
2015	88.0	87.0	87.0	83.0	86.3
2016	89.0	88.0	87.0	86.0	87.5
2017	89.0	87.0	85.0	84.0	86.3
2018	89.0	88.0	88.0	86.0	87.8
平均	86.7	85.2	85.1	83.3	85.1

2.1.2　延伸期降水预报

2.1.2.1　延伸期降水预报方法

国内气象部门常规的天气预报和预测业务包括 10d 以内的短中期预报和 30d 以上的月、季尺度长期预报，而 10～30d 预见期的延伸期预报仍缺少客观的预报方法和工具。延伸期预报（一般为 10～30d）作为现有短中期预报的延伸，可以填补现有天气预报和气候预测之间的预见期缝隙。关于延伸期预报的方法和技术，全球已经研究了几十年，但是此类方法和技术依然是业务预报中的薄弱环节。延伸期预报不同于其他尺度的预报，在这一时段内，初始场所包含的信息随着预报时间的增长而逐渐耗散，但是此时外强迫对预报的作用还未完全体现。因此，在 10～30d 延伸期预报的过程中，既需要考虑初值的作用，也需要考虑边值的影响，这在客观条件上就决定了该时间尺度的预报难度非常大。目前，大气季节内振荡（Intraseasonal Oscillation，ISO）、热带低频振荡（Madden-Julian Oscillation，MJO）、环球遥相关（Circum Global Teleconnection，CGT）等低频信号是 10～30d 延伸期天气的主要可预报性来源。从物理学角度来看，在延伸期尺度内，ISO、MJO、CGT 等既是大气活动的强信号，也是诱发大气环流演变的重要因子。这些缓变的外强迫及其影响下的大气低频变化为延伸期预报提供了有用的低频信息，进而使得延伸期预报成为可能。在此基础上借助动力模式、统计方法、动力统计相结合、大数据方法等来实现对延伸期天气的预报。

（1）动力模式

数值预报作为现代气象业务的基础，在延伸期预报中扮演着不可或缺的角色，但是受限于科学理论和计算能力的发展，延伸期预报的模式发展相对缓慢，预报准确率也无法与短中期天气预报和短期气候预测相比。主要因为传统的天气模式没有考虑海洋、陆面等下垫面的影响，而气候模式分辨率往往较低，且对天气尺度信息忽略不计。近年来，随着天气数值模式的不断发展，尤其是集合数值模式的发展，延伸期预报能力大大提高。例如，ECMWF 自 2004 年开始正式发布延伸期天气预报，2011 年将更新频率从最初的两周一次提高为每周两次，内容主要为周或候平均的降水、气温等趋势和概率预报。

(2)统计方法

统计方法是延伸期天气预报领域广为使用的方法。它不拘泥于某种框架，思路灵活，手段多样，在针对特定问题的研究和分析中往往能起到较好的效果。统计方法主要有相似预报方法、基于低频信号的统计方法、物理统计方法等。

相似预报方法主要是利用天气过程模式、持续性天气过程的相似性、大气环流或大气活动中心特征量时间序列的持续性来进行延伸期预报。

大气低频振荡是高频天气变化的直接背景，是月、季气候的主要构成分量，也是连接天气和气候的直接纽带。因此，基于大气低频信号开展延伸期预报成为除数值方法之外的另一个重要方向。基于低频信号的统计方法主要以统计方法为主，如相关分析、回归分析、时间序列分析等。近年来，利用大气低频信号来进行延伸期预报已经在多个业务部门实施。

物理统计方法是对延伸期天气过程进行物理机制分析，选取与延伸期天气变化关系密切的具有物理机制的各种大气因子和非大气因子，采用回归、典型相关等物理统计预报模型制作延伸期预报。

(3)动力统计相结合

由于直接利用数值模式结果进行延伸期预报与实际业务需求还存在一定的差距，因此基于动力模式和数理统计相结合的预报方法在业务中发挥了重要作用。动力统计相结合的实质是将统计方法用于动力模式结果的分析，旨在通过合理可行的模式产品解释应用，对未来极端天气变化进行延伸预报，或者以模式预报结果为平台，结合历史规律进行相似印证，预测延伸期内的天气系统演变过程。

大气系统可以分为可预报分量和混沌分量，利用数理统计方法将数值模式结果分解为可预报分量和混沌分量，在此基础上构建针对可预报分量的数值预报模型，也是近年来延伸期预报常用的方法之一。

(4)大数据方法

近年来，随着观测手段的进步，气象观测数据迅速增加，气象卫星、雷达、观测站、飞机、船舶(浮标)等实时收集的观测资料和数值天气预报资料，以及近百年的历史资料，组成了一个海量的气象数据库，为大数据方法的应用提供了一个很好的平台。这些具有高度相关性和多重数据属性的科学数据，反映和表征着复杂的自然现象与关系。采用数据分解、扩展和变换等技术，直接从多变量、超长序列、高度耦合相关的大量观测资料中，提取与特定区域(如长江流域等)天气事件关系密切的主要大气环流型，获得比过去抽样分析更全面的两半球中纬度大气低频变化信息，为 10～30d 延伸期极端天气事件预报提供了更好的发展基础。

大数据分析预测采用的方法主要有多变量时滞回归(Multivariate Lagged Regressive，MLR)模型、扩展复数自回归(Extended Complex Autoregressive，ECAR)模型、多变量时滞回归/主成分复数自回归(Multivariate Lagged Regressive/Principal Component-Complex Autoregressive，MLR/PCCAR)模型等。

此外，延伸期预报中采用的其他方法还有低频天气图、神经网络模型方法、基于灰参数的非线性微分方程、基于经验模态分解的统计方法、经验波传播方法、大气变量物理分解法，以及各种定性和定量模型的综合方法等。

2.1.2.2 延伸期降水预报融合技术

为进一步加强水文与气象结合，延长预见期，针对长江流域的延伸期降水预报，长江委水文局基于对月尺度数值预报模式的释用，以及低频信号提取等方法，开展了延伸期预报试验，供预报调度决策参考。目前，长江委水文局开展的延伸期降水预报主要采用以下方法。

(1)基于多源中期数值预报产品的专家经验外推分析预报方案

针对长江流域的延伸期降水预报，专家经验外推预报方案主要预报内容是未来 8～15d 逐日逐区的定量降水预报(预报范围)和 16～20d 的降水过程预报。15d 以内的降水预报主要基于 ECMWF、美国 GFS 等 15d 以内的数值模式预报产品；16～20d 的降水预报主要基于 ECMWF 模式预报的大气环流形势场与根据预报员的经验，对未来的天气形势变化进行外推，从而得到未来 5d 的天气形势。目前，基于专家经验难以实现对 16～20d 的分区预报，仅能根据气象预报员的经验和对大气环流形势的外推分析判断是否有较明显的降水过程出现。

(2)基于对 CFS 模式产品释用的延伸期降水预报方案

对美国 NCEP 气候预测系统(Climate Forecast System，CFS)的数值预报产品进行解释应用，可以获得 8～30d 东亚地区高空场、地面降水量场预报产品，以及长江流域分区面雨量预报信息。该预测系统的第 1 代版本从 2004 年 8 月开始业务运行，2011 年 3 月第 2 代版本开始进行业务实时预测。该系统每天发布 4 次未来 45d 的预报产品以及未来 9 个月的预报产品，已经成为 NCEP 以及其他业务、研究机构月和季节预报和研究的重要工具。该模式产品为全球预报产品，长江委水文局自 2014 年 4 月开始对 CFS 预报产品进行解释应用，考虑到实际业务应用，对 12 时(UTC)的 4 个样本预报结果进行解释应用，输出结果有高空形势场和地面降水场的图形产品以及面雨量预报结果。

(3)基于低频天气图的延伸期降水预报方案

利用美国 NCEP/NCAR 再分析资料，通过非滤波方法提取大气低频振荡信号，制作历史低频天气图，研究影响长江流域的低频天气系统，并分析影响长江流域降水的低频天气系统活动关键区以及关键区内低频系统的活动周期。预报员根据历史上低频天气系统的演变规律与类似现有天气学原理，分析制作延伸期的降水过程预报。该方案预报产品为 8～30d 低频天气图，由预报员结合预报经验和相关分析制作降水预报。不同预报员对同一次低频天气系统演变过程的理解存在差异，会形成不同的预报观点和产品。因此，预报经验对预报精度有直接影响，降水预报方案具有主观性。

(4)基于大气低频信号的延伸期降水预报方案

利用美国 NCEP/NCAR 再分析资料，建立表征大气低频信号的指数(低频波指数序列)，将该指数作为预报因子，采用奇异值分解(Singular Value Decomposition，SVD)方法，研究大气季节内振荡与长江流域分区降水的统计关系，并利用大气季节内振荡的准周期性以及其与长江流域降水的关系，建立基于大气季节内振荡信号的长江流域延伸期降水过程的时空投影法预报模型。该方案可以提供未来 2～6 候(10～30d)的候平均面雨量等级预报，但是难以做到逐日分区雨量预报。

延伸期预报是一个尚未完全解决的技术难题，其理论基础还处在探索阶段，因此，单一的预报方法还不能满足日常业务预报的需求。作业预报需要根据各种延伸期预报方法或方案的不同特性，尽可能参考应用多种预报方法或手段，以改善预报效果。目前，长江委水文局基于上述 4 种延伸期降水预报方案，建立面向长江流域的 11～30d 延伸期降水预报融合方案(图 2.1-10)。

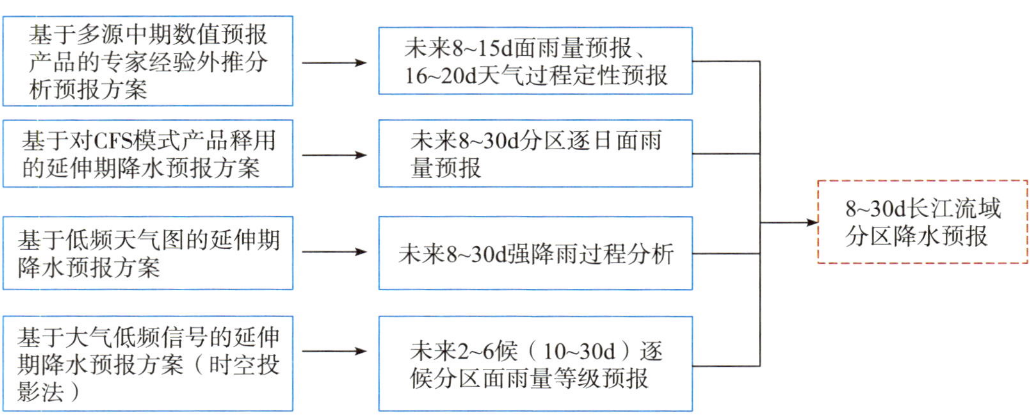

图 2.1-10　长江流域 11～30d 延伸期降水预报融合方案

2.1.2.3 延伸期面雨量预报

随着相关研究和应用实践的不断深入，长江流域的延伸期降水预报从最初的降水趋势预报逐渐向降水过程预报、逐日雨量预报发展。2016 年汛期，长江委水文局开始开展针对分区面雨量的延伸期降水试验预报，预报时效为 8～20d。目前，日常延伸期预报以动力数值模式产品为主，以大气低频信号演变和数理统计为辅，动力数值模式主要有中国 GRAPES、ECMWF 和美国等的中期数值预报产品，以及 CFS 的预报产品。

长江流域的延伸期预报还处在试验阶段，研究和应用也主要聚焦在流域内系统性强降水过程预报方面，其预报产品仅为洪水过程预报和水库调度的宏观把握提供参考。对于延伸期面雨量预报效果的检验评定，目前水文气象部门还没有统一的标准。长江流域延伸期降水预报制作平台具有新建预报、历史预报添加、集成预报添加、历史预报管理几项功能（图 2.1-11）。长江流域延伸期降水预报产品见图 2.1-12。

图 2.1-11 长江流域延伸期降水预报制作平台

图 2.1-12 长江流域延伸期降水预报产品

2.1.3 长期降水预测

2.1.3.1 通用长期降水预测方法

长期降水预测主要指月、季、年时间尺度的预测，属于短期气候预测范畴。短期气候预测曾经被称为长期天气预报，但是随着混沌现象被揭示，人们逐渐认识到气候系统是一个复杂的混沌系统，天气预报的时效不超过两周，月以上尺度的预报只能作为气候预测，因此将其改称为短期气候预测。长期降水预测牵涉到整个大气、海洋、大陆环境、冰雪等在内的庞大系统，影响气候因素诸多，目前仍是国际大气科学领域的难题。我国是世界上最早开展长期降水预测研究和业务的国家之一。考虑到影响我国气候变化因素的多重性、相互关系的复杂性和预测方法的多样性，从整体来看，我国长期降水预测仍处在研究、试验、业务应用不断改进的阶段。目前，使用的方法主要有统计方法、动力学方法、动力统计预测方法。

(1)统计方法

统计方法是根据已有的气象资料，利用统计的方法寻找天气现象和气候现象发生的可能规律，从过去或者现在的现象给出未来某个气象要素的期望值或者某个现象出现的概率。长期以来，短期气候预测主要是以统计方法为主。统计方法又可分为数理统计方法和物理统计方法。

1)数理统计方法

数理统计方法是最早使用的短期气候预测方法，可以依据气象要素本身随时间的变化规律、气象要素之间的时滞关系进行预测，如多元回归分析、相关分析、合成分析、聚类分析、判别分析、主成分分析、谱分析、时间序列分析、神经网络等。

2)物理统计方法

物理统计方法是以具有一定物理意义的影响气候异常的因子为基础，把物理因子和前兆信号的分析作为预测的重要基础和依据，并采用统计方法，建立具有较为清晰物理图像的预测概念模型。这些主要因子有海温、青藏高原热状况、东亚季风、西北太平洋副热带高压、中高纬阻塞高压等。

从数理统计方法到物理统计方法是短期气候预测理论在业务方法上的进步，但是目前有些预测模型的预报效果还不够稳定，尤其是当具有统计预测意义的前期信号异常程度不够显著，或者与后期我国夏季降水的密切程度出现年代际转变时，预测结果就很难具有说服力。

(2)动力学方法

气候模式是现代气候研究和预测的重要手段之一，目前应用于短期气候预测的动力学模式主要有大气环流模式、热力学模式、距平滤波模式等。国际上包括 ECMWF、UKMO、NCEP 等在内的主要业务机构，均在利用区域耦合气候模式开展季节内到季节—年际尺度的短期气候预测。在我国短期气候预测业务中，国家气候中心建立了一套由月动力延伸预报模式、海气耦合的全球气候模式、高分辨区域气候模式、ENSO (ElNiño-Southern Oscillation)预测模式，以及前处理与后处理系统组成的业务动力模式系统，在进行月、季、年际时间尺度的气候预测业务试报中表现出了一定的预报能力。与物理统计方法相比，气候模式的优势是能充分考虑气候系统的物理过程；通过不断改进、集合预报等方法，其预测能力可不断提高，在业务预测中的作用和地位可得到明显加强。但是目前动力学方法的预测水平还不能满足业务预测的要求，并且对大量历史信息利用不足，预报技巧仍有待提高。目前，我国主要以物理统计方法和动力学方法相结合的方式开展短期气候预测。

(3)*动力统计预测方法*

动力统计预测方法主要有两大类：一类是从改造动力方程着手，在动力方程中引入随机项、统计系数，或按照某种准则导出新的动力方程，这类方法被称为动力统计的“内”结合方法；另一类是把数值预报的结果资料加以统计分析，对预测结果进行再加工和修正，这类方法被称为动力统计的“外”结合方法。

目前，动力统计相结合更多体现在“外”结合，类似于两种方法混合使用但是又相对独立，统计方法一般只作为模式预报的辅助和补充。早期发展的完全预报方法(PP)和模式输出统计方法(MOS)，利用过去观测或预报数据建立环流与地面要素之间的统计关系，再通过模式输出环流场间接预报地面要素，据此进一步发展了降尺度技术以及模式结果后处理技术等，尤其是模式误差订正技术，已成为改善模式预报不可或缺的有力工具。在我国短期气候预测的业务中，动力与统计集成的季节气候预测系统(FODAS)就是以气候模式(BCC_CGCM)为动力核心来分析模式误差，以历史相似作为统计手段进行的针对性预测。

利用气候模式开展短期气候预测，是当前国际主流发展方向，但是目前短期气候预测业务主要采用上述 3 种方法相结合进行开展。

2.1.3.2　长江流域长期降水预测方法

长期水文气象预测主要对防汛抗旱、水资源管理，以及水利工程综合利用提供应用参考，是充分利用水资源、实现水工程优化运行、提高水电站经济效益的有效手段。长江委水文局开展了长江流域汛期旱涝趋势以及三峡水库不同运行阶段(蓄水期、供水期、消落期、汛期等)来水量趋势预测业务，采用基于数值模式和解释应用的方法、气候特征相似合成法、要素变化趋势分析法、突变检验方法、相关分析、正交函数分解方法、聚类分析方法、小波分析方法等多种方法，同时构建了多个自动或半自动运行的长期降水/来水量预测系统，以多系统并行分析辅以专家经验的方式，制作长江流域长期降水/来水量预测产品。

(1)RegCM 气候模式预测系统

区域气候模式 RegCM 诞生于美国国家大气研究中心(National Center for Atmospheric Research,NCAR)，其理论框架主要是基于中尺度气象模式 MM4，并在此基础上进行改进，使之具备气候尺度模拟的能力。2010 年 6 月，国际理论物理中心(ICTP)发布了第 4 代区域气候模式 RegCM4，ICTP 开发的 RegCM 系列模式是全球最具代表性的区域气候模式之一。根据长江流域的气候、水系、地形等特征，RegCM 气候模式预测系统对模式的参数进行了调整，建立了一套与之配套的可自动下载、运行并生成预报产品的自动化系统，于 2016 年汛期投入业务运行。系统初始场和边界条件为 ECMWF 再分析资料 EC-earth，每旬自动对未来 3 个月的降水进行预测，输出产品水平分辨率为 30km，包括长江流域旬、月降水与气温预测分布图，降水距平预测图和分区面雨量预报表，长江流域逐日分区面雨量预报表，以及旬、月累计降水预测表。RegCM4 模式预测产品示例见图 2.1-13。

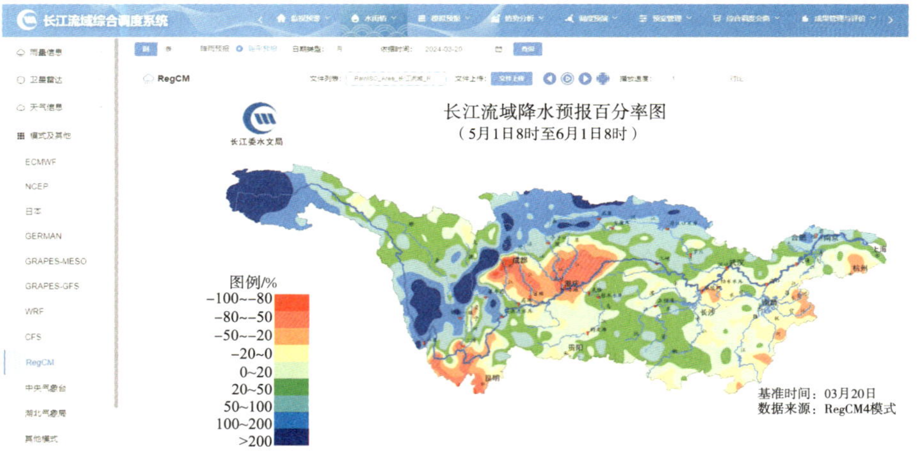

图 2.1-13　RegCM4 模式预测产品示例

(2)CFS 本地化自动处理系统

美国 NCEP 的 CFS 预报系统是当前全球预报质量较好、可共享的长期气候预测系统，每日 4 个时次滚动发布未来 45d、3 个月和 9 个月的预测产品。2014 年长江委水文局建立了 CFS 模式本地化自动处理系统，每日定时从 NCEP 网站下载全球尺度的 CFS 格点预测产品，根据流域预报分区和需求对产品进行本地化再处理，逐日制作未来 30d 逐日、未来 3 旬，以及未来 9 个月的降水与高空场等预报产品。CFS 模式月预测产品示例见图 2.1-14。

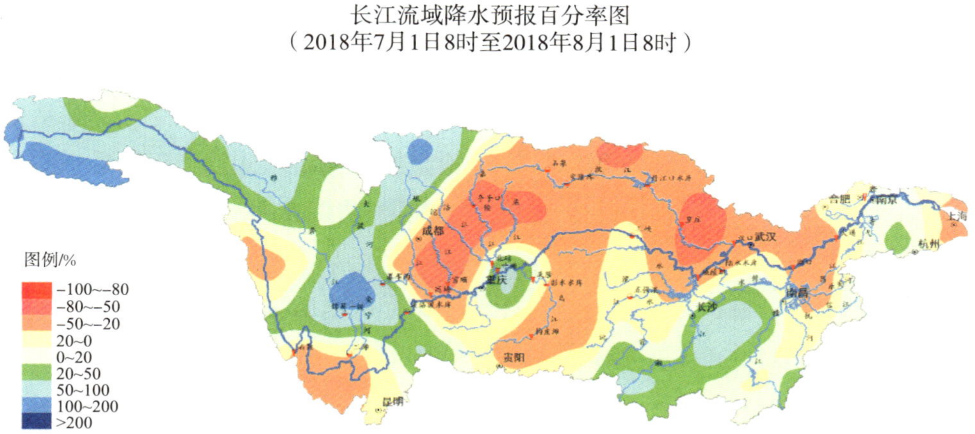

图 2.1-14　CFS 模式月预测产品示例

(3)聚类模型预测系统

长期降水量/来水量主要受到外界气候强迫因子(包括海温、海冰、高原积雪、大气环流因子等)的影响。这些因子数量庞大、种类繁多,人工分析各类因子与长江流域降水量/来水量的关系存在很大难度,因此长江委水文局建立了一套聚类模型预测系统。该系统可自动统计多种外界强迫因子与长江流域降水量/来水量的关系,挖掘与降水量/来水量相关性最强的一类因子,并利用这些因子建立一套统计模型,从而实现长江流域的长期降水量/来水量预测。由于聚类模型的预报因子种类较多,覆盖面广,因此在预报业务应用中取得了较好的效果。聚类预测模型的建立分为预报因子的初选、预报因子的优选、回归方程的建立、二次回归计算、制作回归聚类预报图等主要阶段,通过聚类预报图给出预测对象的定量预报。聚类模型预测系统界面见图 2.1-15。

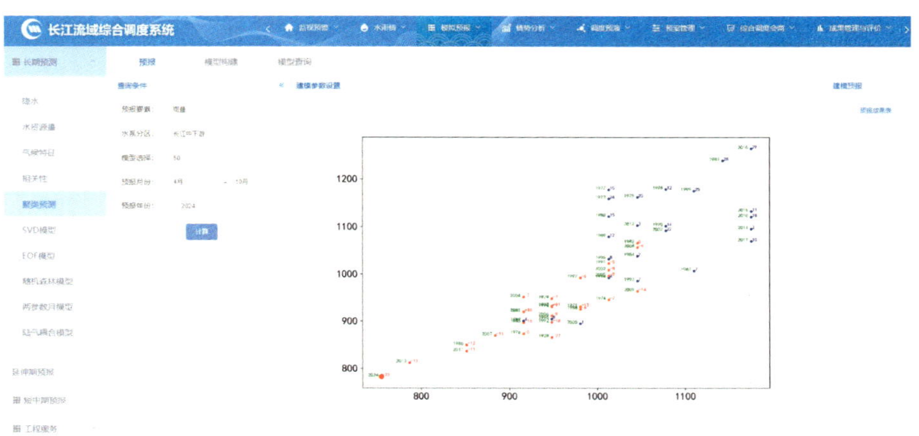

图 2.1-15　聚类模型预测系统界面

(4)SVDF 客观化预测模型

利用全球海温场、北极海冰、位势高度场因子数据，采用 SVD 时空分解方法将降水场和因子场进行时空分解关联分析，利用历史因子实况数据与分解后的模态系数建立回归关系，并利用实况因子数据预测未来一段时间内的模态变化系数，最后将时空模态进行还原得到最终预测结果。SVDF 客观化预测模型功能界面见图 2.1-16。

图 2.1-16　SVDF 客观化预测模型功能界面

(5)气候特征监测及相关性分析

在综合调度系统上实现了全球高度场、风场、海温场、整层水汽输送、海平面气压，以及 130 项环流指数的历史序列查询和实况状态监视。同时，可以采用相关性等方法分析不同气候因子与降水、流量等的相关性和相似性(图 2.1-17)。

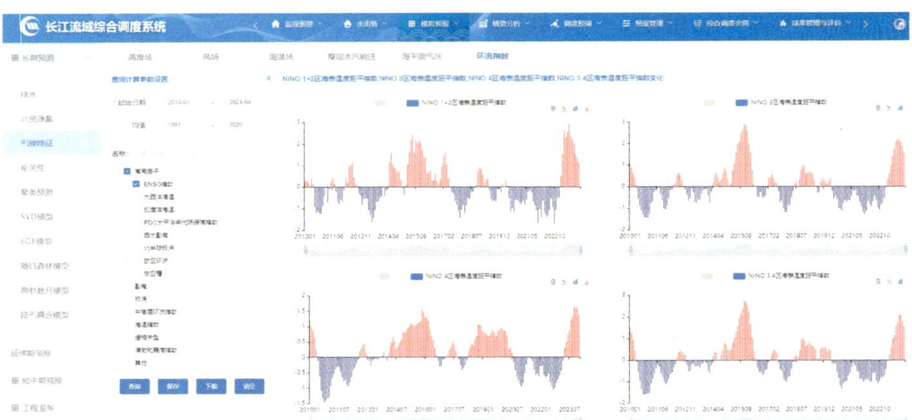

图 2.1-17　气候特征监测分析界面

2.1.3.3　长江流域长期降水预测产品

长江委水文局自 1959 年开始开展长期水文气象预测研究，并试行发布供内部参考的长期预测产品，自 1975 年开始向防汛部门提供长期水文气象预测，距今已 40 多年。汛期长期预测主要内容为长江流域旱涝趋势、长江流域干流控制站平均流量、长江流域及各子流域面平均月雨量预测。汛期长期预测发布一般在 3 月底或 4 月初，为提早进行汛前准备争取主动。长江流域长期降水预测成果见图 2.1-18。

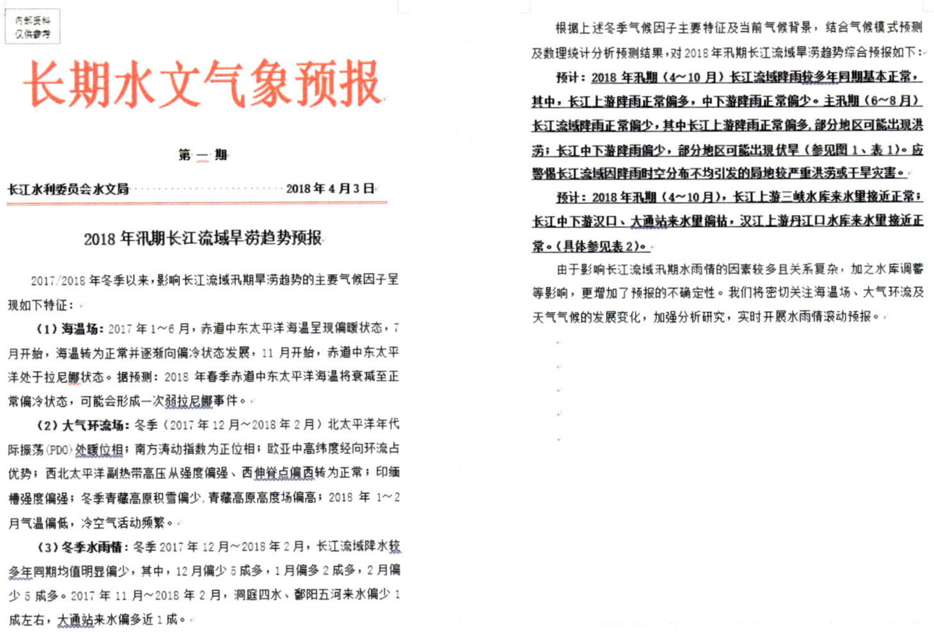

内部资料
仅供参考

长期水文气象预报

第一期

长江水利委员会水文局　2018 年 4 月 3 日

2018 年汛期长江流域旱涝趋势预报

2017/2018 年冬季以来，影响长江流域汛期旱涝趋势的主要气候因子呈现如下特征：

（1）海温场： 2017 年 1～6 月，赤道中东太平洋海温呈现偏暖状态，7 月开始，海温转为正常并逐渐向偏冷状态发展，11 月开始，赤道中东太平洋处于拉尼娜状态。据预测：2018 年春季赤道中东太平洋海温将衰减至正常偏冷状态，可能会形成一次弱拉尼娜事件。

（2）大气环流场： 冬季（2017 年 12 月～2018 年 2 月）北太平洋年代际振荡(PDO)处暖位相；南方涛动指数为正位相；欧亚中高纬度经向环流占优势；西北太平洋副热带高压从强度偏强、西伸脊点偏西转为正常；印缅槽强度偏强；冬季青藏高原积雪偏少，青藏高原高度场偏高；2018 年 1～2 月气温偏低，冷空气活动频繁。

（3）冬季水雨情： 冬季 2017 年 12 月～2018 年 2 月，长江流域降水较多年同期均值明显偏少，其中，12 月偏少 5 成多，1 月偏多 2 成多，2 月偏少 5 成多。2017 年 11 月～2018 年 2 月，洞庭四水、鄱阳五河来水偏少 1 成左右，大通站来水偏多近 1 成。

根据上述冬季气候因子主要特征及当前气候背景，结合气候模式预测及数理统计分析预测结果，对 2018 年汛期长江流域旱涝趋势综合预报如下：

预计：2018 年汛期（4～10 月）长江流域降雨较多年同期基本正常，其中，长江上游降雨正常偏多，中下游降雨正常偏少。主汛期（6～8 月）长江流域降雨正常偏少，其中长江上游降雨正常偏多，部分地区可能出现洪涝；长江中下游降雨偏少，部分地区可能出现伏旱（参见图 1、表 1）。应警惕长江流域因降雨时空分布不均引发的局地较严重洪涝或干旱灾害。

预计：2018 年汛期（4～10 月），长江上游三峡水库来水量接近正常；长江中下游汉口、大通站来水量偏枯，汉江上游丹江口水库来水量接近正常。（具体参见表 2）。

由于影响长江流域汛期水雨情的因素较多且关系复杂，加之水库调蓄等影响，更增加了预报的不确定性。我们将密切关注海温场、大气环流及天气气候的发展变化，加强分析研究，实时开展水雨情滚动预报。

图 2.1-18　长江流域长期降水预测成果

2.1.4　展望

定量降水预报是天气要素预报中最重要的部分之一，也是数值模式预报中最困难的挑战之一。随着数值模式的不断发展和模式产品释用能力的提高，定量降水预报取得了稳步的发展。通过对近年来长江流域降水预报精度的评定分析可知，短中期降水预报已经成为延长洪水预报预见期、提高洪水预报精度的关键；延伸期预报还处在试验应用阶段，对强降水过程有一定的指示意义；长期预测还存在较大的不确定性，仅能起决策参考作用。

（1）集合概率预报为延伸期定量降水预报的应用提供了新途径

延伸期预报作为构建无缝隙天气预报业务体系的重要一环，一直以来在防灾减灾科学决策中起到重要作用。但是在实际的预报中,延伸期预报的准确率比短中期天气预报和短期气候预测均明显偏低,尤其是数值模式延伸期时段的预报性能与实际业务需求还存在一定距离。随着资料同化技术与集合预报技术的不断发展,开展延伸期定量降水集合概率预报成为可行方案,但是在将概率预报应用到延伸期定量降水预报实际业务之前,如何检验、评价延伸期概率预报产品,特别是不同用户如何使用延伸期概率预报成果,仍有待进一步深入研究探讨。

(2)多模式集成是提高短期气候预测能力的重要手段

在全球气候变暖的背景下,极端事件频发,少数几次极端降水往往会改变整个月甚至季节的降水量变化,而目前对极端事件的变化规律和形成机理还缺乏深入认识,给短期气候预测带来了极大的不确定性。目前,短期气候预测仍面临许多科学难点,如对关键系统影响机理的认知、其他圈层资料的获取和使用、预测方法的不确定等。随着气候模式的发展,多模式集成在短期气候预测方面的预测能力受到很多关注,多模式集成技术可通过减小模式自身不确定性带来的误差而提高预测能力,这对集成模式的质量提出了更高要求,选择最优的模式组合进行集成是提高短期气候预测能力的重要手段。

(3)数值模式预报与人工智能相结合是定量降水预报的发展方向

数值模式预报是定量降水预报的基础和核心。随着大气科学专业和气象业务现代化的迅速发展,数值天气预报技术得到了极大的提升。不同特性的数值模式预报产品更加丰富,预见期和预报精度显著提高,数值天气预报技术已经成为日常降水预报业务的主要应用依据。在定量降水预报中,面对众多的数值模式预报,如何在有限的时间内,从海量的参考预报信息中提取有用的参考依据,方便、快捷地订正参考预报,正是人工智能的强项。预报员的价值将更多体现在利用信息技术研发高分辨率、高预报精度的客观预报产品;通过对模式预报的深入理解和利用人工智能对海量信息的挖掘,充分发挥专家经验的优势对预报产品进行融合订正;对最终预报信息进行解读并帮助用户进行科学决策等。

2.2 水流预报模型

2.2.1 降水径流模型

2.2.1.1 常用模型

(1)API 模型

API 模型,即前期雨量指数(Antecedent Precipitation Index,API)模型,其使用的表

达式是传统的降水径流相关图,因此又被称为降水径流经验相关法。在 20 世纪 40 年代,R. K. 林斯雷等提出了以季节、历时、API 为参数的五变数降水径流相关图,配合时段单位线技术,成为一种有效的降水洪水预报模型。1969 年,西纳等提出了模型地下径流的思路,结合谢尔曼单位线,构成了可模拟流域降水净雨过程的 API 模型。该模型以降水径流经验关系和单位线为核心,抓住了从降水到径流这一现象的主要因子,因此模型的适用性强,参数易于调试,使用效果好,应用十分广泛。

API 模型包括次洪和连续模型,主要包含产流、汇流、基流等环节。产流模型以主要影响因素作为参变量,建立降水量 P 与产流量 R 之间的相关关系,最常用的是三变量相关图 P—P_a—R(图 2. 2-1),产流模型的主要参数有 K(土壤含水量日消退系数)、I_m(前期影响雨量的上限值),用来推算模型参变量 P_a(前期影响雨量);汇流采用谢尔曼单位线卷积计算,当汇流计算的流域面积较大时,可采用对单位线分类或分区的方法来解决,分类最常用的因子是流域暴雨中心位置、降水强度等因子;基流计算用于分割前期退水过程,纳入系统的方法有退水系数法、退水曲线法和退水方程计算法等。其中,常用的主要是退水系数法,退水系数可为常数,也可根据流量级不同而进行区分。

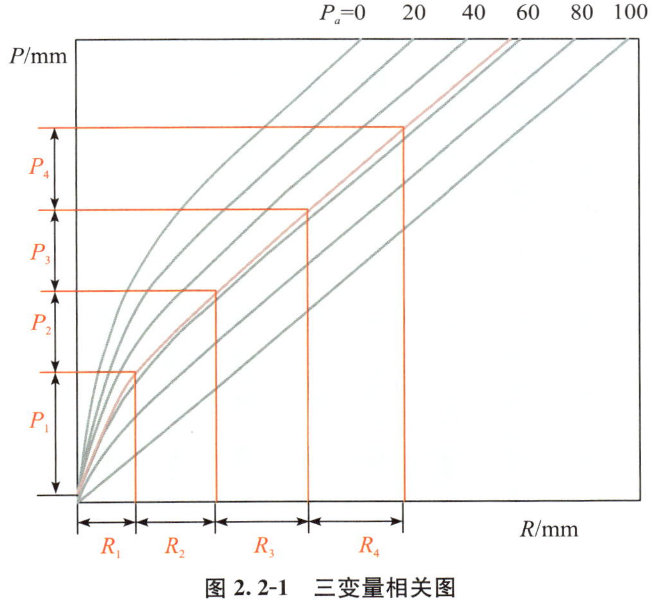

图 2. 2-1 三变量相关图

(2)新安江模型

新安江模型是赵人俊等在 1973 年对新安江水库做入库流量预报工作的过程中,归纳形成的一个完整的降水径流模型。最初的模型为二水源(地表径流和地下径流),后来,相继提出了三水源和四水源的新安江模型。模型主要由 4 个部分组成，即蒸散发计算、蓄满产流计算、流域水源划分、汇流计算。二水源是按 Horton 产流理论用稳定下渗率把总径流划分成超渗地面径流和地下径流，而三水源是采用自由水蓄水水库把径流划分成地面径流、壤中流和地下径流。地面径流汇流计算一般采用单位线法，壤中流和地下径流汇流计算采用线性水库法。三水源新安江模型基本结构流程见图 2.2-2。

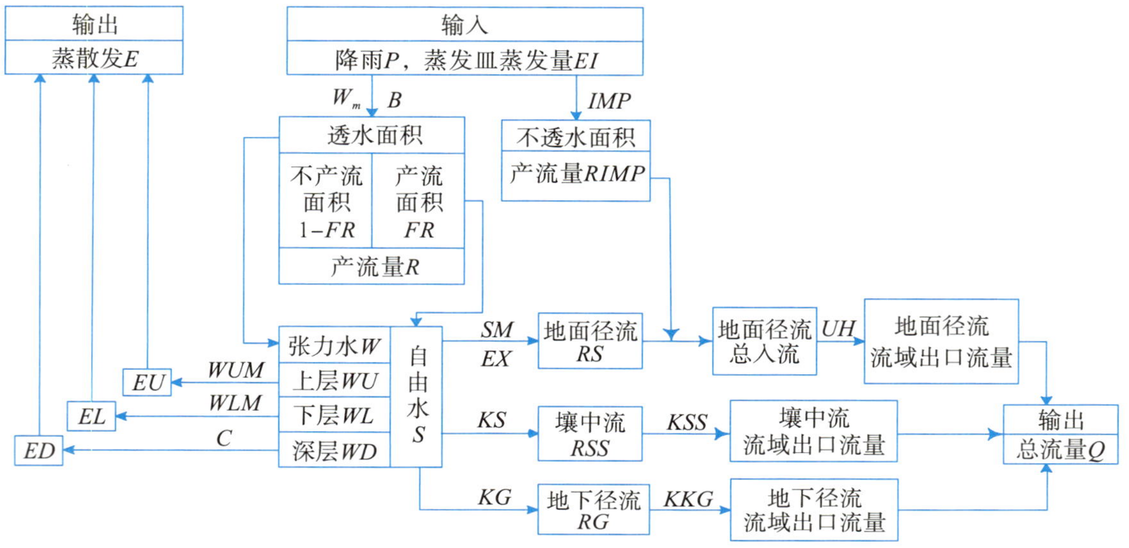

图 2.2-2　三水源新安江模型基本结构流程

模型参数共有 15 个，即产流参数 W_m、B、WUM、WLM、IMP、EX、SM、KS、KG，蒸发系数 CKE、C，汇流参数 KSS、KKG、N、NK。

(3)NAM 模型

NAM 模型由丹麦技术大学的 Nielsen 和 Hansen 于 1973 年首次提出，属于概念性集总模型。该模型除在丹麦得到广泛运用以外，在东南亚也得到不同程度的运用，在我国 NAM 模型主要与 MIKE11 耦合为行业工作者所熟知。

NAM 模型将整个土壤层结构划分为 4 层：融雪蓄水层、地表蓄水层、浅层蓄水层、地下蓄水层。不同蓄水层间蓄水量在一定条件下相互补给，当满足条件后产生地表径流、壤中流、地下径流等不同径流，然后通过线性水库汇流模型得到流域出口的流量过程。NAM 模型基本结构流程见图 2.2-3。NAM 模型参数见表 2.2-1。

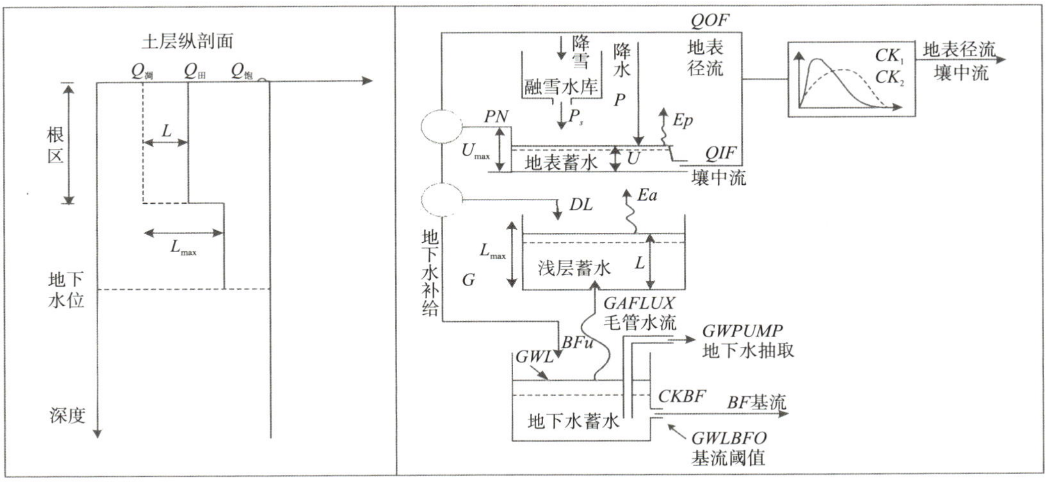

图 2.2-3　NAM 模型基本结构流程

表 2.2-1　NAM 模型参数

参数符号	参数意义
U_{max}	地表蓄水层蓄水容量(mm),反映了流域植被截留、洼地蓄水及上层耕作土壤蓄水等特性
L_{max}	浅层蓄水层蓄水容量(mm),表示提供植物蒸散发需要水分的根系层土壤所能够到达的最大含水量
$CQOF$	地表径流系数
$CKIF$	壤中流出流时间
$CKBF$	基流出流时间
CK_1、CK_2	分别为地表径流和壤中流汇流时间常数
TOF、TIF、TG	分别表示地表径流、壤中流、地下径流计算中的阈值都为小于 1 的正数
Sr	地下蓄水层出水系数
Csnow	融雪径流系数

(4)GR4J 模型

GR4J 模型是一个集总式概念性水文模型,其结构简单,仅有 4 个模型参数,但是在模型原理和模型结构上都具有一定特色。该模型通过两个非线性水库(产流水库和汇流水库)进行产汇流计算,采用时段单位线进行汇流计算,最终将地表径流部分和地下径流部分叠加作为流域出口断面的流量过程。GR4J 模型基本结构流程见图 2.2-4。GR4J 模型共有 4 个参数,包括 1 个产流相关参数 x_1 和 3 个汇流相关参数 x_2、x_3、x_4。GR4J 模型参数见表 2.2-2。

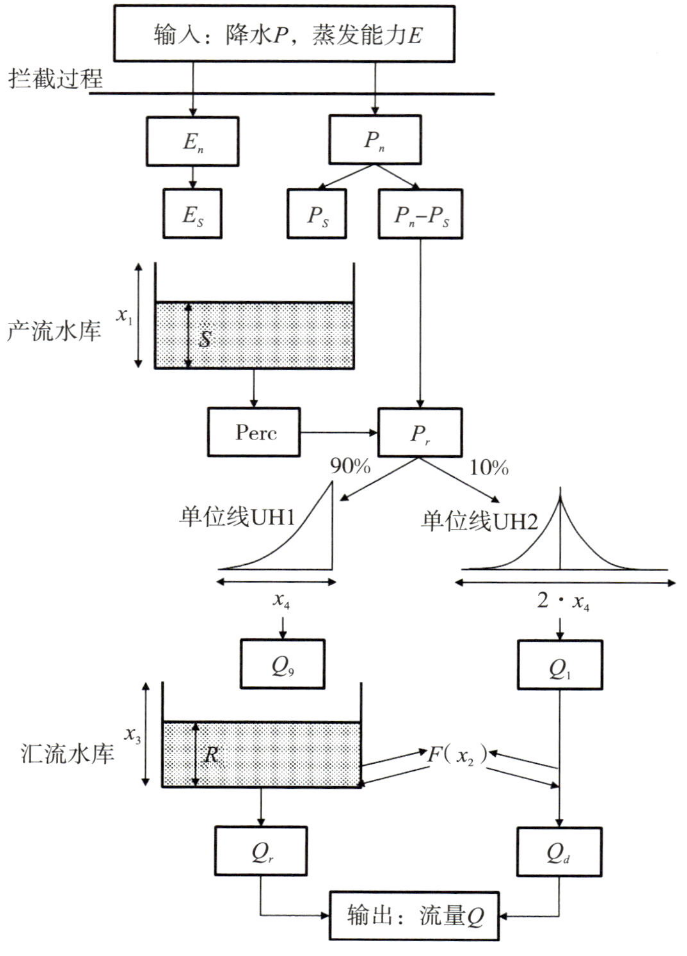

图 2.2-4 GR4J 模型基本结构流程

表 2.2-2 GR4J 模型参数

参数	范围	单位	描述
x_1	100～1200	mm	产流水库最大蓄水能力
x_2	−5～5	—	地下水交换系数
x_3	20～500	mm	汇流水库最大蓄水能力
x_4	1.1～5.9	d	时段单位线汇流时间

(5)水箱模型

水箱模型又称坦克(Tank)模型，由日本菅原正巳博士最早提出，经发展后，于 20 世纪 70 年代初广泛应用于世界，是一种典型的概念性降水径流流域模型。

水箱模型的基本思想是把降水转换为径流的复杂过程，简单地归纳为流域的蓄水容量与出流的关系进行模拟。用若干个串联的直列式水箱建立模型，以水箱中的蓄水深度为控制因素，模拟流域出流和下渗过程。其中，每层水箱的侧边有出流孔，底部有下渗孔。上层水箱的入流为流域面上的降水，下层水箱的入流为上层水箱的下渗量。各层水箱的出流量可理解为流域各蓄水层形成的不同水源的径流量。水箱模型的输出汇入河道时，其过程线受槽蓄作用的影响而变形。为了模拟槽蓄变形的影响，在直列式水箱旁边并联一个单一水箱进行汇流计算。四层垂直直列式水箱模型结构见图 2.2-5。

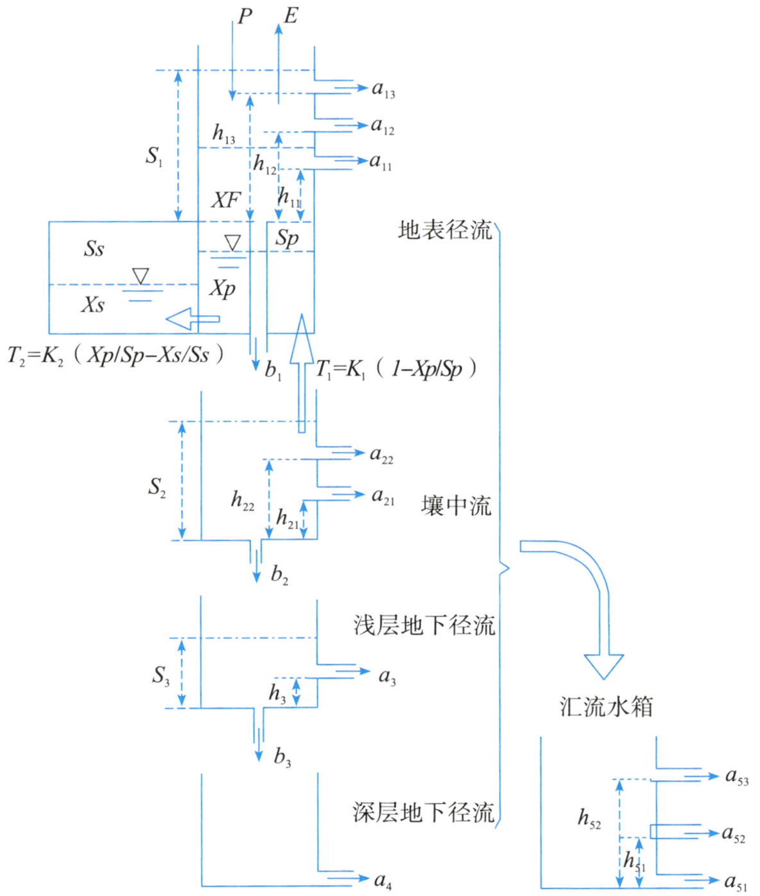

图 2.2-5　四层垂直直列式水箱模型结构

2.2.1.2　模型比较

一般而言，水文模型结构的不同主要表现在 4 个方面：①流域中形成的不同径流成分，即水源的划分；②对流域上径流形成机制的模拟；③水流向流域出口断面的转换，即汇流计算过程；④模型参数的多寡。因此，从模型结构中的水源划分、产流机制、汇流计算、参数个数等方面对上述的 5 个模型进行简要的比较分析（表 2.2-3）。在构建洪水预报方案时，可结合各模型的特点和不同流域的需求，灵活选择合适的降水径流模型进行方案编制。

表 2.2-3 降水径流模型比较

模型	水源划分	产流机制	汇流计算	参数个数	特点
API 模型	地表径流、基流	蓄满	单位线	2	用 P 与 R 之间的经验相关描述复杂的降水径流关系，参数少
新安江模型	地表径流、壤中流、地下径流	蓄满	单位线、线性水库	15	用蓄水容量曲线表示降水分布均匀时的产流面积的变化情况，用自由水容量曲线控制径流的组成和分布
NAM 模型	地表径流、壤中流、地下径流	蓄满、超渗	线性水库	12	各种径流成分计算均为简单的线性关系，考虑了融雪模块
GR4J 模型	地表径流、壤中流、地下径流	蓄满	单位线、线性水库	4	结构精简，参数较少
水箱模型	地表径流、壤中流、地下径流	蓄满、超渗	并联水箱	24	将复杂的降水径流关系简化为流域的蓄水容量与出流的关系进行模拟

2.2.2 河道演算模型

2.2.2.1 常用模型

(1)相关图模型

相关图模型洪水预报方案是一种传统而直观的洪水预报方法，具有信息量大、物理成因好、使用简易等优点，在某些地区的预报精度甚至比水文产汇流模型精度要好，因此在洪水预报的实践中发挥了重要的作用。

对于河道上下游水文站，摘取洪水要素(水位、流量)过程线上同相位(洪峰、起涨和其他同相位点)水位和流量值，可以建立上下游水位与流量相关关系(可用图或方程表示)。同相位流量相关关系一般需要配合传播时间预报关系使用。

当上游有支流加入时，可采用上游诸站来水合成流量(错开传播时间)与下游流量过程同相位的流量(水位)建立相关关系，预报下游流量(水位)。当河段区间降水不大或区间来水占干流洪水比重很小时，相关图模型是很有效的预报模型。本站水位流量相关关系也可纳入相关图类型。相关图模型形式有两变量、三变量、四变量等。例如，相应洪峰水位(流量)相关图,从河段上下站实测水位资料中,摘录相应的洪峰水位值及其出现时间,就可点绘相应洪峰水位(流量)关系曲线及其传播时间曲线(图 2.2-6),其关系式为:

$$Z_{p,l,t+\tau}=f(Z_{p,u,t}) \tag{2.2-1}$$

$$\tau=f(Z_{p,u,t}) \tag{2.2-2}$$

式中,$Z_{p,u,t}$——上站 t 时刻洪峰水位;

$Z_{p,l,t+\tau}$——下站 $t+\tau$ 时刻洪峰水位。

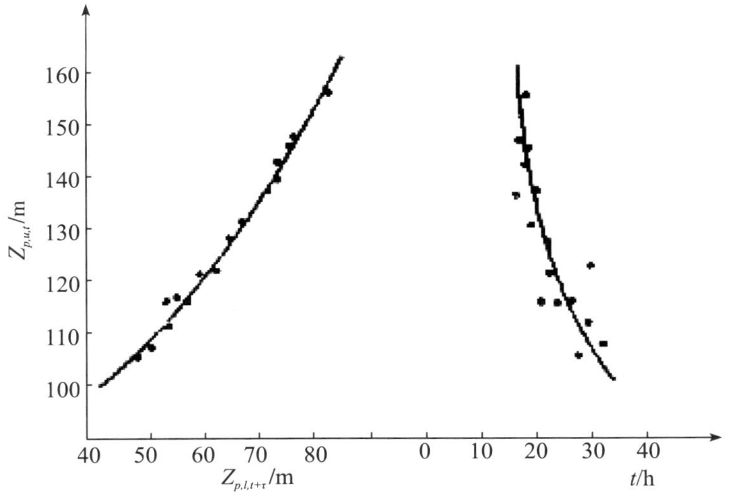

图 2.2-6　长江某河段上、下站洪峰水位及传播时间关系曲线

(2)马斯京根河道演算模型

马斯京根河道演算模型(以下简称"马斯京根模型")由 G. T. 麦卡锡于 1938 年提出的一种河道演算模型。马斯京根演算公式基于连续方程和动力方程,在忽略惯性的前提下,动力方程可简化为槽蓄方程。马斯京根模型因物理概念明确、使用方法简单,已广泛应用于河道汇流演算,适用于我国大部分地区。

马斯京根模型的核心在于通过流量比重因素 x 来调节流量(示储流量),使其与槽蓄量成单一关系,并以线性假定来建立槽蓄方程:

$$S=K[xI+(1-x)O]=KQ' \tag{2.2-3}$$

式中,S、I、O——河段的槽蓄量、入流、出流;

Q'——示储流量,$Q'=xI+(1-x)O$;

K——蓄量流量关系曲线的坡度,可视为常数;

x——流量比重因素。

联立求解水量平衡方程和马斯京根槽蓄方程,可以得到流量演算方程式为:

$$O_2 = C_0 I_2 + C_1 I_1 + C_2 O_1 \tag{2.2-4}$$

$$\begin{cases} C_0 = \dfrac{\dfrac{1}{2}\Delta t - Kx}{\dfrac{1}{2}\Delta t + K - Kx} \\ C_1 = \dfrac{\dfrac{1}{2}\Delta t + Kx}{\dfrac{1}{2}\Delta t + K - Kx} \\ C_2 = \dfrac{-\dfrac{1}{2}\Delta t + K - Kx}{\dfrac{1}{2}\Delta t + K - Kx} \\ C_0 + C_1 + C_2 = 1.0 \end{cases} \tag{2.2-5}$$

对于一个河段，只要确定参数 K、x 的值和选定演算时段 Δt，就可以求出 C_0、C_1、C_2，代入式(2.2-4)即可根据上站流量过程和下站起始流量计算出下站的流量过程。

(3)合成流量模型

在河道演算中，部分预报站的流量预报采用上游站流量直接错时合成到下游预报站，合成流量模型即完成此类预报站流量合成预报计算，在预报过程中只需要得知上游分支来水流量过程和各上游站与预报站之间的平均传播时间，即可通过该模型预报下游站预见期内的流量过程。该模型还可以通过简单条件的判别来分析应采用哪种合成方式进行流量合成。例如，当预报站水位(或上游站水位、流量)低于某量级时采用一种合成流量方案，在其他情况下采用另一种合成方案，合成方案因采用的合成来水情况和传播时间的不同而不同。

合成流量模型是马斯京根模型的特例，当马斯京根法槽蓄方程中取 $x=0.5$ 时，$C_0=0$、$C_1=1$、$C_2=0$，式(2.2-4)变为：

$$O_2 = C_0 I_2 + C_1 I_1 + C_2 O_1 = I_1 \tag{2.2-6}$$

式中，O_2——时段末预报站流量；

I_1——时段初上游流量(单一来水时为来水站流量，多支流来水时为其合成流量)。

此时，$\Delta t = 2Kx = K$。

当预报站为 n 条支流合成时，合成流量公式如下：

$$I_{t-\Delta t} = SQ_t = \sum_{i=1}^{n} Q_{i,t-\tau_i} \tag{2.2-7}$$

式中，SQ_t ——t 时刻合成到预报站的预报流量；

$Q_{i,t-\tau_i}$ ——上游第 i 个来水站控制站 $t-\tau_i$ 时刻的流量；

τ_i ——第 i 个来水控制站到预报站平均传播时间。

(4)河道汇流系数演算模型

河道汇流系数演算模型是在加里宁河槽汇流曲线的概念基础上，将流域(河网或河槽)沿程滞蓄作用概化为一系列等效的线性水库和线性渠道，由连续方程和概化的蓄泄方程联立推导演算出口流量过程的模型。汇流曲线公式见式(2.2-8)，流量演算采用卷积法，各时段入流乘以汇流系数所得出流过程错时线性叠加，再加上前期洪水退水和基流，就得到出口断面的总流量过程。在模型软件化过程中，根据预报站的演算方式定义信息，按照汇流系数方法完成河段流量演算，可分为先合成后演算和先演算后合成，同时，汇流系数也可按水位或流量级分类。

$$P_t = 1/[k(n-1)!](t/k)^{n-1} e^{-t/k} \tag{2.2-8}$$

式中，k——消退系数；

n——阶数，即概化矩形入流的个数；

t——时段数。

(5)水力学河道演算模型

水动力学主要研究水流运动要素随时间和空间的变化规律。水流运动分恒定流和非恒定流。在明渠水流中，水力要素随时间变化的水流被称为明渠非恒定流，河道洪水的水力要素如流量、流速、水位、过水面积等，都是时间和距离的函数，属水动力学中明渠非恒定流范畴。

基于水流运动机理，建立洪水运动动力方程组，并用一定的数值方法求解而建立的模型被称为水力学河道演算模型，简称为水力学模型。水力学模型的基本方程由圣维南方程组表示，由反映质量守恒定律的水流连续方程和反映动量守恒定律的运动方程联立组成，具体形式如下：

$$B_s \frac{\partial h}{\partial t} + \frac{\partial Q}{\partial x} = q \tag{2.2-9}$$

$$\frac{\partial Q}{\partial t} + \frac{\partial}{\partial x}\left(\frac{\alpha Q^2}{A}\right) + gA\frac{\partial h}{\partial x} + \frac{gQ|Q|}{C^2 AR} = 0 \tag{2.2-10}$$

式中，x 、t ——空间坐标和时间坐标；

Q ——断面流量；

h ——水位；

A ——断面过流面积；

R ——水力半径；

B_s ——河宽；

q ——单位河长的旁侧入流量；

C ——谢才系数；

α ——动量修正系数。

预报对象和求解方法不同，方程有多种形式，通常根据一个或多个水力要素的空间分布，可以分为一维、二维和三维等多种。对于模拟河流洪水演进，一维水力学模型通常能够满足需求。一维水动力学模型，一般是将河网概化，并根据河道沿程断面将河道离散为若干段，再对各段建立圣维南方程组并联立进行数值化求解，不同模型求解方法略有不同，如河海大学李光炽教授采用四点线性隐格式及“追赶”方法，MIKE11 模型采用了六点中心隐式格式及“双扫”算法，但是计算成果均为河道沿程一维一层水力要素。

2.2.2.2 模型比较

从核心原理、模型特点、适用对象等方面对上述的多个河道演算模型进行简要的比较分析（表 2.2-4）。在构建洪水预报方案时，可结合各模型的特点和不同流域的需求，灵活选择合适的降水径流模型进行方案编制。

表 2.2-4 河道演算模型比较

模型	核心原理	模型特点	适用对象
相关图模型	洪水波坦化、平移	基于图形建模，直观方便	多用于受分流或顶托影响的河段
马斯京根模型	建立示储流量与槽蓄量的单一关系，以线性假定构建槽蓄方程	物理概念明确、使用简单	除受分流或顶托影响的大多数天然河道
合成流量模型	洪水波平移	紧扣水量要素、使用简单	多用于洪水坦化较小的上游地区
河道汇流系数演算模型	将流域（河网或河槽）沿程滞蓄作用概化为一系列等效的线性水库和线性渠道	物理概念明确、求解较复杂	大多数天然河道
水力学河道演算模型	质量守恒、动量守恒	物理机制严格，可推求研究河段沿程水力要素过程，但是对资料要求较高	具备资料条件的河道，特别在水库上下游河段、平原河网地区具有优势

2.2.3 调洪计算模型

调洪演算的主要任务是在已知入库（湖）来水的前提下，依据采用不同控泄方式下预见期内的泄流量，推算库水位的变化过程，或者在设定的库水位预控目标下，推算应选择的下泄流量过程。水库入流、出流、蓄水量的变化组成了水库水量平衡关系，是调洪演算的基础。常用的调洪演算方法主要包括大湖演算模型、静库容调洪演算法、基于动库容曲线的调洪演算方法、基于水动力学模型的调洪方法。基于对不同调洪算法基本原理的分析，探讨各自的适应性。

2.2.3.1　常用模型

(1)大湖演算模型

大湖演算模型是长江委为解决长江中下游复杂江湖关系条件下的防洪规划、洪水预报等问题,基于水量平衡原理提出的一种水位演算方法,其主体思想是将上边界干支流来水控制站与下边界出口站(即预报站)之间的湖泊和河槽视为一个大湖泊,湖泊内自然调整,根据湖泊水文学的方法进行调洪演算,入流为上边界各来水流量与湖区径流之和,演算结果为预报站的水位过程。大湖演算模型结构见图 2.2-7。

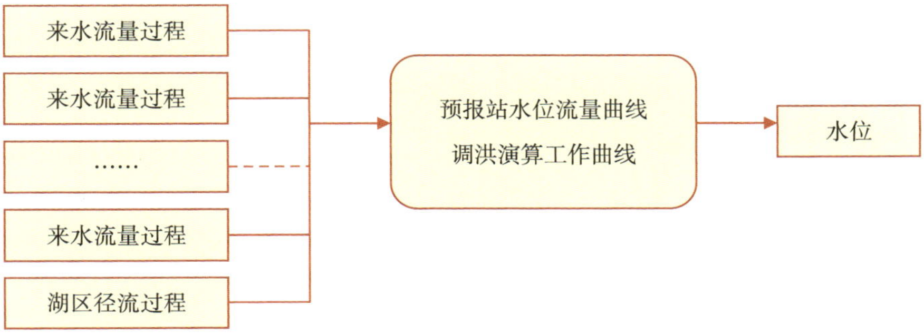

图 2.2-7　大湖演算模型结构

大湖演算模型将入流、出流和蓄水量的变化,组成湖泊水量平衡关系,作为调洪演算的基础,同时假定蓄水量与出流为线性关系,即蓄水量和出流都是水位(Z)的单一函数,采用水库演算全图解法,即蓄率中线法进行求解,即可根据容蓄曲线和水位流量关系曲线绘制 $Z \sim \left(\frac{V}{\Delta t} - \frac{Q}{2}\right)$ 和 $Z \sim \left(\frac{V}{\Delta t} + \frac{Q}{2}\right)$ 关系曲线(图 2.2-8),并据此进行调洪演算。

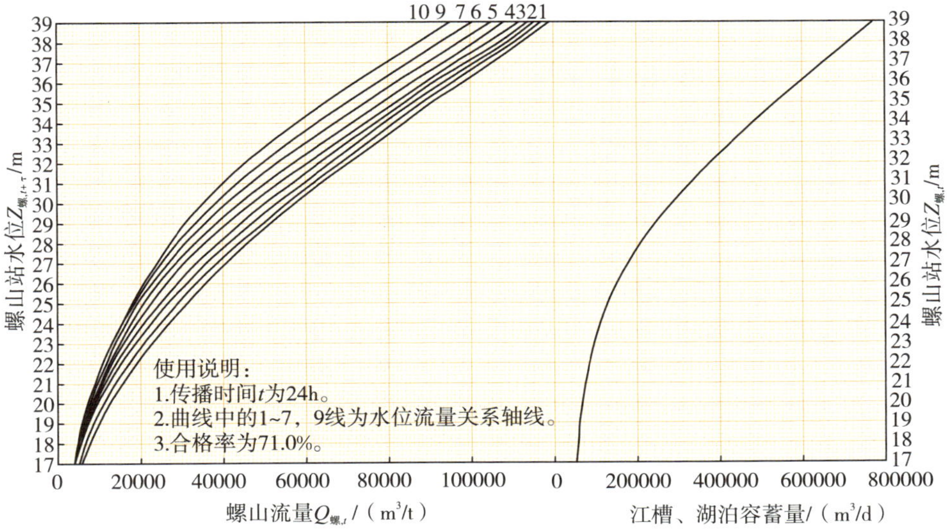

图 2.2-8　螺山站水位流量关系曲线及江湖容积曲线实例

(2)静库容调洪演算法

静库容调洪演算法是水库调洪计算中最经典的方法,其理论基础是水量平衡。水库调洪演算时控制目标一般有控制下泄流量和控制库水位两种模式。静库容调洪演算时联立水量平衡方程和库容曲线,以入库流量和出库流量(或库水位)为已知输入,逐时段推算所求即可。

静库容调洪演算法的基本假定是不考虑入库向出库转换的时间差,即水库水量平衡方程在演算时段内正确无误。在水库实际运行过程中,这个假定和真实情况存在差异,带来了计算误差,误差的大小与水库水位、入出流量的大小、计算时段的长短等因素都有密切关系。影响静库容调洪精度的因素主要有:①水库入库流量的准确性,以及水库入库、出库、库水位的代表性;②水库蓄泄关系是否为真正的单一关系。当水库动库容比重较大,且变动较大时,单一蓄泄关系被破坏,调洪计算的误差就大;③计算时段长短的影响。水量平衡是一个动态变化过程,不是在一瞬间完成的,计算时段愈短,水量平衡方程的误差愈大,进行水库反推入库流量过程时出现的严重跳动现象已揭示这一问题。

(3)基于动库容曲线的调洪演算方法

水库在洪水期间的水流状态属非恒定流。严格来说,动库容调洪应按非恒定流计算方法进行泄流计算,但是受资料条件的限制,一般采用简化计算方法,近似考虑动力方程的影响,常使用基于动库容曲线的调洪演算方法。水库的动库容决定库区水面线,某一时刻的库区水面线主要取决于坝前水位高低和水库入、出库流量大小等因素,于是建立以库容影响因素作为参数的动库容曲线,可以把单一静库容曲线改为一组动库容曲线(图 2.2-9),采用考虑变化的动库容曲线法进行调洪演算。

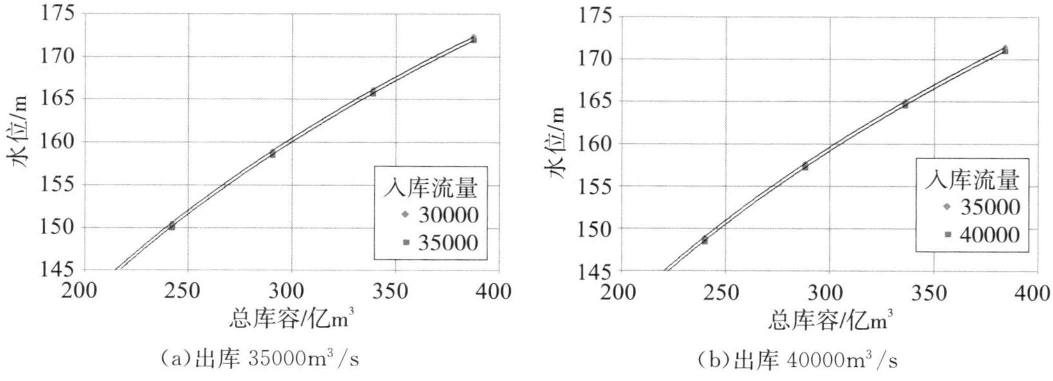

(a)出库 35000m³/s　　(b)出库 40000m³/s

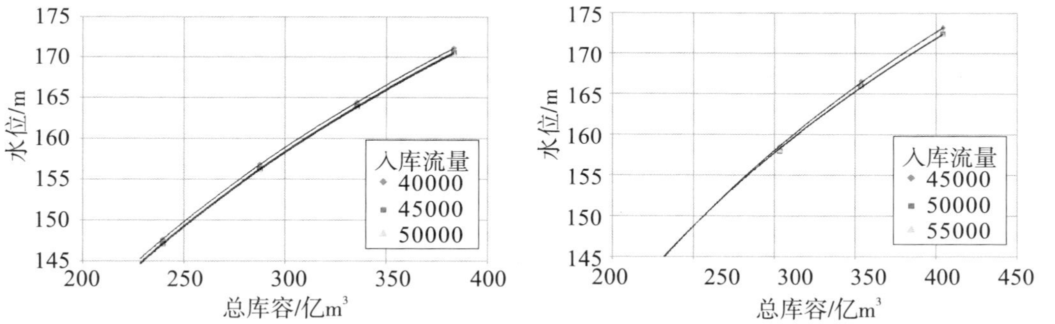

(c)出库 45000m³/s　　(d)出库 50000m³/s

图 2.2-9　以入库流量为参数的三峡水库动库容曲线实例

水库动库容的楔形水体水量的大小主要受到坝前水位高低和水库入、出库流量大小的影响，决定了库区水面线的形状。当库区流量较大时，库水面坡度会较陡，对应的动库容水量必然加大，反之亦然。因此，如果有了对应不同入、出库流量的动库容曲线，依照水量平衡原理，通过蓄泄关系的转换，就可以实现考虑动库容条件的调洪演算。若将计算时段拉长为预报时刻至最高库水位出现时刻的一个时段，即可实现动库容条件下的最高库水位简化查算。

(4)基于水动力学模型的调洪方法

如 2.2.2 节介绍，水力学模型基于水流运动机理，以圣维南方程组为洪水运动动力基本方程，并用一定的数值方法求解，推求水流运动要素随时间和空间的变化规律，不仅适用于河道演进计算，同样可用于水库调洪。

当利用水力学模型进行水库调洪时，以入库站和区间来水作为输入边界，控制模型下边界条件即可实现各运行工情下入库洪水在库区的演进，一般可分为几种不同方式：①模型下边界采用坝址断面固定水位，计算坝址断面流量则为无水库调节的出库流量过程，即为坝前入库流量过程；②若模型不考虑区间来水(仅考虑上游控制站来水)，与采用实际(预报)来水为边界的模型，所计算坝前入库流量之差即为水库区间来水过程；③模型下边界条件为可变库水位，即为控制库水位演算出库的调洪演算模式；④模型下边界条件为可变出库流量计算库水位变化过程，即为控制出库演算库水位的调洪演算模式。

2.2.3.2　调洪方法的适应性分析

从基本原理、资料需求、适用对象等方面对上述的多个调洪计算模型进行简要的比较分析(表 2.2-5)。

表 2.2-5　　调洪方法比较

模型	基本原理	资料需求	适用对象
大湖演算模型	水量平衡、蓄泄关系	容积曲线、总入流过程、水位流量关系曲线	复杂江湖关系下的湖泊出口的下游水位
静库容调洪演算法	水量平衡、单一库容曲线可表达水位库容关系	单一库容曲线、总入流过程	湖泊型水库或特定条件下(入库流量较为稳定、水面比降很小)河道型水库的坝前水位
基于动库容曲线的调洪演算方法	水量平衡,用以出库流量、入库流量为参数的动库容曲线组表达不同条件下的真实水位库容关系	多变量(入库、出库为参变量)库容曲线组、总入流过程	水库的最高调洪水位
基于水动力学模型的调洪方法	质量守恒定律、动量守恒定律	河道地形及断面、沿程分散入流过程	河道型水库库区沿程水位

根据纳入调度范围水库的特性和上述调洪方法适应性分析的成果,可配置各水库的调洪演算方法。一座水库可配置多种调洪演算方法,互相校核,并通过实况资料进行检验,确定各水库的首选调洪演算方法,其他方法可作为备用对象,供实时调度计算使用。在实时调度计算时,仍需要根据来水情况、水库的运行情况等实况信息,灵活确定水库的调洪计算方法,灵活选用调洪计算成果,以确保调洪计算的精度。

2.2.4　水资源预报模型

2.2.4.1　模型简介

(1)SWAT 模型

SWAT(Soil and Water Assessment Tool)模型是 20 世纪 90 年代美国农业部农业科学研究院(USDA-ARS)开发的流域尺度、时间连续、基于过程的半分布式机理模型。它可以在水文响应单元的空间尺度上模拟地表径流、入渗、侧流、地下水流、回流、融雪径流、土壤温度、土壤湿度、蒸散发、产沙输沙、作物生长、养分(氮、磷)流失、流域水质、农药/杀虫剂等多种过程和各种农业管理措施(耕作、灌溉、施肥、收割、用水调度等)对这些过程的影响。该模型综合考虑了水文(包括地表水和地下水)、水质、土壤、气象、植被、植物生长、农业管理等多种过程,具有以水为主导的生态水文模型或环境水文模型的特征,而不再是传统意义上的水文模型。

SWAT 模型具有以下特性:①在处理流域内部的地理要素和地理过程在时空上的非均一性和可变性时,以子流域的空间单元划分方法,将一个大区域或流域离散化成更小的地理单元——水文响应单元;②比较适用于包含各种土壤类型、土地利用、农业管理制度的大流域，可以模拟和评估人类活动对水、沙、农业污染物的长期影响；③模型的动力框架属于时间连续的分布式模型，模拟的时间跨度能够以每日步长的方式从年、月到年代际；④与地理信息系统软件进行了集成，提升了空间数据前处理和后处理的能力，增强了可视化的操作功能和表达能力。

SWAT 模型的结构主要由 3 个模块组成，分别为子流域、水库演算、河道演算，每个模块又由若干个子模块构成。例如，子流域模块由水文、气象、泥沙沉积、土壤湿度、作物生长、营养盐、农业管理、农药/杀虫剂 8 个子模块组成，而其中的水文子模块由地表径流、侧流、渗流、地下水、融雪、蒸散发、输移、池塘等组件构成。SWAT 模型的水文循环过程见图 2.2-10。SWAT 模型采用 SCS 曲线数法进行降水径流模拟；通过建立潜在蒸散量、土壤含水量、有效水的函数方程计算实际蒸散量，实际蒸散量包括冠层截留蒸散发、植物蒸腾、积雪升华、土壤水分蒸发；计算的土壤水包括植物可利用水量、下渗量、侧向流地下水量，其中植物可利用水量通过土壤特征参数估算凋萎含水量得到，下渗量则主要考虑初始下渗量和土壤水力传导率，采用 Sloan 等开发的地下水运动学蓄量模型模拟二维交叉带侧向流计算；采用特征河长法或马斯京根法进行河道汇流演算。

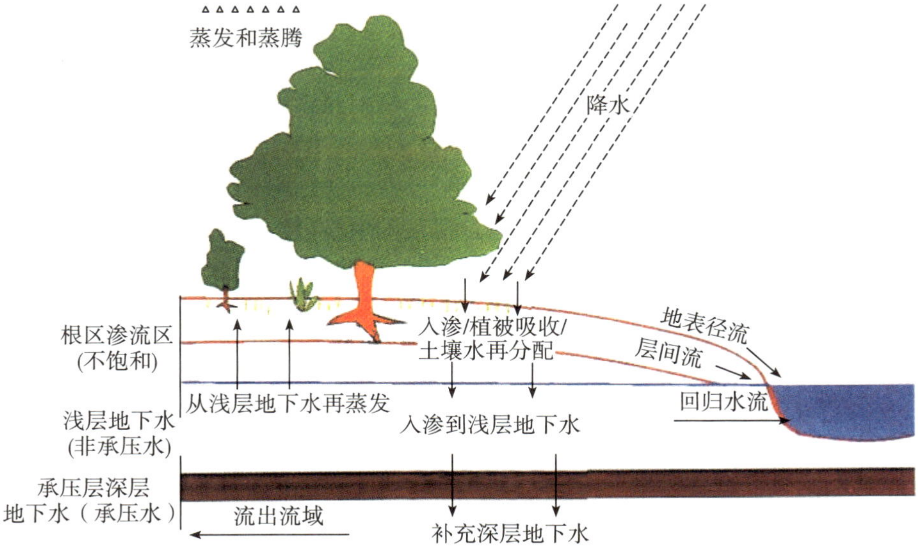

图 2.2-10　SWAT 模型的水文循环过程

(2) VIC 模型

可变下渗能力(Variable Infiltration Capacity, VIC)模型，是美国华盛顿大学、加利福尼亚大学伯克利分校、普林斯顿大学共同研制的陆面水文模型，是一个基于空间分布网格化的分布式水文模型。VIC 模型主要考虑了大气—植被—土壤的物理交换过程，反映土壤、植被、大气中的水热状态变化和水热传输，因此该模型可同时进行陆—气能量平衡和水量平衡的模拟，也可只进行水量平衡的计算，输出每个网格上的径流深和蒸发，再通过汇流模型将网格上的径流深转化成流域出口断面的流量过程，弥补了传统水文模型对能量过程描述的不足。

VIC 模型具有一定物理概念，其主要特点是：①同时考虑陆—气水分收支和能量收支过程；②同时考虑两种产流机制（蓄满产流和超渗产流）；③考虑次网格内土壤不均匀性对产流的影响；④考虑次网格内降水的空间不均匀性；⑤考虑积雪融化和土壤融冻过程。

VIC 模型的结构原理见图 2.2-11。在计算蒸发蒸腾时，VIC 模型考虑植被冠层蒸发、植被蒸腾裸地蒸发；在计算产流时，VIC 模型将水源进行了区分，上层土壤产生直接径流，下层土壤产生基流。VIC 模型可以同时考虑蓄满产流和超渗产流两种机制计算直接径流，并考虑了次网格土壤空间不均匀性的影响，同时采用 Arno 模型来计算下层土壤产生的基流；VIC 模型汇流计算包括网格汇流和河道汇流，网格内汇流采用单位线的方法，网格之间汇流采用 D8 算法计算流向，汇流进入河道后，采用线性圣维南方程进行计算。

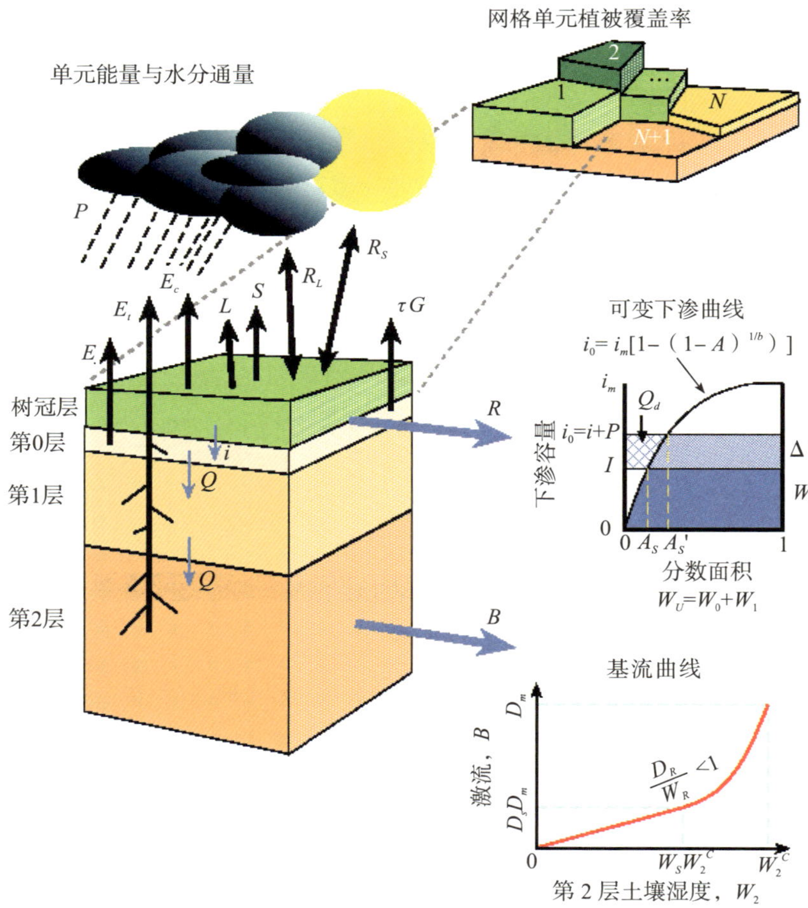

图 2.2-11　VIC 模型的结构原理

(3)两参数月水量平衡模型

两参数月水量平衡模型由熊立华等于 1996 年提出，主要用来模拟和预测不同气候条件下流域上的月径流量。与日径流过程相比，月径流过程已经概化掉了在较短时间尺度上存在的一些随机不确定因素。土壤—植被—大气系统的相互作用、相互反馈使得月降水、月蒸发、月径流这 3 个水文变量之间的相关关系更加密切。在自然条件下，若无明显的蓄水或取水，一次降水一般都能在一个月内转化为径流或被蒸发，仅有小部分仍滞留在土壤中。因此，在两参数月水量平衡模型中已没有区别产流与汇流的必要，因此该模型结构简单、参数较少、便于应用。

在两参数月水量平衡模型中，用蒸发皿观测值近似代替流域的蒸散发能力 E_p，并通过蒸发参数 C 和月降水量的双曲正切函数联立计算流域的实际蒸发量。该模型认为月径流量 Q 与该月土壤中的净含水量 S(即扣除了蒸发之后的剩余水量)有着十分密切的关系，把整个流域的调蓄作用当作一个“水库”(尽管“水库”中还有土壤和空气)，将月径流简化为土壤含水量的双曲正切函数关系，并假设土壤中某时刻的稳定含水量(即扣除了出流 Q 和蒸发 E 之后的土壤含水量)与土壤的当时蓄水能力 $W(t)$ 成正比关系，以月降水量和月蒸发皿观测值作为输入，通过水量平衡公式逐月递推，输出流域天然条件下月径流量过程。

两参数月水量平衡模型共有两个参数。第一个参数是蒸发参数 C(无量纲)，直接影响流域的蒸发，从而影响月径流过程模拟的精确性；第二个参数是流域最大蓄水能力 SC(单位：mm)，代表当土壤几乎没有水分时整个流域的平均持水能力。

2.2.4.2　模型比较

从模型分类、产汇流计算、时间尺度、资料需求等方面对上述的 3 个模型进行简要的比较分析(表 2.2-6)，在构建水资源预报方案时可根据不同流域的资料条件和需求，灵活选择合适的水资源预测模型进行方案编制。

表 2.2-6　　水资源预报模型比较

模型	模型分类	产汇流计算	时间尺度	资料需求	优点
SWAT 模型	半分布式	SCS 曲线法，特征河长/马斯京根	日	日降水量、最高/最低气温、太阳辐射、风速和相对湿度	适用于包含各种土壤类型、土地利用和农业管理制度的大流域，可视化操作功能强
VIC 模型	分布式	蓄满、超渗模型，单位线、圣维南方程	日	日降水量、最高/最低气温、植被类型、土壤类型	考虑了不同下垫面条件和输入的不均匀性，且同时具备两种产流模型

续表

模型	模型分类	产汇流计算	时间尺度	资料需求	优点
两参数月水量平衡模型	集总	用土壤含水量的双曲正切函数关系表达月径流量,无汇流	月	月降水量、月蒸发皿观测值	结构简单,参数少,方便用于月尺度径流计算

2.3 预报体系构建

为了解决预报模型的适用性难题,需要建立不同用途、不同预见期、不同结构、不同逻辑、适用于不同流域的预报模型集合,即预报模型库,以满足干旱流域、湿润流域、半干旱半湿润流域、高寒山区流域等不同下垫面条件对预报模型的不同需求。预报模型库如同兵器库,每个模型可视为一件兵器,各有特点,针对不同需求(下垫面条件对预报模型的要求),由库里提取即可直接使用;每个模型也可视为一个兵器部件,不同模型可以重新组合形成新兵器以满足新需求。模型库的每个模型均采用 WebAPI 方式(早期主要采用 WCF 方式)发布服务,具有跨平台能力,不仅 Windows 系统可以调用,安卓系统和 iOS 系统也可以调用,以确保每个模型不仅通用化程度高,而且可移植、可扩展、可维护等。预报模型库作为一项关键技术,其构建主要分为 4 部分:①预报模型分类,按照模型用途、预见期、结构、逻辑特点将模型归类;②预报模型组件化,将模型解耦划分为多个相互独立的模块,并按照组件封装技术将其封装成组件;③预报模型库建立,将模型组件分类发布,形成基于 WebAPI 的预报模型库;④预报模型搭建,按照组件的搭建模式从模型库中取出组件将模型实例化。本节以新安江模型为例,详细介绍预报模型库建立和预报模型搭建技术。

2.3.1 预报模型分类

预报模型分类是模型库构建的基础和前提。一般地,预报模型分类可以按照模型用途、预见期、结构、逻辑特点进行。按照模型用途,可将模型划分为洪水预报模型、水量(水资源)预测模型、调洪演算模型;按照模型预见期,可将模型划分为短期、中期、长期预报模型;按照模型结构和逻辑特点,可将模型划分为流域产汇流模型、流域产流模型、流域汇流模型、库(湖)调洪模型。主要将新安江模型、NAM 模型、水箱模型、API 模型($P—P_a—R$ 模型、$P—R$ 模型)、经验单位线模型、纳须单位线模型、相关图模型、合成流域模型、马斯京根模型、汇流系数模型、水力学模型、萨克拉门托模型、大湖演算模型、水库调度模型、SWAT 模型、VIC 模型、两参数水量模型等常用预报模型纳入研究分类(表 2.3-1)。

表 2.3-1 主要预报模型分类

序号	预报模型	按用途分类	按预见期分类	按模型结构和逻辑分类
1	新安江模型	洪水预报模型	短中期预报模型	流域产汇流模型
2	NAM 模型			流域产汇流模型
3	水箱模型			流域产汇流模型
4	$P—P_a—R$ 模型			流域产流模型
5	$P—R$ 模型			流域产流模型
6	经验单位线模型			流域汇流模型
7	纳须单位线模型			流域汇流模型
8	相关图模型			流域汇流模型
9	合成流域模型			流域汇流模型
10	马斯京根模型			流域汇流模型
11	汇流系数模型			流域汇流模型
12	水力学模型			流域汇流模型
13	萨克拉门托模型			流域产汇流模型
14	大湖演算模型	调洪演算模型		库(湖)调洪模型
15	水库调度模型			库(湖)调洪模型
16	SWAT 模型	水量预测模型	长期预测模型	流域产汇流模型
17	VIC 模型			流域产汇流模型
18	两参数水量模型			流域产汇流模型

2.3.2 预报模型组件化

2.3.2.1 组件化技术基础

(1)组件技术

组件,亦称为构件,是为了提高软件重用性、解决“软件危机”而提出的一种技术途径。组件技术是利用计算机语言,将一些用户关心的,但是又不便于直接操作的细节按一定标准进行封装,并对外提供一组访问接口。组件具备复用、封装、组装、定制、自治性、粗粒度、集成、契约性接口等特征。这些特征使得该技术在应用开发方面具有重用性高、互操作性强、可扩展性强、细节透明、接口可靠、即插即用等特点。

(2)WebAPI 技术

WebAPI 是一种用来开发系统间接口、设备接口 API 的技术,主要采用 JSON 格式封装数据,采用 HTTP 协议传输数据,具有跨区域、跨平台能力。无论在何种平台、用何种语言开发的客户端,只需要了解 WebAPI 的输入、输出、位置,就可以通过 HTTP 协议调用。WebAPI 比 WCF 更简单、更通用,比 WebService 更节省流量、更简洁。

WebAPI 是网络应用程序接口,包含了广泛的功能。网络应用通过 API 接口,可以实现存储服务、消息服务、计算服务等功能,利用这些功能可以开发出强大功能的 Web 应用。Web API 的主要特点有:①WebAPI 是一个简单的构建 HTTP 服务的新框架;②在 . net 平台上,WebAPI 是一个开源、理想、构建 REST-ful 服务的技术;③不像 WCF REST Service, WebAPI 可以使用 HTTP 的全部特点(比如 URIs、request/response 头、缓存、版本控制、多种内容格式);④WebAPI 支持 MVC 的特征,像路由、控制器、action、filter、模型绑定、控制反转(IOC)或依赖注入(DI)、单元测试;⑤WebAPI 可以部署在应用程序和 IIS 上;⑥WebAPI 是一个轻量级的框架,并且对限制带宽的设备支持性良好,如智能手机等;⑦Response 可以被 WebAPI 的 MediaTypeFormatter 转换成 JSON、XML 或者任何开发人员需要的格式。

(3)JSON

JS 对象简谱(JavaScript Object Notation,JSON)是一种轻量级的数据交换格式。它基于 ECMAScript(欧洲计算机协会制定的 JS 规范)的一个子集,采用完全独立于编程语言的文本格式来存储和表示数据。简洁和清晰的层次结构使得 JSON 成为理想的数据交换语言。JSON 易于阅读和编写,同时也易于机器解析和生成,并可有效地提升网络传输效率。与 XML 相比,JSON 轻便、解析简单,对客户端更加友好。

任何支持的类型都可以通过 JSON 来表示,如字符串、数字、对象、数组等,其中对象和数组是比较特殊且常用的两种类型。

对象:对象在 JavaScript 中是使用花括号包裹起来的内容,数据结构为{key1:value1,key2:value2,…}的键值对结构。在面向对象的语言中,key 为对象的属性,value 为对应的值。键名可以使用整数和字符串来表示。值的类型可以是任意类型。

数组:数组在 JavaScript 中是方括号包裹起来的内容,数据结构为["java","javascript","vb",…]的索引结构。在 JavaScript 中,数组是一种比较特殊的数据类型,它也可以像对象那样使用键值对,但是还是索引使用得多。同样,值的类型可以是任意类型。

简单地说,JSON 可以将 JavaScript 对象中表示的一组数据转换为字符串,然后就可以在网络或者程序之间轻松地传递这个字符串,并在需要的时候将它还原为各编程语言所支持的数据格式。例如,在 PHP 中,可以将 JSON 还原为数组或者一个基本对象;在用到 AJAX 时,如果需要用到数组传值,就需要用 JSON 将数组转化为字符串。

2.3.2.2 预报模型组件开发标准

为了使预报模型组件开发遵从统一标准,需要结合实际情况,采用 JSON 数据格式,制定通用的输入、输出接口，作为预报模型组件设计和开发标准。

(1)输入接口

输入是预报模型执行运算的前提条件，然而各预报模型的输入信息差异较大，需要制定通用的输入接口以满足不同预报模型对数据的需求。按来源可将输入分为非开放式输入和开放式输入。

1)非开放式输入

非开放式输入分为模型输入和水文数据输入两个 JSON 对象。其中，模型输入主要包括模型基本参数、模型状态参数等固有信息；水文数据输入主要包括预报站基本信息、相关来水站信息、相关雨量站信息、雨水情观测数据、预见期降水等水文数据。

2)开放式输入

开放式输入分为上层节点输入和用户自定义输入两个 JSON 对象。其中，上层节点输入是将上层节点的输出作为该节点的输入，如降水计算组件的输出可作为产流计算组件的输入，是一个动态、组合的过程；用户自定义输入是根据节点计算需求增加的输入信息，如调度计算组件允许用户动态增加生态水位约束等输入。

为了规范接口，将输入接口命名为 INPUTDATA，INPUTDATA 下设模型输入、水文数据输入、上层节点输入、用户自定义输入 4 个 JSON 对象，其键值分别为 ModelInPut、HydroDataInPut、UpNodeInPut、UserInPut。各对象根据需求又下设子对象，依此类推，输入信息通过逐层访问键值即可获得，若想要得到新安江模型参数 K 值，通过 INPUTDATA. ModelInput. XAJ. K 表达式即可。输入接口键值定义信息见表 2.3-2，JSON 格式可表示为：{“INPUTDATA ”：{“ModelInput”：{“XAJ”：{“K”：0.5，“WM”：120，……}}，{“API”：{“PA”：[25.1，24.4，……]}}，……}，{“HydroDataInPut”：}，{“UpNodeInPut”：……}，{“UserInPut”：……}}。

表 2.3-2　输入接口键值定义信息

对象	键值	子对象	键值	子对象	键值	子对象	键值
模型输入	ModelInPut	新安江模型	XAJ	蒸散能力折算系数	K	—	—
				张力水容量	WM	—	—
				……	……	—	—
		API 模型	API	前期降水指数[为数组对象]	PA	—	—
				……	……	—	—
		……	……	……	……	—	—

续表

<table>
<tr><th>对象</th><th>键值</th><th>子对象</th><th>键值</th><th>子对象</th><th>键值</th><th>子对象</th><th>键值</th></tr>
<tr><td rowspan="14">水文数据输入</td><td rowspan="14">HydroDataInPut</td><td rowspan="5">预报站</td><td rowspan="5">ForeStation</td><td>站号</td><td>STCD</td><td>—</td><td>—</td></tr>
<tr><td>站名</td><td>STNM</td><td>—</td><td>—</td></tr>
<tr><td>观测时间[数组对象]</td><td>TM</td><td>—</td><td>—</td></tr>
<tr><td>水位观测值[数组对象]</td><td>H</td><td>—</td><td>—</td></tr>
<tr><td>……</td><td>……</td><td>……</td><td>……</td></tr>
<tr><td rowspan="8">来水站[为数组对象]</td><td rowspan="8">RefStations</td><td rowspan="5">第 1 个来水站</td><td rowspan="5">RefStations[0]</td><td>站号</td><td>STCD</td></tr>
<tr><td>站名</td><td>STNM</td></tr>
<tr><td>观测时间[数组对象]</td><td>TM</td></tr>
<tr><td>水位观测值[数组对象]</td><td>H</td></tr>
<tr><td>……</td><td>……</td></tr>
<tr><td rowspan="2">第 2 个来水站</td><td rowspan="2">RefStations[2]</td><td>站号</td><td>STCD</td></tr>
<tr><td>……</td><td>……</td></tr>
<tr><td>……</td><td>……</td><td>……</td><td></td></tr>
<tr><td>……</td><td>……</td><td>……</td><td>……</td><td>……</td><td>……</td></tr>
<tr><td>上层节点输入</td><td>UpNodeInPut</td><td>……</td><td>……</td><td>……</td><td>……</td><td>……</td><td>……</td></tr>
<tr><td>用户自定义输入</td><td>UserInPut</td><td>……</td><td>……</td><td>……</td><td>……</td><td>……</td><td>……</td></tr>
</table>

(2)输出接口

输出是业务功能执行后的结果,可分为固定式输出和非固定式输出。其中,固定式输出是指组件在定义阶段已明确其返回数据的 JSON 结构,绝大多数组件均属于此类。非固定式输出则是指组件在单独设计阶段无法确定其最终输出模式,该模式仅在与其他组件协同运行时才得以显现,因此同一组件在不同应用中所输出的结果结构可能并不相同。以插值运算组件为例:当输入为降水量时,其输出为经空间插值处理后的降水量序列;若输入替换为流量,则输出变为经插值处理后的流量序列。因此,该组件在定制阶段无法预先知晓其最终输出的具体模式。

与输入接口类似,输出接口命名为 OUTPUTDATA,下设固定输出和非固定输出两个 JSON 对象，其键值分别为 FixOutPut、UnFixOutPut。各对象根据需求又下设子对象，输入信息通过逐层访问键值即可获得，若想要得到新安江模型计算流量，通过 OUTPUTDATA . FixOutPut. XAJ. QC 表达式即可。输出接口键值定义信息见表 2.3-3。JSON 格式可表示为：{“OUTPUTDATA”：{“FixOutPut”：{“XAJ”：{“FT”：[“2019-5-1 8：00：00”，“2019-5-1 14：00：00”，……]，“QC”：[100，200，……]，……}}，{“API”：{“FT”：[“2019-5-1 8：00：00”，“2019-5-1 14：00：00”，……]，“QC”：[120，210，……]，……}}，……}，{“UnFixOutPut”：……}}。

表 2.3-3　　输出接口键值定义信息

对象	键值	子对象	键值	子对象	键值
固定输出	FixOutPut	新安江模型	XAJ	预报时间[为数组对象]	FT
				预报流量[为数组对象]	QC
				……	……
		API 模型	API	预报流量[为数组对象]	PA
				预报时间[为数组对象]	FT
				预报流量[为数组对象]	QC
		……	……	……	……
非固定输出	UnFixOutPut	……	……	……	……

2.3.2.3　预报模型组件化方法

针对传统预报模型开发应用中存在的应用程序结构庞杂、缺乏层次、可扩展性差、可维护性差、成果通用性差等问题，本书提出“预报模型组件化”的开发理念，并利用组件技术和工作流技术予以实现。预报模型组件化是一个由模块划分、组件封装、组件搭建、系统构建组成的多步骤过程，其方法体现在组件化过程的多个步骤之中。

(1)模块划分

根据预报模型的计算过程将其划分成各个模块。划分好的模块要求相对独立，即不与其他组件完全独立，但是自身可以独立运算。模块的划分一般有两种方法：一种是按照模型的计算过程划分，在计算过程中将模型划分成一个个模块，每个模块可以独立进行运算；另一种是按照模型的逻辑结构划分，如新安江模型常被划分成蒸散发模块、产流模块等。按照逻辑结构划分并不总是可行，如萨克拉门托模型常被划分成产流量计算、蒸散发计算、水分交换计算、下渗计算等模块，而这些模块其实并不能实现独立运算，因此模块的划分一般要求划分者对模型的逻辑结构和计算过程非常了解。

(2)组件封装

运用组件技术、WebAPI 技术、JSON 技术等组件封装技术将划分好的模块封装成预报模型组件。组件封装遵循前文提到的组件开发标准,封装后的组件有两个接口:一个用于传入数据和参数,另一个用于结果的输出,两个接口均遵循开发标准里规定的输入、输出接口约束。

(3)组件搭建

封装后的组件存入组件库,用户定制组件库中的组件并在可视化界面中搭建预报模型。预报模型的搭建方法有两种:一种是多个模型共用一个或多个组件,另一种是多个组件的组合搭建。这两种搭建方法可以充分体现组件的可共用性和可移植性。

(4)系统构建

用户根据需求搭建合适的预报模型,但是此时的模型还不能独立运行,需要连接外部水文数据。水文数据的连接有两种方法:一种是传统的方法,即将数据写入文件传入搭建的模型,数据必须写成 JSON 格式,这种方法很不灵活,遇到非常大的数据量时将很耗时;另一种是编写一个数据输入模块,用来连接数据库的相关数据,并将其封装成组件连入模型组件,这种方法很灵活,需要什么数据直接在组件定制时选择相关信息即可。要构建一个可视化效果好的系统,还需要一些其他辅助组件,如画流量过程曲线的画图组件等。系统构建完成之后,即可点击模型组件进行运算。预报模型组件化过程见图 2.3-1。

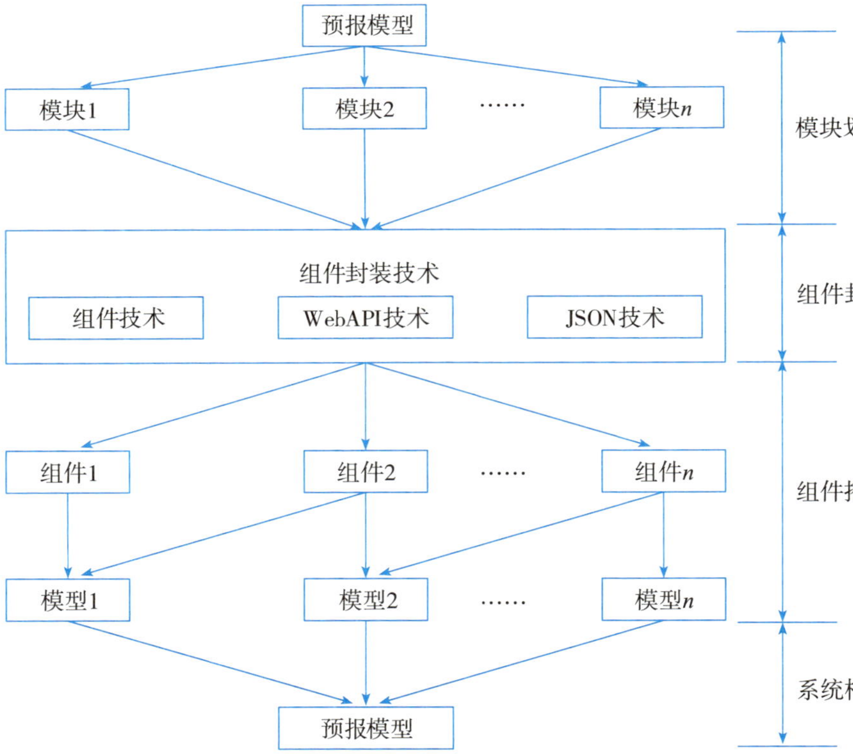

图 2.3-1　预报模型组件化过程

2.3.3　预报模型库建立

2.3.3.1　预报模型组件化实现

(1)新安江模型组件划分

新安江模型强调从降水到形成径流的时间和空间的变化过程,预报过程比较复杂,可以分割为多个子系统,如蒸发子系统、产流子系统、水源划分子系统、流域汇流子系统、洪水演进子系统等。根据新安江模型的各个组成部分,本书将新安江模型分为 4 类组件,分别为蒸散发计算、产流计算、水源划分、汇流计算。为便于组件的通用和重用,又将蒸散发计算划分为一层蒸散发、二层蒸散发、三层蒸散发 3 个标准组件;将水源划分为二水源、三水源、四水源 3 个标准组件;将汇流计算划分为坡地汇河网汇流和河道汇流 2 个标准组件。新安江模型组件划分见图 2.3-2。

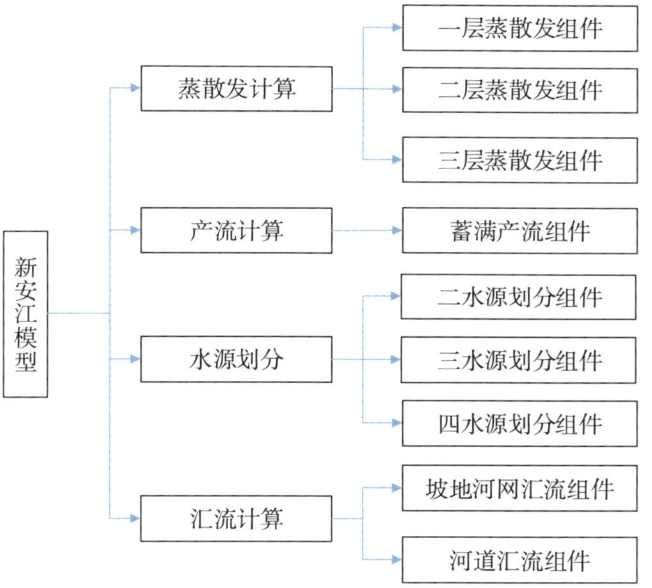

图 2.3-2　新安江模型组件划分

(2)组件业务逻辑分析

组件业务逻辑分析过程主要分析模型组件的参数、初值、输出(模型组件的计算结果)。下面以三层蒸散发组件为例来说明组件的业务逻辑。

1)参数

和该模型相关的一些流域的参数,如流域面积 F、相对不透水面积 IMP、土壤蓄水容量 WM 等。

2)初值

主要有两个来源:一个是流域在各个时段上的初值,如降水量 P;另一个是别的模型或者是模型本身的计算结果,如上层土壤含水量 WU、下层土壤含水量 WL、深层土壤含水量 WD,属于三层蒸散发组件本身的时段计算结果,这个结果又作为下一时段的初值。

3)输出

输出包括两个部分:一个部分是输出给其他模型的计算结果,如三层蒸散发组件计算出的 E(时段蒸散发量)要作为下一环节的基本模型——产流组件的输入;另一个部分是流域在这个时段内使用该模型发生改变的状态(属于该模型的初值),如三层蒸散发组件计算出的 WU、WL、WD,又要作为下一时段土壤含水量的初值。

新安江模型共由 5 个模型组件构成,由模型的原理可知,这 5 个组件之间并不完全独立,各个组件之间存在一定逻辑关系。新安江模型各组件的关系见图 2.3-3。这种逻辑关系就是组件组装新安江模型的依据。

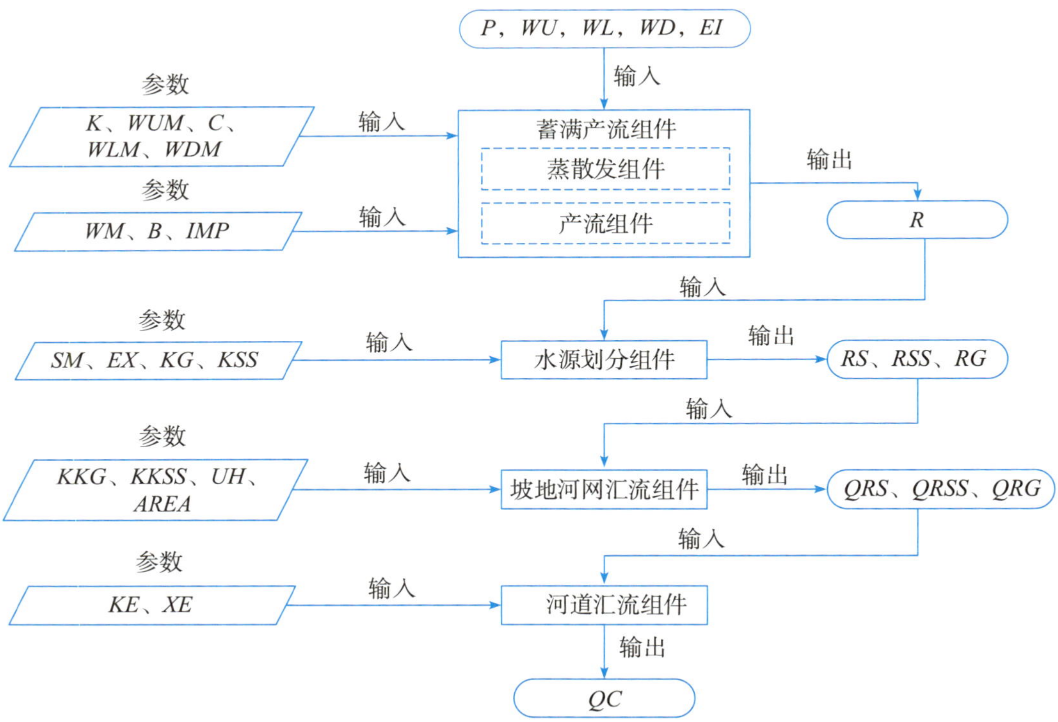

图 2.3-3 新安江模型各组件的关系

(3)新安江模型组件的实现

新安江模型组件的实现就是根据组件开发标准,通过编程实现各个组件的业务功能。新安江模型各组件的实现见表 2.3-4。其他模型组件化过程与新安江模型组件化类似。

表 2.3-4 新安江模型各组件的实现

序号	组件名称	类名	关键方法	功能
1	一层蒸散发组件	EvapByOneLayer. cs	DoEva()	按一层模式计算蒸散发量
2	二层蒸散发组件	EvapByTwoLayer. cs	DoEva()	按二层模式计算蒸散发量
3	三层蒸散发组件	EvapByThreeLayer. cs	DoEva()	按三层模式计算蒸散发量
4	蓄满产流组件	RunOffByRain. cs	DoRunOff()	进行产流量计算
5	二水源划分组件	WaterSourceByTwo. cs	DoWaterSource()	进行二水源划分
6	三水源划分组件	WaterSourceByThree. cs	DoWaterSource()	进行三水源划分
7	四水源划分组件	WaterSourceByFour. cs	DoWaterSource()	进行四水源划分
8	坡地河网汇流组件	RoutingByNetwork. cs	doRouting()	进行坡地河网汇流计算
9	河道汇流组件	RoutingByRiver. cs	doRouting()	进行河道汇流计算

(4)预报模型参数优选组件化

预报模型参数优选方法可分为人工试错法和自动优选法两类。人工试错法是根据人的分析和判断使目标函数达到最小。自动优选法是借助一定的数学方法，如最小二乘法、单纯形法，以及近年来出现的遗传算法、粒子群算法、蚁群算法，使模型参数完全由计算机本身实现。考虑到优化算法在参数优选方面的优势，对 SCE-UA 算法、改进粒子群算法(SMSE-PSO)、并行遗传算法(PGA)、免疫克隆选择算法(ICSA)按照模型组件化过程进行了组件化。考虑到各个算法之间难以达到共用，每个算法封装成一个组件。

2.3.3.2 预报模型组件库

随着预报模型组件数量的增加，将形成预报模型组件库。组件库的主要任务是对外提供组件，需要什么组件只要从组件库“取”即可。对组件库中的各组件进行分类，以便于应用。预报模型组件分类见图 2.3-4。

图 2.3-4　预报模型组件分类

2.3.4　预报模型搭建

预报模型搭建模式是模型组件化的核心，直接决定着代码重用率的高低。组件的重用率越高，越节省资源，而且能真正体现组件化的最终目的。从组件的重用性方面考虑，可以将组件搭建模式分为两种类型：①多个模型共用一个或多个组件；②多个组件的组合搭建。

(1)多个模型共用一个或多个组件

对于多个模型共用一个或多个组件，以新安江和混合产汇流模型为例，可以将新安江模型划分为蒸散发组件、蓄满产流组件、水源划分组件(二水源、三水源、四水源)、流域汇流组件、河道汇流组件。将混合产汇流模型划分为蒸散发组件、混合产流组件、流域汇流组件、河道汇流组件。由于都有蒸散发组件(一层、二层、三层)、流域汇流组件(单位线汇流、滞后演算汇流)、河道汇流组件(马斯京根模型)，这三个部分即可共用，其中共包含6个组件，即可以共用的组件有6个。组件共用见图2.3-5。

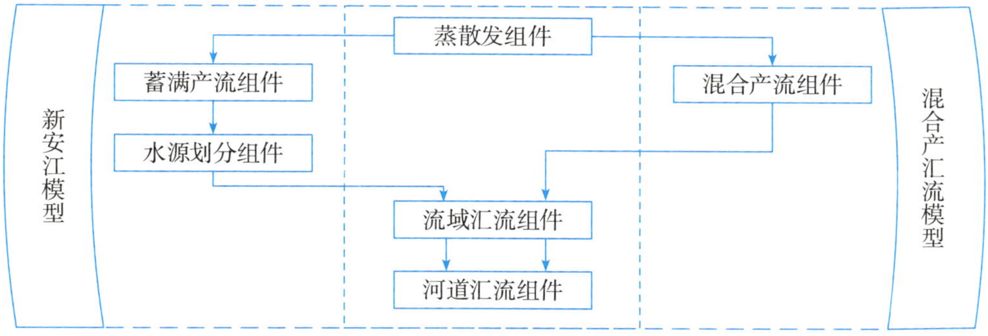

图 2.3-5 组件共用

当然，组件共用远不止这些，组件越多，共用机会就越多，越能充分发挥组件共用的作用。随着组件越来越多，各个组件的共用概率也会越来越大。

（2）多个组件的组合搭建

以新安江模型为例说明多个组件的组合搭建。将蒸散发模型划分为一层蒸散发组件、二层蒸散发组件、三层蒸散发组件等。水源划分模型分为二水源划分组件、三水源划分组件、四水源划分组件，还有前文中已经划分的组件。将这些组件组合应用，即可搭建成不同类型的新安江模型。组件组合搭建见图 2.3-6。共可以组合成一层蒸发二水源单位线汇流马斯京根模型、二层蒸发二水源划分单位线汇流马斯京根模型等 54 个模型。组件开发后，可根据组件搭建模式将组件搭建成模型，而模型组件通过 WebAPI 接口向业务应用平台提供服务，由业务应用平台完成可视化展示。

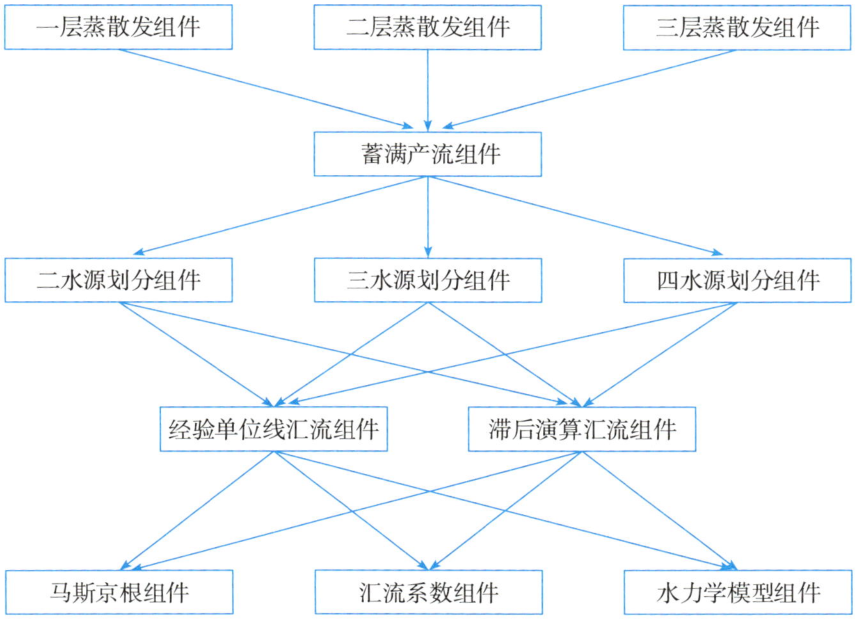

图 2.3-6 组件组合搭建

2.4 交互式预报

2.4.1 一体化流程技术难点及设计理念

(1)技术难点

我国江河众多、水系复杂,加之大规模水利工程的建设运行,预报面临多对象、多目标、多约束的高要求,尤其是大水系、长河段、多工程的复杂性,要建立标准统一、高效可靠、先进发展的预报调度一体化流程,需要考虑以下技术难题。

①水利工程建成后运行,逐渐改变河流天然状态,如何在实时洪水预报中考虑众多水工程的合理运用,提高预报精度,并实现工程运行条件下多阻断河系洪水连续演进计算,是一个重要难题。

②江河湖库洪水调度的最终目标是合理地运用各种水工程设施(水库、分蓄洪区等)对洪水过程进行人工干预,改变洪水、水量过程的时空分布,从而达到防洪减灾、水资源综合利用的目的。水利工程实时调度方案确定的决策过程,就是人工干预措施、力度、时机的选择和比较过程,属综合性智能决策的领域。如何实现预报调度的嵌套分析,技术难度大。

③开展 Web 服务模式下的预报调度一体化流程建设,需要解决水利工程信息共享整合、大数据传输、统计查询、计算效率等方面的难题。

④为了适应水利工程的建设,预报调度的技术业务需要更新发展,因此预报调度业务流程始终是一个需要不断予以完善的动态流程。

(2)设计理念

预报调度一体化流程建设坚持以需求为引擎、以业务为导向,充分考虑用户使用习惯与用户体验,解决面临的技术难题,采用开放式软件架构和先进、成熟的开发技术进行设计开发,保障一体化流程在安全、稳定、可靠的基础上,具备高效、易用、灵活、可扩展等特性。

1)开放式设计理念

预报调度体系构建采用开放式管理体系,通过配置可视化管理维护功能,实现动态管理。数据访问封装通用化接口,提供统一的数据访问服务。

预报调度体系主要以概化图表示,通过配置管理自定义方式构建预报调度任务,不修改程序编码便可修改预报调度业务逻辑流程,采用工作引擎控制预报调度执行逻辑,从而实现预报调度流程动态控制,体系和节点可灵活增删、扩展。

2)一体化技术思路

建设预报调度引擎,按空间位置与水力联系构建河系、水工程和防洪对象的拓扑关系概化图,建立预报调度计算体系,采用通用数据接口对降水预报、降水径流、洪水演进,以及调度各模型进行无缝耦合处理,实现河系的河库(湖)联动、有序连续演算的预报调度一体化功能,并以引擎为支撑实现预报调度节点、模型的管理和调用。

2.4.2 一体化流程设计

预报调度一体化流程设计需要结合生产业务的实际需求,依据水文气象历史资料、实时信息、历史水情、水库基础资料、边界信息,以及多尺度降水预报等多源数据,采用水文模型、调度模型实时模拟水流,并以水力联系为纽带,将预报节点和调度节点有序地结合起来,形成预报调度有机结合的一体化体系,有效支撑防洪、发电、航运、生态、水资源调配等综合调度业务需求。预报调度一体化信息流程见图 2.4-1。

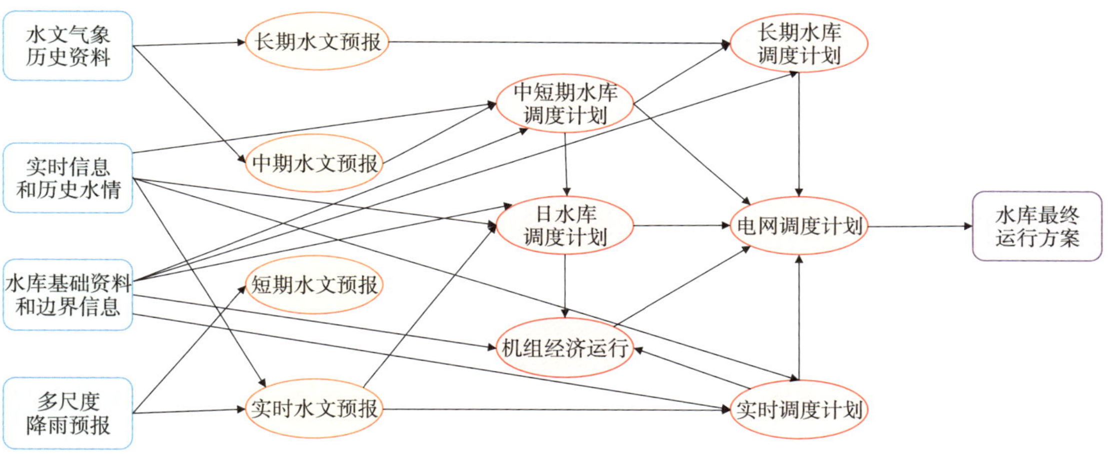

图 2.4-1 预报调度一体化信息流程

基于上述设计理念和思路,结合调度规则库,利用构建的预报调度体系和设置的预报调度流程即可开展预报调度计算。在实际生产中,针对调度背景、调度需求、调度时效的不同,预报调度流程会有所区别。常见的预报调度流程主要包括以下几种情况。

(1)状态判别式预报调度流程

状态判别式预报调度流程,是水库默认的预报调度流程,也是单一水库的预报调度流程,是河系自动预报调度流程的基础,主要实现单一水库来水预报和实时调度方案的编制,其预报调度一体化业务流程(计算步骤)设计如下(图 2.4-2):

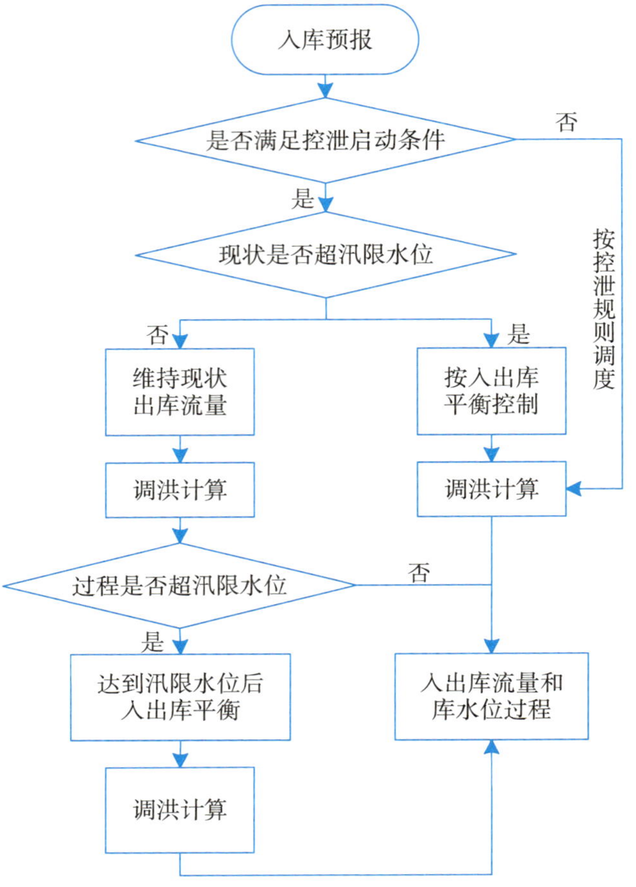

图 2.4-2　状态判别式预报调度流程

①入库流量预报，采用水文预报模型实时计算水库入库流量过程，并以智能校正模型实时修正入库流量过程。

②判断现状（预报依据时间点）库水位是否超汛限水位，若已超汛限水位，则出库流量按入出库平衡控制；若未超汛限水位，则维持现状出库流量；若水库有控泄规则，且满足条件，则按水库控泄规则进行调度。

③调洪计算，依据水量平衡方程，根据入出库流量计算库水位过程。

④对于现状库水位低于汛限水位的情况，若经调洪演算后库水位超过汛限水位，则自超汛限水位的时刻起，按入出库平衡控制，并重新进行调洪计算。

⑤输出入出库流量和库水位过程，一并计入预报体系下一节点。

(2)河系自动预报调度流程

河系自动预报调度流程，主要实现河系自上游向下游逐站演算，根据默认规则实时生成预报调度方案，实时输出沿程各站（预报站和水库站）的水位或流量计算过程，其预报调度一体化业务流程（计算步骤）设计如下（图 2.4-3）：

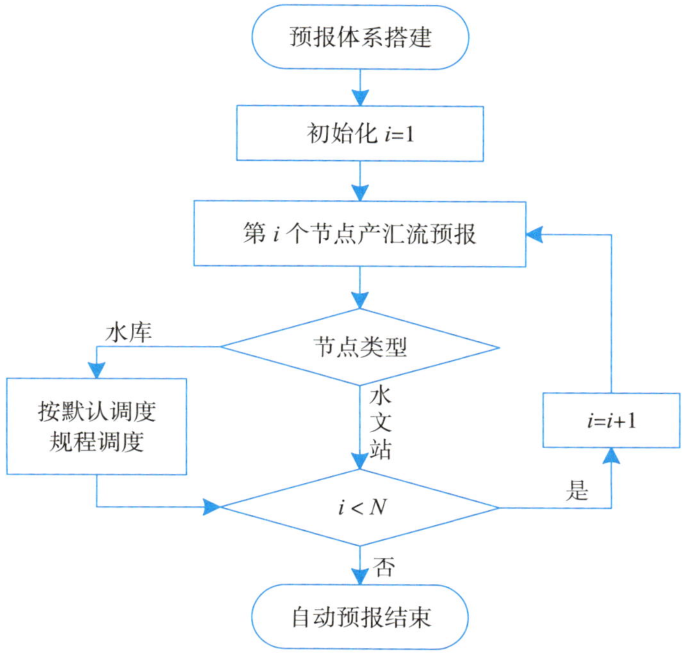

图 2.4-3 河系自动预报调度流程

①搭建自动预报体系，以预报对象、调度对象作为节点，并以各节点的预报模型或调度模型为基础，根据其水力联系概化为直观可视的预报体系。

②初始化计算节点序号 $i=1$。

③计算第 i 节点的产汇流过程。

④每一节点产汇流计算完成后，判断节点类型。若为水库站，则调用默认调度规则，依据入库预报过程计算库水位和出库流量过程，转到第⑤步；若为水文站节点，则直接转到第⑤步。

⑤若已经到最后一个节点 N，则自动预报结束；若 $i<N$，则令 $i=i+1$，并转到第③步。

(3)交互预报调度流程

交互预报调度流程，是在河系自动预报调度流程的基础上，加入专家经验交互功能，实现河系自上游向下游逐站演算，根据专家设定的规则实时生成预报调度方案，实时输出沿程各站(预报站和水库站)的水位或流量计算过程，其预报调度一体化业务流程(计算步骤)设计如下(图 2.4-4)：

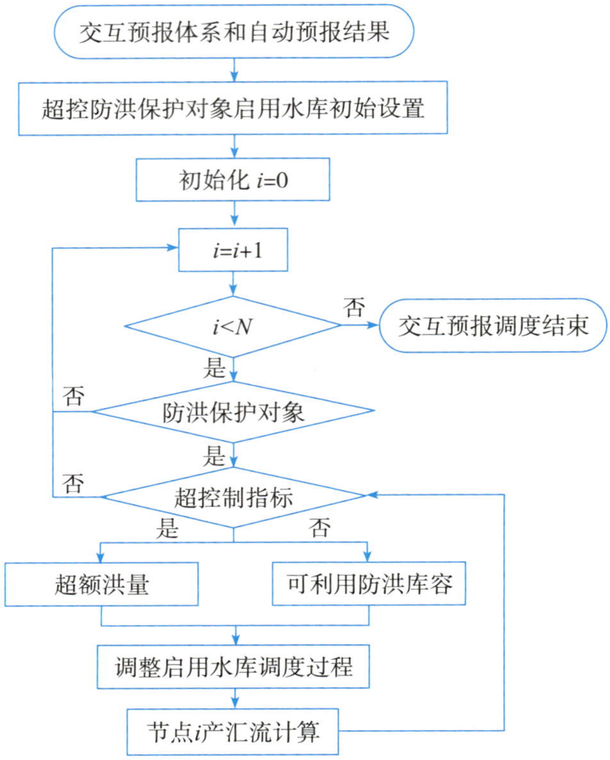

图 2.4-4　交互预报调度流程

①根据设置的交互预报调度体系，读取自动预报结果。

②根据自动预报结果，针对超过控制指标的防洪保护对象，设置启用拦蓄的水库及其次序，若不设置则为默认值(从数据库中读取)。

③从预报体系中的第 1 个节点开始，逐节点判断是否为防洪保护对象，若为防洪保护对象，则判断是否超控制指标(从数据库中读取)。

④若防洪保护对象已超防洪控制指标，则计算该防洪保护对象的超额洪量和启用水库的可利用防洪库容。

⑤依据超额洪量和各水库可利用防洪库容，在原调度过程的基础上进行调整，并按预报体系针对防洪保护对象重新进行产汇流计算，并判断是否超控制指标，若不超则转到下一节点，否则重新调整启用水库的调度过程，直至最后一个节点。

2.4.3　一体化流程构建

一体化流程构建主要包括分布式预报调度模型、可扩展预报调度体系、预报调度一体化引擎、可视化工具 4 个方面的内容。

(1)分布式预报调度模型

分离模型、接口、数据、业务，利用高内聚低耦合标准，既能加强模块的独立性，又能使模型和系统业务接口完成平滑过渡。

在构建预报调度模型库方面，模型计算服务包括通用算法和专用模型。通用算法是指针对数据处理的常用算法，各个模型在处理或者界面展示过程中都会使用，调用方式基于 HTTP/HTTPS 协议的 API。专用模型采用面向对象技术规范各类模型的输入输出接口，单独存放，统一封装，以组件化结构和开放式架构创建不同粒度的多源异构预报调度模型库。

在构建预报调度模型服务方面，为确保各类模型方便快捷地被调用，通过建立模型服务管理中心，提供模型的注册发布、使用监管，以及集群与分布式计算等功能，实现统一管理，并以服务的形式提供模型调用。

在建立调度规则库方面，收集各类水工程已有防洪调度和水量调度相关的各种基础文件、特征参数，以及相关研究成果，进行归类整合，理顺防洪调度和水量调度的分析体系，并数字化调度规程，量化并抽象分类后转化为计算机可识别语义，结合调度规则参数，形成实时调度规则库，以实现径流信息、防洪形势、防洪调度、水量调配等的适应性利用。

(2)可扩展预报调度体系

通过分析流域预报节点、调度节点的拓扑关系，明确各节点对象的连接关系，采用对象符号抽象形成表达流域河网关系的有序树，设置河系概化图各节点对象的属性(如基本信息、防洪信息、预报调度模型选择)，并采用水文学调洪演算或水动力学模型实现关键控制节点的调度计算。

采用 SVG 可扩展标记语言，描述二维矢量图形，分类标识控制站、水库、区间等对象和上下游关系。用此模式可编辑修改预报体系结构，当流域预报体系发生变化时，可直接在系统上编辑节点信息，调整节点顺序，达到新增或删减预报调度对象的目的。

(3)预报调度一体化引擎

水文预报和水库调度相互关联、密不可分。预报是调度决策的基础，调度又对预报结果产生反馈。按空间位置与水力联系构建河系、水工程和防洪对象的拓扑关系概化图，建立预报调度计算体系，配合模型库、调度规则库和调度演算约束，采用通用数据接口对降水预报、降水径流、洪水演进、调度各模型进行无缝耦合处理，实现河系的河库(湖)联动、有序连续演算的预报调度一体化。其流程一般包括状态判别式预报调度、河系自动预报调度、交互预报调度 3 种方式。预报调度一体化流程见图 2.4-5。

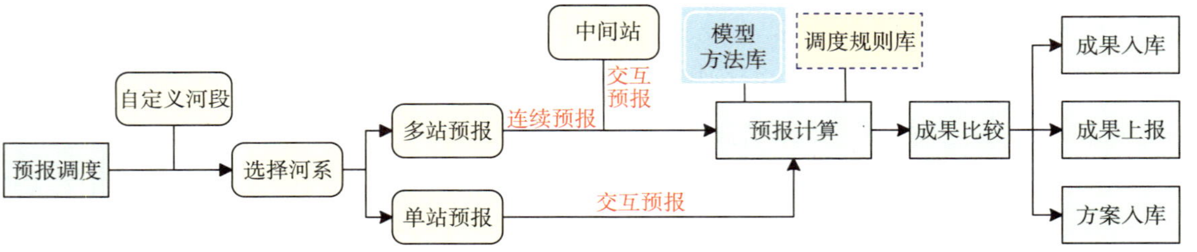

图 2.4-5　预报调度一体化流程

(4)可视化工具

利用 Internet/Intranet、地理信息系统(GIS)、多媒体等新技术,开发友好的用户界面,通过图表展示和图形拖动的方式,利用可视化处理功能实现区间交互、计算修正、水位/流量控制、调洪演算、交互调度等过程。

2.4.4　基于"正逆向"互馈的实时防洪预报调度预演技术

为了更好地实现预报调度互馈,针对防洪调度实现水库群超额洪量的快速分配和梯级水库调度方案的快速生成,提出了一种基于"正逆向"互馈计算的实时防洪调度预演方法。该方法的流程主要包括 3 个层次:①超额洪量的自动计算;②超额洪量水库群组分配;③梯级水库洪水过程调度分配。长江流域水工程"正逆向"预演算法模型开发思路见图 2.4-6。

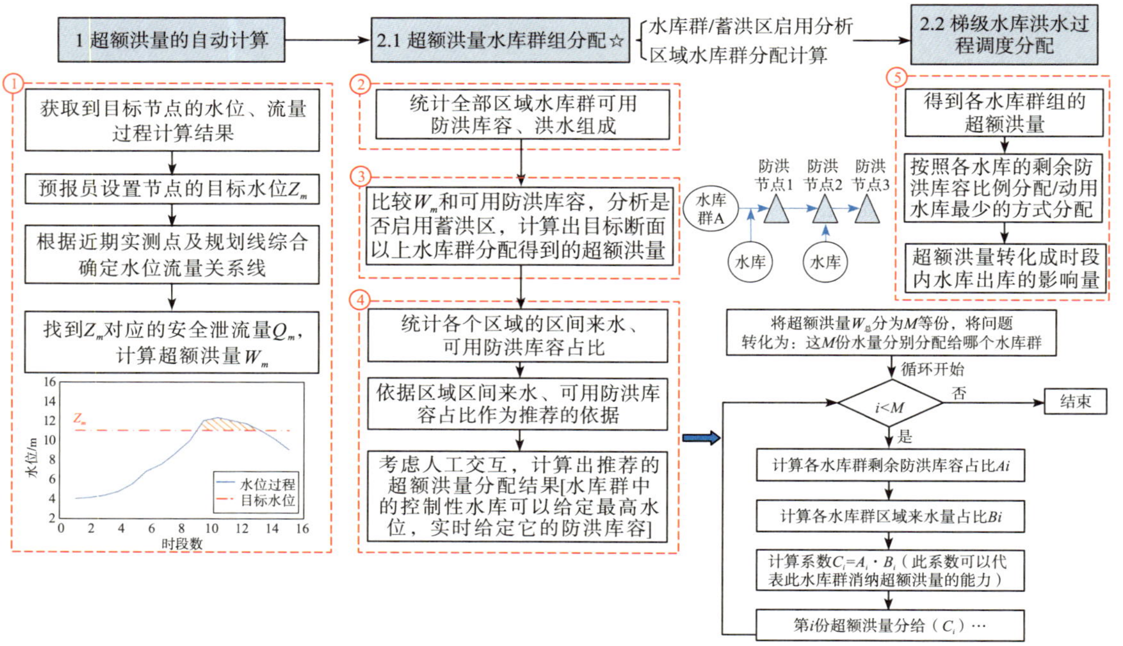

图 2.4-6　长江流域水工程"正逆向"预演算法模型开发思路

2.4.4.1　基于二分搜索法的水位控制超额洪量分析方法

采用水文学、水力学方法模拟长江中下游江河水网洪水演进，计算出各控制站的流量、水位过程后，以防洪效益最大化准则作为优化目标，即防洪断面的水位超过或低于目标水位范围的时间最短，见下式：

$$\min\{T\}=\{t\,|\,h(t)>h_{目标,上}\text{或}h(t)<h_{目标,下}\}\tag{2.4-1}$$

在防洪断面，基于模拟水位过程的大湖演算模型、水位落差模型或水位流量关系转换模型等，采用二分搜索算法可以计算出该断面的超额洪量。以干流螺山站、鄱阳湖出口控制站湖口站常采用的大湖演算模型为例，时段内的水量平衡方程式为：

$$\overline{I}+\left(\frac{V_1}{\Delta t}-\frac{Q_1}{2}\right)=\left(\frac{V_2}{\Delta t}+\frac{Q_2}{2}\right)\tag{2.4-2}$$

式中，$\overline{I}$——时段内平均入流量；

Q_1、Q_2——时段始末出流量；

V_1、V_2——时段始末湖区蓄水量；

Δt——时段长。

可根据容蓄曲线和水位流量关系曲线绘制 $Z\sim\left(\frac{V}{\Delta t}-\frac{Q}{2}\right)$ 和 $Z\sim\left(\frac{V}{\Delta t}+\frac{Q}{2}\right)$ 关系曲线，并据此进行调洪演算。上述模型中除了入流量 $\overline{I}$ 外全部为已知量，可以采用二分搜索算法，求解得到符合防洪断面水位过程。

根据搜索得到的流量过程 $Q_{搜索}$ 和原计算得到的 $Q_{计算}$，可根据下式计算出针对防洪断面在预见期内的超额洪量值：

$$W_E=\sum_{t=0}^{T}(Q_{计算}-Q_{搜索})\Delta t\tag{2.4-3}$$

式中，W_E——计算得到的超额洪量。

2.4.4.2　超额洪量分层优化分配模型

针对干支流洪量分配计算。以预报调度敏捷构建技术为基础，采用“先区域，后节点”的分层拓扑结构思路，以长江上中游水库群分层拓扑结构（图 2.4-7）为例。基于构建的流域水系概化图和设置的区域出口点，自动搜索得到本区域内的水库。例如，长江上中游体系的出口点分别设置在向家坝、高场、北碚、武隆、高坝洲、宜昌（干流）、石门、桃源、桃江、湘潭。长江上中游体系分层关系见表 2.4-1；鄱阳湖体系的出口点分别设置在外洲、李家渡、虬津、渡峰坑，鄱阳湖体系分层关系见表 2.4-2。

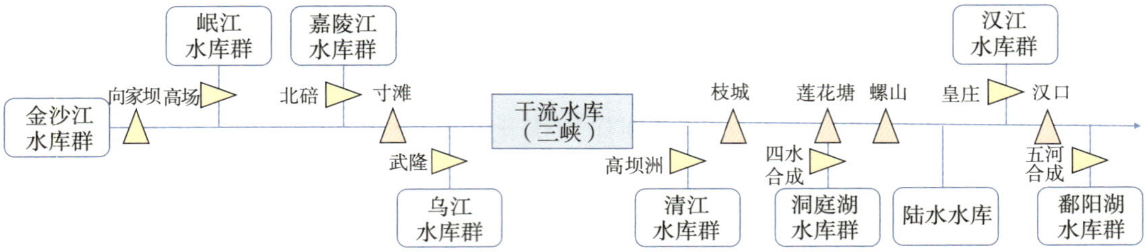

图 2.4-7　长江上中游水库群分层拓扑结构

表 2.4-1　长流上中游体系分层关系

区域	水库	出口
金沙江	梨园、阿海、金安桥、龙开口、鲁地拉、观音岩、两河口、锦屏、二滩	向家坝
岷江	猴子岩、长河坝、大岗山、瀑布沟、紫坪铺	高场
嘉陵江	碧口、宝珠寺、亭子口、草街	北碚
乌江	构皮滩、思林、沙沱、彭水	武隆
清江	水布垭、隔河岩	高坝洲
干流	三峡	宜昌
洞庭湖	江坪河、江垭、皂市、凤滩、五强溪、柘溪	石门、桃源、桃江、湘潭

表 2.4-2　鄱阳湖体系分层关系

区域	水库	出口
赣江	江口、万安、峡江	外洲
抚河	洪门、廖坊	李家渡
修河	柘林	虬津
昌江	浯溪口	渡峰坑

基于分层拓扑结构，干支流洪量优化分配模型以各区域各时刻的总库容变化量为决策变量，若流域水库群分为 N 个区域，调度期划分为 T 个时段，则决策变量数量为 $(T+1)\times N$。

(1)目标函数

在干支流洪量优化分配模型中，以剩余的超额洪量值最小为目标，即最大化发挥水库的防洪效益。

$$\min\{W_T\}=W_E-\sum_{i=i}^{N}\sum_{t=1}^{T}Wu_{i,t} \tag{2.4-4}$$

式中，W_T ——洪量分配完成后的剩余超额洪量值；

W_E ——防洪断面的超额洪量值；

$Wu_{i,t}$ ——各区域水库分配到的超额洪量。

(2)约束条件

1)水量平衡约束

$$V_{i,t+1}=V_{i,t}+(Q_{入i,t}-Q_{出i,t})\Delta t \tag{2.4-5}$$

式中，$Q_{入i,t}$ 、$Q_{出i,t}$ ——水库 i 在 t 时段的入库流量、出库流量；

$V_{i,t}$ ——水库 i 在 t 时段的蓄量，其值由根据水量平衡方程求得的库容值，查水位—库容曲线得到。

2)剩余防洪库容约束

$$Z_i^{\min}\leqslant Z_{i,t}\leqslant Z_i^{\max}\quad(\forall t\in T) \tag{2.4-6}$$

式中，$Z_i^{\min}$ ——第 i 个水库最低运行水位；

$Z_{i,t}$ ——第 t 时段第 i 水库的水位；

$Z_i^{\max}$ ——第 i 个水库最高运行水位。

3)出库流量约束

$$Q_i^{\min}\leqslant Q_{i,t}\leqslant Q_{i,t}^{\max}\quad(\forall t\in T) \tag{2.4-7}$$

式中，$Q_i^{\min}$ ——第 i 电站最小下泄流量要求；

$Q_{i,t}^{\max}$ ——第 i 电站在第 t 时段最大的下泄能力，包括最大发电流量和最大泄洪流量。

4)非负约束

各变量均为非负值。

(3)多约束条件下的洪量自分配模型

在干支流洪量优化分配模型中，要决定超额洪量分配至哪一个区域，使得剩余的超额洪量最少，同时又满足所有的约束条件。考虑将防洪断面超额洪量 W_E 分为 M 份，针对每份超额洪量分析其分配结果。具体算法如下：

①更新各区域当前状态是否符合约束条件，筛选出可以用于洪量分配的区域；

②更新剩余防洪库容、来水量、出库流量计算结果，得到各区域洪量分配系数；

③找到洪量分配系数最大的区域后，此份超额洪量分配至该区域；

④重复步骤①至③，直到所有区域的状态都不符合约束条件，或全部洪量分配完成；

⑤统计分配完成后的剩余超额洪量值。

针对各水库的洪量分配计算，采用干支流洪量优化分配模型计算得到各区域水库群分配到的超额洪量 $Wu_{i,t}$ 后，需要进行区域内部水库的洪量分配计算，并确定各水库的出库流量过程。水库间的洪量分配计算同样考虑各水库剩余防洪库容、来水量、出库流量等结果，计算得到各区域洪量分配系数。

$$Wn_j = \frac{\alpha_j}{\sum_{j=1}^{k} \alpha_i} \tag{2.4-8}$$

式中，k——本区域内水库的个数；

Wn_j——区域内第 j 个水库分配到的超额洪量；

α_j——剩余防洪库容等因素的累积。

2.5 长期水资源预测调度

长期水资源预测调度主要实现重点控制断面不同时间尺度水量预测和水量调度方案的制定功能，为水资源管理、调控提供技术手段。

综合调度系统集成了多种中长期（旬、月、季、年）水量预测模型，包括聚类模型（逐步回归模型、K-means 模型）、模态分解模型（奇异值分解模型 SVD、自然正交分解模型 EOF）、机器学习模型（随机森林、支持向量机、LSTM）、机理模型（两参数水量平衡模型、陆气耦合模型）等。综合调度系统以 3 个空间层次方式构建水量调度模型：①流域尺度通过大系统分解，分析流域片区水量调度需求，结合重要水利工程调度规则，构建大尺度流域分区水量调度模型；②以水量控制断面为依据将区域划分为若干河段，以断面最小下泄流量（生态流量）等控制条件为约束，构建干支流分段水量调度模型；③构建流域水量协调模型，基于控制节点的水量调度目标，细化协调流域—河段水量调度方案，包括水库供蓄水调度、引调水工程调度等方案。两参数水量平衡模型参数率定（丹江口水库）见图 2.5-1，面向长江中下游控制节点的枯水期水量调度体系见图 2.5-2。

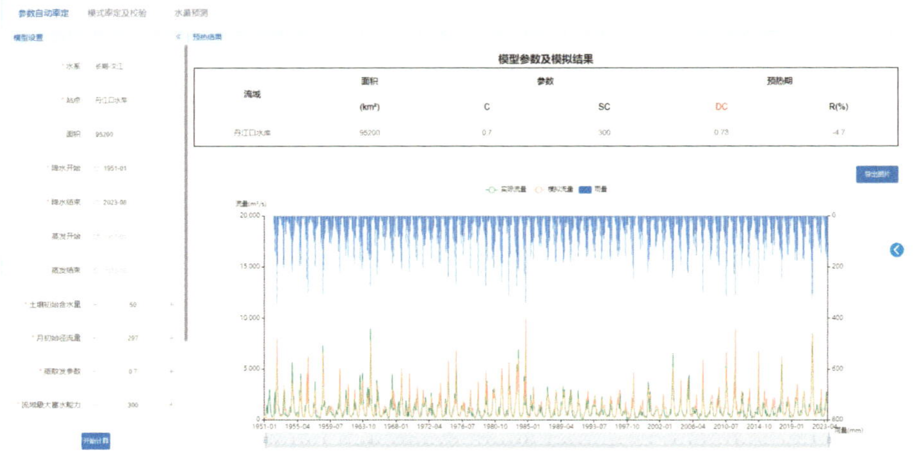

图 2.5-1　两参数水量平衡模型参数率定（丹江口水库）

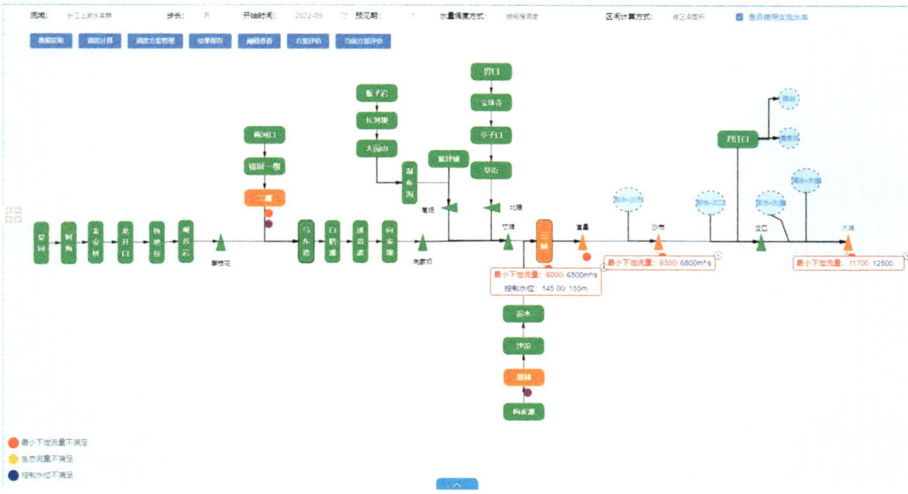

图 2.5-2 面向长江中下游控制节点的枯水期水量调度体系

与防洪预报调度类似，综合调度系统采用敏捷搭建技术实现水量预测调度体系的自主配置，具有较强的通用性和便捷性。在生产实践中，综合调度系统通过对水量预测节点模型的参数率定，结合管控节点与调度对象的空间拓扑关系，构建流域水量预测调度体系，其主要功能有水量调度规则配置、调度方案生成、调度模拟仿真、评估和方案管理。水量调度规则包括对象关联规则、断面流量约束、供水调度规则等。在来水预测偏枯的情况下供水调度规则提供了集中性缺水和均匀性缺水两种模式。在调度规则配置时，可根据阶段性工程调度计划配置约束条件，如水库的分阶段水位/下泄流量约束条件设置等。

第3章

防洪调度关键技术

3.1 防洪调度规则库

3.1.1 调度规则库设计

实现水库调度方案数字化并能被计算机模型识别的前提是基于统一标准的方案描述数据结构，拟采用框架表示法设计并构建调度规则库框架体系。

(1)框架表示法

框架表示法由明斯基于1975年提出。该方法认为人们对现实世界中各种事物的认识都是以一种类似于框架的结构存储在记忆中的，当面临一个新事物时，就从记忆中找出一个合适的框架，并根据实际情况对其细节加以修改、补充，从而形成对当前事物的认识。框架表示法最突出的特点是善于表示结构性知识，能够把知识的内部结构关系和知识之间的特殊关系表示出来，并把与某个实体或实体集相关的特性都集中在一起。

框架是一种描述固定情况的数据结构，一般可以把框架看成一个节点和关系组成的网络。框架的最高层次是固定的，并且它描述对于假定情况总是正确的事物，在框架的较低层次上有许多终端——槽。在槽中填入具体值，就可以得到一个描述具体事物的框架，每一个槽都可以有一些附加说明——侧面，其作用是指出槽的取值范围、求值方法等。一个框架中可以包含各种描述事物的信息。例如，如何使用框架的信息、关于下一步将发生什么情况的期望、如果期望的事件没有发生应该怎么办等，这些信息包含在框架的各个槽或侧面中。

一个具体事物可由槽中填入的具体值来描述，具有不同槽值的框架可以反映某一类事物中的各个具体事物。相关的框架连接在一起形成了一个框架系统，框架系统中由一个框架到另一个框架的转换可以表示状态的变化、推理或其他活动。不同的框架可以共享同一个槽值，这种方法可以把从不同角度收集的信息较好地协调起来。

(2)调度规则库逻辑框架

针对水工程调度方案，依据流域水工程特征和调度方案细则，抽象化涉及的水工程、来水边界站点、控制对象，在此基础上，解析水库的启用条件、来水情况、控制对象、控制需求、运行方式等要素间语义逻辑关系和内在规律，推导梯级水库运行规则的信息化描述框架，为调度方案逻辑化、关联化、服务化提供手段，最终形成可供调度模拟应用的洪水调度规则库逻辑框架(图 3.1-1)。

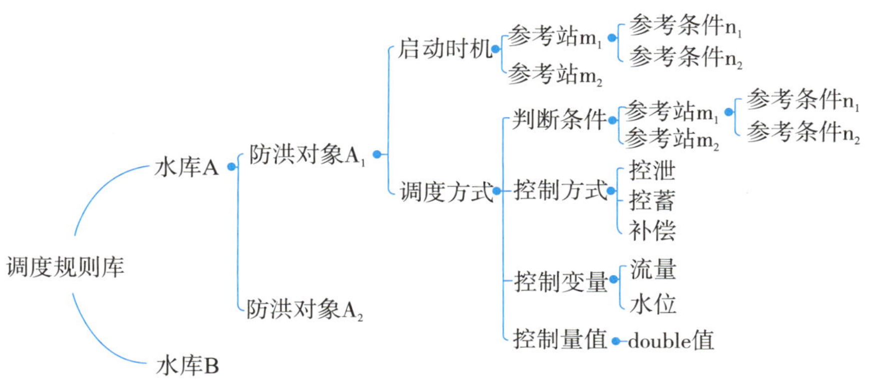

图 3.1-1　调度规则库逻辑框架

3.1.2　调度规则库建设

3.1.2.1　防洪调度方案要素提取

根据调度方案的条款说明，结合相关专题成果，提取各调度条款所依托的边界、工况、调度需求等信息和数据，将其中的逻辑关系和关键要素抽取出来，将其作为调度规则库框架的组成要素。为了得到包含实际调度知识的规则库实例，需要将现有水库启用条件、运行方式、控制对象等信息逻辑化和数字化后录入规则库。

(1)调度规则的实例化

现有调度方案多为便于实施的文字条款。为了保障规则库后期的应用、维护、升级、扩展，需要根据金沙江下游—三峡梯级水库和示范蓄滞洪区的调度运用计划，明确调度涉及的来水边界站点和控制对象，并结合调度运用计划的条款说明、相关专题成果、调度人员实践经验，分析其中考虑的洪水类型、预报趋势、计算边界、调度需求等信息和数据，采取知识图谱实体抽取和关系抽取相结合的方式，采用成熟的深度学习算法，依据规则库的描述框架提取涉及各对象间的逻辑联系和数据信息，不断增强规则库的完备性和兼容性。

在知识和实体抽取方面，首先采用人工理解的方式，阅读调度方式文本、调度图等文字和图像，抽取其中涉及调度时机、条件、方式的信息，按照规则库的描述框架进行逻辑化整理，按照固定的格式写入数据文件。当数据文件中的信息量规模较大时，尝试使用大数据挖掘方法对调度规则文本进行知识和实体抽取，根据效果不断改进，将其作为人工理解方式的辅助工具，提升规则信息的生成效率。

(2)多调度工况的适应性及对策分析

一方面，调度方案中的条款往往只对特定防洪情况下的运行方式进行了规定。将其逻辑化为规则库后，为了处理规则库搭建相关方案中的调度方式不闭环和调度经验具体化等问题，需要参考相关条款说明或专题研究成果，同时制定调度方案中未提到情况的默认运行方式，形成闭环的程序逻辑。对于调度经验，分析涉及的信息和对象，明确其中数值的取值范围并与调度方式对应，形成经验相关的调度知识。

另一方面，金沙江下游—三峡梯级水库和示范蓄滞洪区调度涉及多因素、多对象、多目标，需要保障规则库内不同规则之间的协调性。采用不同来水组成、不同防洪对象、不同控制指标的防洪情势对规则库的适用性进行分析，结合生态、水环境、供水、航运、发电等多方面的效益比对，反馈修正调度规则库的逻辑关系，以保证调度规则库的合理性、有效性、科学性。

此外，在实施过程中，针对不同水工程调度方式设定了默认运行方式，即在所有条件和时机都没有触发情况下的运行方式，其中，水库默认为出入库平衡，蓄滞洪区默认为不启用，以确保运行方案的逻辑闭环。运行方式中包含大量调度规程未涉及的内容，比如，当金沙江下游梯级配合三峡防洪时，针对不同量级的金沙江来水，采用了不同等级的拦蓄量，此时就需要通过长系列数据进行计算，判断拦蓄量级的划分是否合理。

3.1.2.2 防洪调度规则库框架

调度规则库是调度引擎的核心，是调度计算的算据载体，需要支撑不同条件、工况、偏好对计算的要求。为此，可依据流域水工程特征和调度运用计划，抽象化涉及的水工程、来水边界站点、控制对象；在此基础上，解析水库的启用条件、来水情况、控制对象、控制需求、运行方式等要素间语义逻辑关系和内在规律，推导梯级水库运行规则的信息化描述框架，为调度方案逻辑化、关联化、服务化提供手段，最终形成可供调度模拟应用的洪水调度规则库构建框架，为金沙江下游—三峡梯级水库和示范蓄滞洪区的洪水调度提供应用基础。

经过对知识图谱相关方式的尝试，拟采用水工程与控制对象间的直接关系搭建规则库架构。例如，若预报枝城站可能超过保证水位，则三峡水库启动拦蓄，若三峡水位进一步抬高，则溪洛渡、向家坝水库启动同步拦蓄，以水库为核心对象，采用树结构分层记录水库调度启用时机、约束条件、参考对象、运行方式等信息，囊括目标常用的规则表现逻辑。

为了赋予规则库较好的可读性，提高数据传递、编辑、运行的效率，采用常见的 JSON 格式进行存储。JSON 格式是一种轻量级的数据交换格式，采用完全独立于编程语言的文本格式来存储和表示数据，具有简洁和清晰的层次结构，易于阅读和编写，同时也易于机器解析和生成，并能有效地提升网络传输效率。将上述规则库架构表述为 JSON 格式，可具备良好的可读性和编辑性能，有利于规则库知识录入、规则分析、方式研究等工作的开展。

为了确保规则库架构的适用性和完备性，需要评估当前规则库的架构，分析其对各类水库不同形式、不同逻辑的调度方式的支持能力，并考虑枯期发电、生态流量等其他调度时期涉及的运行方式。经过不断的评估和修正，直到规则库架构达到稳定。

3.1.2.3　防洪调度规则库实例

(1)水库防洪调度规则库

基于水库防洪调度规则库构建框架，完成纳入《2020 年长江流域水工程联合调度运用计划》的 41 座水库的调度规则实例化入库。

为了完成洪水调度规则库的扩展和应用，需要开发服务化、标准化、引擎化技术，形成规则库的相关应用工具：①规则库调用，输入为水库来水和控制对象流量过程，调用规则库计算得到水库的运行过程；②规则库转移，可以将一套已经建立的水库调度规则库以 JSON 格式复制一份，既方便了新水库规则的录入，也可进行备份；③规则库升级，提供可编辑的工具，对规则库内的调度方式进行编辑并保存，可以对已有的规则进行修改，也可以添加新的规则；④规则库查询，可以根据启用时机、条件、水库名称、控制站名称等信息，查询、参看涉及的规则，便于阅读。

以上工具以 Web POST 服务的形式发布，输入、输出均为 JSON 格式，可以方便地进行调用，有效反映调度需求和约束，随着规则的更新和研究的深入，可不断对调度规则库进行更新升级，为洪水调度规则库应用提供技术支撑。

(2)河道堤防水位控制规则

以河道堤防运用影响关系曲线为基础，在不同来水情形下，利用水动力学模型计算获取城陵矶河段不同水位控制方案对应的长江中下游河道水动力状态和各防洪控制点(沙市、莲花塘、汉口、城陵矶)状态，并保存建库要素，建立河道堤防水位控制规则。莲花塘站水位控制方式见表 3.1-1。

表 3.1-1　　莲花塘站水位控制方式

名称	类型	运用工程	启用条件					调度方案		
			启用控制目标	预见期	控制要素	启用水位区间(低)	启用水位区间(高)	调度目标	调度要素	调度控制目标
莲花塘站	水位控制站	水位控制站	沙市水位	0h	水位	0	44.5m	城陵矶站	水位	≤34.9m
			汉口水位	0h	水位	0	29.0m			

(3)洲滩民垸行蓄洪规则

根据《长江超标洪水防御预案》,不同河段有以下洲滩民垸行洪运用规则。

1)荆江河段

当三峡水库水位达到171.00m之前,预报沙市水位将超过44.50m,调度运用三峡和上游水库群联合拦蓄洪水,适时运用清江梯级水库错峰,相机依次运用荆江两岸干堤间洲滩民垸行蓄洪水,相机限制荆江河段泵站对江排涝,控制沙市水位不超过44.50m。

2)城陵矶河段

预报城陵矶水位将达到33.95m并继续上涨,视实时水情工情,相机运用河段内长江干堤之间、洞庭湖区洲滩民垸行蓄洪水。若水位继续上涨,相机限制泵站对湖、对江排涝。

3)汉口河段

汉口水位达到28.50m并预报继续上涨,视实时水情工情,相机依次运用东荆河口—武穴段长江干堤之间双退、单退及剩余洲滩民垸行蓄洪水。若水位继续上涨,相机限制汉口河段泵站对江排涝。

4)湖口河段

湖口水位达到20.50m并预报继续上涨,视实时水情工情,相机依次运用武穴—湖口段长江干堤之间、鄱阳湖区双退、单退及剩余洲滩民垸行蓄洪水。若水位继续上涨,相机限制湖口河段泵站对湖、对江排涝。

(4)排涝泵站调度规则

结合《长江流域防洪规划》研究成果,拟定了宜昌—城陵矶(含洞庭湖区)河段、城陵矶—汉口河段、汉口—湖口(含鄱阳湖区)河段泵站的调度规则。

1)宜昌—城陵矶(含洞庭湖区)河段

在干流河道高水位时,城陵矶以上河段沿江涝区排涝量占干流比例约为3%,对宜昌—城陵矶(含洞庭湖区)河段水位有持续抬升影响。其中,农田涝片影响最大,占全部涝片的比例超过75%,将沙市和城陵矶(莲花塘)水位最大分别抬高0.15m和0.57m,以分洪控制水位为基准值,减去该影响值,同时考虑限排效果、与洲滩民垸运用水位关系、可操作性等方面,综合比选得到限排条件。

当沙市水位达到 44.90m 或城陵矶(莲花塘)水位达到 34.00m,并预报可能超过分洪控制水位 45.00m 或 34.40m 时,控制该河段农田涝片对湖、对江排涝。当河段开始分洪且水位继续上涨时,相机控制该河段重点防洪城市涝片和其他城镇涝片对湖、对江排涝。

2)城陵矶—汉口河段

在干流河道高水位时,汉口以上河段沿江涝区排涝量占干流比例约为 6%,对城陵矶—汉口河段水位有持续抬升影响。其中农田涝片影响最大,占全部涝片的比例超过 75%,将城陵矶(莲花塘)和汉口水位最大分别抬高 0.57m 和 0.66m,以分洪控制水位为基准值,减去该影响值,同时考虑限排效果、与洲滩民垸运用水位关系、可操作性等方面,综合比选得到限排条件。

当汉口水位达到 29.00m 或城陵矶(莲花塘)水位达到 34.00m,并预报可能超过分洪控制水位 29.50m 或 34.40m 时,控制该河段农田涝片对湖、对江排涝。当河段开始分洪且水位继续上涨时,相机控制该河段重点防洪城市涝片和其他城镇涝片对湖、对江排涝。

3)汉口—湖口(含鄱阳湖区)河段

在干流河道高水位时,湖口以上河段沿江涝区排涝量占干流比例约为 6%,对汉口—湖口(含鄱阳湖区)河段水位有持续抬升影响。其中,农田涝片影响最大,占全部涝片的比例超过 70%,将汉口和湖口水位最大分别抬高 0.66m 和 0.67m,以分洪控制水位为基准值,减去该影响值,同时考虑限排效果、与洲滩民垸运用水位关系、可操作性等方面,综合比选得到限排条件。

当湖口水位达到 22.00m 或汉口水位达到 29.00m,并预报可能超过分洪控制水位 22.50m 或 29.50m 时,控制该河段农田涝片对湖、对江排涝。当河段开始分洪且水位继续上涨时,相机控制该河段重点防洪城市涝片和其他城镇涝片对湖、对江排涝。

(5)蓄滞洪区运用规则

以蓄滞洪区运用影响关系曲线为基础,在不同来水情形下,分别计算不同蓄滞洪区启用方案对应的长江中下游河道水动力状态和各防洪控制点(如莲花塘)状态,并保存建库要素,建立蓄滞洪区调度规则。荆江河段、城陵矶河段、汉口河段、湖口河段蓄滞洪区调度规则结构化表达见表 3.1-2 至表 3.1-5。总体可分为启用条件与调度方案两部分内容,启用条件可与前述水情、工情节点进行互联,调度方案则进一步明确调度目标(如荆江分洪区内的北闸、腊林洲扒口、虎渡河节制闸、无量庵吐洪口门),以及不同分洪闸/口门的具体调度方式(如使用次序,分洪/退洪流量等)。

表 3.1-2　荆江河段蓄滞洪区调度规则结构化表达

名称	类型	启用条件					调度方案									
		运用工程	启用控制目标	预见期	控制要素	启用阈值	闸门功能	调度方式	工程运用方式	分洪流量（低）/(m^3/s)	分洪流量（高）/(m^3/s)	调度目标	调度要素	调度控制目标	使用次序	工程内部使用次序
荆江分洪区	蓄滞洪区	北闸	三峡库水位	0h	水位	171m	进洪	补偿调度	闸控	0	7700	沙市	水位	≤45m	1	1
			沙市		水位	45m										
		腊林洲扒口	三峡库水位		水位	171m	进洪	扒口	扒口	9300	9300				1	2
			沙市		水位	45m										
		虎渡河节制闸	三峡库水位		水位	171m	—	控制泄量	闸控	3800	3800				2	3
			沙市		水位	45m										
			荆江分洪区、涴市扩大区		分洪流量	0m										
		无量庵吐洪口门	三峡库水位		水位	171m	退洪	扒口	扒口	—	—				4	4
			沙市		水位	45m										
			荆江分洪区、涴市扩大区、虎西备蓄区		分洪流量	0m										
			荆江分洪区蓄洪水位		水位	42m										
涴市扩大区		涴市扩大区江堤进洪口门、虎渡河里甲口东、西堤	三峡库水位		水位	171m	进洪	扒口	扒口	—	—				2	1
			沙市		水位	45m	进洪	扒口	扒口	—	—					

续表

名称	类型	启用条件					调度方案									
		运用工程	启用控制目标	预见期	控制要素	启用阈值	闸门功能	调度方式	工程运用方式	分洪流量（低）/(m^3/s)	分洪流量（高）/(m^3/s)	调度目标	调度要素	调度控制目标	使用次序	工程内部使用次序
虎西备蓄区	蓄滞洪区	虎东堤、虎西堤	三峡库水位	0h	水位	171m						沙市	水位	≤45m	3	1
			沙市		水位	45m										
人民大垸		人民大垸江堤	三峡库水位		水位	171m	进洪	扒口	扒口	—	—				4	1
			沙市		水位	45m										

表 3.1-3 城陵矶河段蓄滞洪区调度规则结构化表达

名称	类型	启用条件				调度方案						
		控制目标	预见期	控制要素	启用阈值	工程运用方式	分洪流量（低）/(m^3/s)	分洪流量（高）/(m^3/s)	调度目标	调度要素	调度控制目标	使用次序
钱粮湖垸	重要	城陵矶站	0h	水位	34.4m	扒口	4180	4180	城陵矶站	水位	≤34.4m	1
大通湖东垸	重要					扒口	2190	2190				2
共双茶垸	重要					扒口	3630	3630				3
洪湖东分块	重要					扒口	8000	8000				4
洪湖中分块	重要					扒口	4500	4500				4
洪湖西分块	重要					扒口	0	0				4
屈原垸	重要					扒口	5630	5630				5
建新垸	重要					扒口	2210	2210				6
建设垸	重要					扒口	2660	2660				7

续表

名称	类型	启用条件				调度方案						
		控制目标	预见期	控制要素	启用阈值	工程运用方式	分洪流量（低）/(m^3/s)	分洪流量（高）/(m^3/s)	调度目标	调度要素	调度控制目标	使用次序
民主垸	一般	城陵矶站	0h	水位	34.4m	扒口	4000	4000	城陵矶站	水位	≤34.4m	8
城西垸	一般					扒口	1500	1500				9
江南陆城垸	一般					扒口	3500	3500				10
澧南垸	一般					闸控	0	2380				11
西官垸	保留					闸控	0	1500				12
围堤湖垸	保留					闸控	0	3190				13
九垸	保留					扒口	2920	2920				14
君山垸	保留					扒口	1850	1850				15
集成安合垸	保留					扒口	2640	2640				16
安澧垸	保留					扒口	3550	3550				—
安昌垸	保留					扒口	1500	1500				—
安化垸	保留					扒口	870	870				—
南汉垸	保留					扒口	1500	1500				—
和康垸	保留					扒口	2390	2390				—
南顶垸	保留					扒口	2180	2180				—
六角山垸	重要					扒口	640	640				—
北湖垸	一般					扒口	1000	1000				—
义合垸	保留					扒口	930	930				—

表 3.1-4　汉口河段蓄滞洪区调度规则结构化表达

名称	类型	启用条件				调度方案							
		控制目标	预见期	控制要素	启用阈值	使用次序	使用方式	分洪流量(低)/(m^3/s)	分洪流量(高)/(m^3/s)	调度方式	调度目标	调度要素	调度控制目标
杜家台蓄滞洪区	重要	汉口站	0h	水位	29.5m	1	闸控	0	4000	补偿调度	汉口站	水位	≤27.93m
武湖蓄滞洪区	一般					2	扒口	—	—				
张渡湖蓄滞洪区	一般					3	扒口	—	—				
白潭湖蓄滞洪区	一般	上游来水(螺山站)		洪量	较小	4	扒口	—	—				
西凉湖蓄滞洪区	一般					5	扒口	—	—				
东西湖蓄滞洪区	保留	汉口至湖口区间		洪量	较大	6	扒口	—	—				

表 3.1-5　湖口河段蓄滞洪区调度规则结构化表达

名称	类型	启用条件				调度方案				
		启用控制目标	预见期	控制要素	启用阈值	使用次序	使用方式	调度目标	调度要素	调度控制目标
康山	重要	湖口	0h	水位	22.5m	1	扒口	湖口站	水位	≤22.5m
珠湖	一般					2				
黄湖	一般					3				
方洲斜塘	一般					4				
华阳河	一般					5				

3.2 防洪调度模型库

面向长江流域控制性水利工程综合调度涉及的流域防洪情势分析和防洪调度业务，建立防洪调度模型库，实现具备在不同决策地方、决策场景下均可通用支撑的能力。

3.2.1 重要控制站洪水来源组成模型

(1)模型作用

根据流域关键控制站预报水情，计算控制站预见期内洪水来源河段及相应的组成比例，为防洪工程启用推荐提供重要的参考依据。

(2)模型原理

基于控制站点拓扑关系矩阵，构建控制站洪水组成判别指标体系，根据各控制站点实时、预报水情过程，通过计算各控制站洪峰、洪量等指标，分析提出重要防洪对象(控制站点)的洪水来源河段和各来源河段的洪峰、洪量组成情况。

(3)开发模式

采用Java语言编写模型，并发布成服务供系统调用，模型输入数据包括各水库和站点预报来水过程、计算起始和截止时间、计算步长。模型输出数据包括各水库站点洪峰流量，3d、7d、15d洪量，以及各站点的洪水来源占比。

3.2.2 重要河段潜在风险分析模型

(1)模型作用

根据流域关键控制站点的实测和预报的水位、流量等水文信息，计算、分析、评估重要河段和重要分区的潜在防洪风险情况。其中，重要河段风险主要包括三峡库区、川渝河段、荆江河段、城陵矶河段，以及汉口与湖口地区部分河段的实时防洪风险；除此之外，还包括雅砻江、金沙江、岷江、嘉陵江、乌江等重要支流地区，洞庭湖的湘江、资水、沅江、澧水“四水”尾闾地区，以及鄱阳湖的赣江、抚河、信江、饶河、修水“五河”尾闾地区的实时防洪风险。通过实时风险分析，为防洪工程启用推荐提供决策支持。

(2)模型原理

基于关键控制站点的实时、预报水位流量过程，结合长江中下游重要站点防洪设计资料和堤防建设资料(具体包括控制站点的设计水位、设计流量、达标情况、堤顶高程、历史险情等)，基于水工程调度效果影响关系知识图谱，通过空间插值，分析水位抬高后的影响范围和中下游重要站点超保情况，进一步分析得到不同超保水位下人口、土地淹没等社会经济损失情况，并对比历史险情数据，实时评估重要河段、分区的防洪风险等级。

（3）开发模式

采用 Java 语言编写耦合知识图谱的重要河段、分区的防洪风险分析模型，并发布成服务供系统调用。模型输入数据具体包括重要河段、分区编号、堤防工程建设资料、站点和堤防历史险情数据、各站点和堤防的实时与预报来水及水位过程、控制站点水位流量关系曲线、各站点和堤防水位—风险关系知识图谱、计算起始和截止时间、计算步长等。模型输出包括各个控制站点和堤防流量、各控制站点和堤防水位、各河段控制站点超额洪量、各堤防水位超标值、各控制站点和堤防超警超保时间、可能淹没土地面积、可能造成影响（伤亡、转移）的人员情况、可能造成的经济损失等。

3.2.3　工程实时防洪能力分析模型

（1）模型作用

根据流域实时水雨情，统计、计算、分析流域防洪工程体系实时运用情况，具体包括水库防洪库容使用情况、堤防实时水位、堤防超（警）保时间、蓄滞洪区启用情况、蓄滞洪区分洪量、洲滩扒口使用个数、泵站启用等。基于水工程的当前剩余防洪库容和蓄洪容积，实时分析得到启用不同水工程拦蓄后，在现有水工程的防洪能力下，能有效削减下游控制断面的超限水位、流量的大小，以此进一步得到下游控制站点的安全裕度。

（2）模型原理

基于关键控制站点的实时、预报水位流量过程，以及当前水库、堤防、蓄滞洪区、堤防、洲滩民垸、泵站的工程状态，分析工程当前的防洪剩余库容、蓄洪容积等。基于水工程调度效果影响关系知识图谱，查询水工程运用与目标控制点洪水位、洪峰流量的关系；通过空间插值得到当前剩余库容条件对不同类型的来水过程的削峰、降低水位的能力，为防洪工程启用推荐提供决策支持。

（3）开发模式

采用 Java 语言编写耦合知识图谱的水工程实时防洪能力分析模型，并发布成服务供系统调用。模型输入数据包括重要水工程编号、水工程特征参数、控制站点特征参数、水工程水位容积关系曲线、水库水位流量关系曲线、控制站水位流量关系曲线、各站点及水工程实时和预报来水过程、各站点及水工程历史来水过程、各站点及水工程实时和预报水位过程、各水工程针对不同防洪控制点投入使用的库容—流量削减量关系知识图谱、各水工程针对不同防洪控制点投入使用的库容—水位削减关系知识图谱、计算起始和截止时间、计算步长等。输出数据包括水库剩余防洪库容、蓄滞洪区使用情况、洲滩民垸使用情况、堤防情况、泵站使用情况、下游控制站点安全裕度等。

3.2.4 防洪工程调度配置推荐模型

(1)模型作用

根据洪水来源组成情况、重要河段潜在风险情况，以及防洪工程的实时防洪能力情况，提出防洪工程启用组合建议。

(2)模型原理

基于流域水工程和水文站点拓扑关系矩阵，以及重要河段潜在风险分析模型推出的风险区域相关控制站点，根据重要控制站洪水来源组成模型计算结果推出洪水来源河段和相应的洪峰、洪量组成情况，初步提出调度相关的工程范围；根据防洪工程实时防洪能力分析模型计算推出工程应对后续洪水的防御能力，进一步筛选初步提出的工程范围，提出应对预见期内防洪风险的防洪工程组合建议。

(3)开发模式

采用Java语言编写模型，并发布成服务供系统调用。模型输入数据包括洪水来源河段控制站站码、风险区域相关控制站站码、水库工程实时防洪能力等级、蓄滞洪区实时防洪能力等级等。输出数据包括推荐启用水库编码组合和推荐启用蓄滞洪区编码组合。

3.2.5 防洪工程联合调度引擎

(1)模型作用

基于防洪工程调度知识图谱，根据各工程和控制站点实时、预报水情过程，确定蓄滞洪区当前时刻和预见期内调度方式，确定工程启用时机、分洪流量、分洪天数等决策指标，实现基于调度目标的模型“反算”的功能。

(2)模型原理

防洪工程联合调度引擎是基于防洪调度知识图谱，结合最优化计算方法，耦合构建的智能优化调度模型，其基本原理见图3.2-1；主要基于知识图谱快速针对当前水雨情推送需要启用的水工程及其调度响应关系，进一步综合考虑控制站最高调洪水位最低、水工程综合防洪效益最大等目标约束条件，智能推送工程联合调度方案。

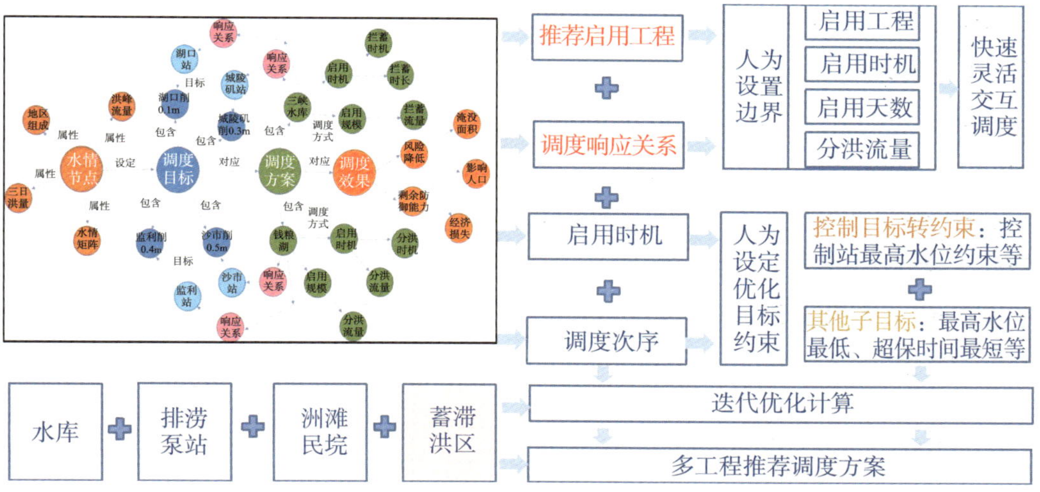

图 3.2-1　防洪工程联合调度引擎基本原理

长江中下游蓄滞洪区的智能优化调度的本质是一个多目标优化调度模型，在优化过程中有以下具体考虑目标。

1）主要目标

各站点控制水位不超过设定安全阈值：

$$WL\max_i \leqslant WL\text{safe}_i \quad (i=1,2,\cdots,n)$$

式中，$WL\max_i$——第 i 个站点的最高水位；

$WL\text{safe}_i$ ——第 i 个站点的保证水位值；

n——控制站点的数量。

2）次要目标

在满足主要目标的同时，需要在有限蓄洪容积条件下满足各站点最高水位最低、各站点水位超保之和最小、各站点超保时间之和最短、超保站点最少等目标，其中各站点水位超保之和最小的目标如下所示：

$$\min\left(\sum_{i=1}^{n} WL\max_i - WL\text{safe}_i\right)$$

模型可将主要目标转化为约束条件，主要考虑在满足控制站安全水位条件下，使蓄滞洪区开启个数最小、投入蓄洪容积最少，通过目标约束转换手段将多目标优化问题转化为单目标优化问题。

优化调度模型主要依据知识图谱索引得到的初始启用工程范围、相应的工程调度响应关系，以及联合调度规则（分洪水位、启用次序等），进一步人为确定调度控制目标，将调度控制目标作为约束考虑进入模型，并根据既定的调度次序，对蓄滞洪区进行顺序迭代优化。具体优化变量包括每个蓄滞洪区的启用时间、分洪流量、分洪天数。此外，由于水位控制目标已经转化为约束条件进行考虑，因此其他调度目标（如控制站最高水位最低、超保时间等)可作为子目标进一步考虑。

(3)开发模式

模型采用 Java 编写，根据模型库的要求通过 Spring MVC 进行封装，并发布为 HTTP POST 服务，输入和输出数据采用标准的 JSON 格式进行传输，方便进行统一调用，为流域防洪计算业务提供支撑。模型输入数据包括方案编号、各站点来水过程、计算起始和截止时间、计算步长、时段数、选定的蓄滞洪区编码组合。模型输出数据包括水库计算下泄流量过程、蓄滞洪区分洪过程、洲滩民垸行蓄洪过程、排涝泵站调度过程、河道堤防水位控制过程。

3.2.6 水库控泄调度模型

(1)模型作用

当水库坝址距离防洪控制点较近，区间洪水较小可以忽略或看作常数时，水库控制下泄流量使下游河道不超过安全泄量。

(2)模型原理

当下游有不同重要性的防洪保护对象时，可采用分级控制泄量的调洪方式，通常可以按“大水多放，小水少放”的原则拟定水库的分级控制泄量方式。对于不同重要性的防洪保护对象，当发生洪水的量级未超过次要防护对象的防洪标准时，水库按第一级泄流量控泄；根据当前水情判断，当来水的量级已超过次要防护对象的防洪标准时，水库改按第二级泄流量下泄；当为下游防洪而设的库容已经蓄满，而入库洪水依然较大时，入库洪水的量级已超过了下游防洪标准，应改为保证水工建筑物安全的调度方式，敞泄调度不再控制泄流。

(3)开发模式

采用 Java 语言编写模型，并发布为服务供系统调用。模型输入数据包括预报入库流量过程、区间预报流量过程、防洪对象限制条件等信息。模型输出数据包括水库下泄流量过程、水库坝前水位过程。

3.2.7 水库补偿调度模型

(1)模型作用

当坝址至下游防洪控制点之间存在较大的区间面积，区间洪水不能被忽视时，应考虑未控区间洪水的变化对水库泄流方式的影响采用补偿调度调洪方式。当发生洪水未超过下游防洪标准时，水库根据区间流量的大小控泄，使水库泄流量与区间洪水流量的合成流量不超过防洪控制点的河道安全泄量。

(2)模型原理

补偿调度的前提条件是水库泄流到达防洪控制点的传播时间不大于区间洪水集流时间，否则无法获得确定水库下泄流量大小需要的相对应的区间流量信息；或者是具有精度较高的区间水文预报方案（包括产汇流预报相应水位、相应流量等），其预见期不短于水库泄流量至防洪控制点的传播时间。

当下游区间面积较大时，考虑到区间洪水预报方案误差，以及区间洪水峰值和峰现时刻的误差，可采用错峰调度这种近似防洪补偿调度的方式。错峰调度调洪方式根据区间洪峰流量可能出现的某一时间段，水库按减小的流量下泄（甚至完全不泄水），以避免区间洪水与水库下泄流量的组合流量超过防洪控制点的安全泄量。采用错峰调洪方式时必须合理确定错峰期的限泄流量、开始错峰与停止错峰的判断条件。

水库补偿调度模型原理见图 3.2-2。

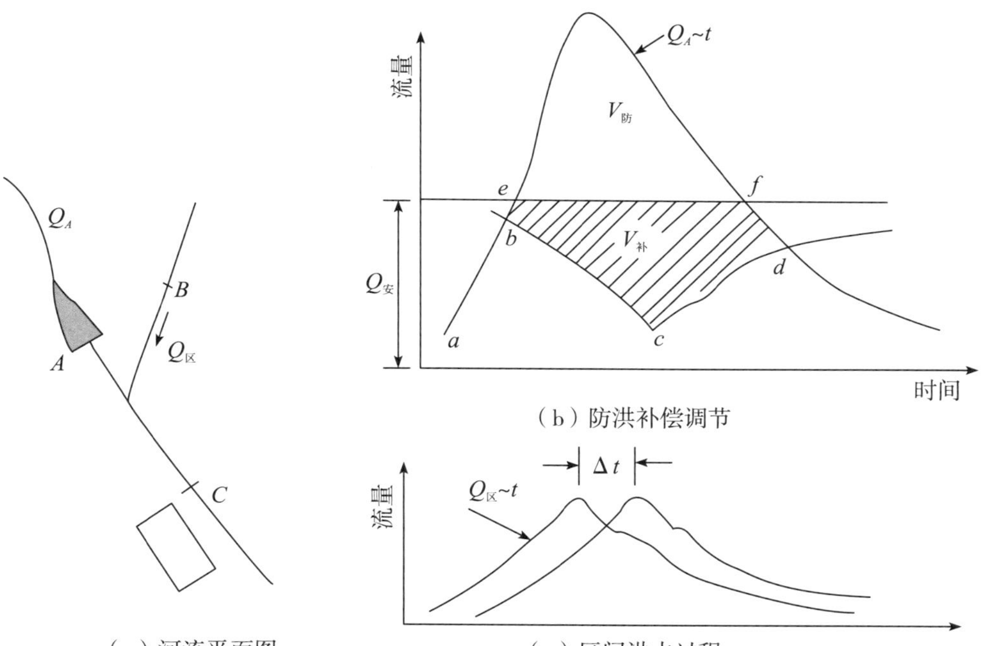

（a）河流平面图　（b）防洪补偿调节　（c）区间洪水过程

图 3.2-2　水库补偿调度模型原理

当水库蓄水位已达到或超出水库的防洪高水位时，水库已不具备继续错峰的能力，应立即终止错峰，水库的调洪方式应立即转为保证大坝安全的敞泄方式，不应该继续为下游防洪而控泄。此外，当区间洪峰已出现，且其洪水过程明显消落时，不需要继续实施错峰控泄即可终止错峰。

不同于依据实测洪水过程或实际发生的水位实施防洪调度，预报预泄防洪调度结合洪水预报，在洪峰来临之前，采取预泄的方式，提前消落部分库容迎接洪峰，依据预报洪水过程实施防洪调度可有效削减洪峰(图 3.2-3)。洪水预报精度愈高、预报预见期愈长,调度决策耗时愈少,愈能减小下游洪灾损失(包括采取有效抢险措施、对将产生洪灾区域及时发出预警和组织撤离)。

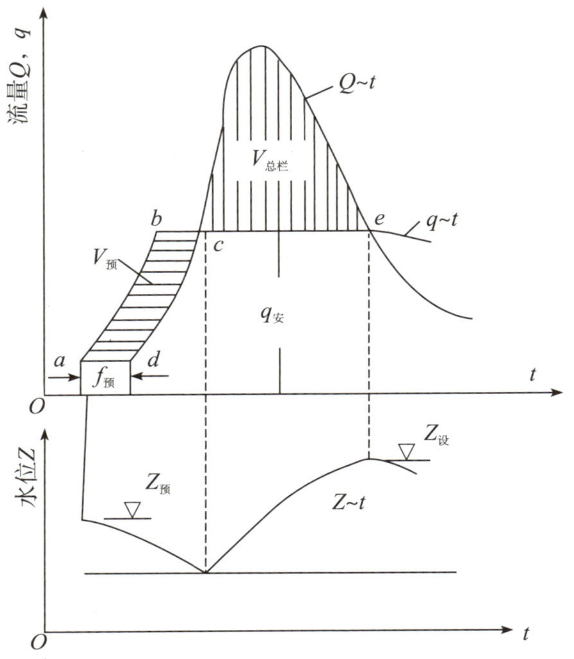

图 3.2-3 水库预报预泄原理

(3)开发模式

采用 Java 语言编写模型,并发布为服务供系统调用。模型输入数据包括预报入库流量过程、区间预报流量过程、防洪对象限制条件等信息。模型输出数据包括水库下泄流量过程、水库坝前水位过程。

3.2.8 长江中下游蓄滞洪区分洪运用模型

(1)模型作用

长江中下游蓄滞洪区分洪运用模型的主要功能是进行高效率的蓄滞洪区分洪运用计算,提供高精度、全要素的分洪运用效果定量分析,为长江中下游沿线蓄滞洪区的调度运用提供基础计算支撑。

(2)模型原理

模型将实时、预报水雨情信息输入蓄滞洪区调度规则库进行交互调度。在此基础上,结合预报库中水雨情预报信息和蓄滞洪区实时调度决策结果,通过蓄滞洪区调度影响知识图谱查询得到蓄滞洪区工程运用后的影响,包括对关键控制断面的洪水位、洪峰流量等的影响，以快速进行蓄滞洪区调度应用的效果预测，实现不同蓄滞洪区调度方案的分洪效果快速输出。

(3)开发模式

模型采用 Java 语言编写模型，并发布为服务供系统调用。模型输入数据包括长江干支流沿线实时水位、流量、流速、河道槽蓄量、蓄滞洪区初始水位容积，以及蓄滞洪区启闭时间、开启高度等信息。模型输出数据包括启用蓄滞洪区前后干流水文要素的变化幅度和影响范围，以及蓄滞洪区内水位、淹没面积、淹没耕地数量、影响人口等社会经济信息等。

3.2.9 长江中下游洲滩民垸行蓄洪运用模型

(1)模型作用

长江中下游洲滩民垸行蓄洪运用模型的主要目的是进行高效率的洲滩民垸蓄洪应用计算，提供高精度、全要素的分洪运用效果定量分析，为长江中下游沿线洲滩民垸的调度运用提供基础计算支撑。

(2)模型原理

模型将实时水雨情信息输入洲滩民垸调度规则库进行交互调度。在此基础上，结合预报库中水雨情预报信息和洲滩民垸实时调度决策结果，根据洲滩民垸调度影响知识图谱进行搜索插值，量化洲滩民垸使用对下游关键防洪控制区的影响，影响程度指标与蓄滞洪区调度影响指标类似。

(3)开发模式

模型采用 Java 语言编写模型，并发布为服务供系统调用。模型输入数据包括长江干支流沿线实时水位、流量、流速、河道槽蓄量、洲滩民垸启闭时间序列等。模型输出数据包括启用洲滩民垸前后干流水文要素的变化幅度和影响范围，以及洲滩民垸使用后的垸内淹没面积、淹没耕地数量、影响人口等社会经济信息等。

3.2.10 长江中下游排涝泵站应用模型

(1)模型作用

长江中下游排涝泵站应用模型的主要目的是分析排涝泵站启闭调度应用对长江干流河道水文要素的影响。模型提供高精度、全要素的泵站调度效果分析，为长江中下游沿线排涝泵站的调度运用提供基础计算支撑。

(2)模型原理

根据沿江排涝泵站调度指令时序，调用排涝泵站调度规则库对预报来水过程进行调度。在工程调度完成后，不同调度方式对下游防洪区的影响大小可通过排涝泵站分洪效果全要素分析知识图谱进行插值量化，模型原理和蓄滞洪区与洲滩民垸调度模型一致。

(3)开发模式

模型基于 SpringBoot 的微服务进行开发与维护，并发布部署到相应的环境运行，供其他模块调用。模型输入数据包括长江干支流沿线实时水位、流量、流速、河道槽蓄量、沿线排涝泵站的启闭时序等信息。模型输出数据包括启用排涝泵站前后干流水文要素的变化幅度和影响范围，如干流控制站流量过程、干流控制站水位过程、干流河段流量过程、干流河段水位过程、干流河段流速过程、河段槽蓄容量等。

3.2.11 防洪工程体系一体化智能调度模型

(1)模型作用

防洪工程体系一体化智能调度模型是在基础河网水动力学模型的基础上，实现长江水库群联合防洪调度模型、水库控泄调度模型、水库补偿调度模型、库容优化调度模型、长江中下游蓄滞洪区分洪运用模型、长江中下游洲滩民垸行蓄洪应用模型、排涝泵站应用模型的一体化调度应用和智能快速分析计算。

(2)模型原理

防洪工程体系一体化智能调度模型旨在利用智能优化算法，完成水库、蓄滞洪区、洲滩民垸、排涝泵站等多工程的联合调度计算，实现长江流域防洪工程体系的智慧化实时调度。

(3)开发模式

模型采用 Java 编写，根据模型库的要求通过 Spring MVC 进行封装，并发布为 HTTP POST 服务，输入和输出数据采用标准的 JSON 格式进行传输，方便进行统一调用，为流域防洪计算业务提供支撑。模型输入数据包括各水库实时预报来水过程、计算起始和截止时间、计算步长、选定的水库编码组合、蓄滞洪区编码组合、洲滩民垸编码组合、排涝泵站编码组合。模型输出包括水库计算下泄流量过程、蓄滞洪区分洪过程、洲滩民垸行蓄洪过程、排涝泵站调度过程、河道堤防水位控制过程等。

3.2.12 重点区域二维洪水淹没模型

(1)模型作用

采用平面二维水动力数学模型，对研究区域地形采用无结构三角形网格概化，根据实测水文资料对数学模型进行率定和验证，计算不同水情条件重点区域的淹没状态，包括时间—淹没面积、时间—淹没水深、平面流速分布等要素，为防洪调度子系统提供基础模型。

(2)模型原理

1)洪水分析方法及模型

洪水分析方法包括水文学法、水力学法、实际水灾法等。鉴于研究区域河道断面资料与区域地形资料比较齐全，且精度较高，洪水分析采用能够反映实际情况变化影响和预测分析洪水风险特征的水力学法。

综合考虑重点区域洪水传播特性、地形特点、空间尺度，洪水分析采用二维非恒定流模型模拟淹没区的洪水演进过程。

2)控制方程

连续性方程：

$$\frac{\partial h}{\partial t}+\frac{\partial h\bar{u}}{\partial x}+\frac{\partial h\bar{v}}{\partial y}=hS$$

X 方向动量方程：

$$\frac{\partial h\bar{u}}{\partial t}+\frac{\partial h\bar{u}^2}{\partial x}+\frac{\partial h\overline{vu}}{\partial y}=f\bar{v}h-gh\frac{\partial \eta}{\partial x}-\frac{h}{\rho_0}\frac{\partial p_a}{\partial x}$$

$$-\frac{gh^2}{2\rho_0}\frac{\partial \rho}{\partial x}+\frac{\tau_{sx}}{\rho_0}-\frac{\tau_{bx}}{\rho_0}-\frac{1}{\rho}\left(\frac{\partial s_{xx}}{\partial x}+\frac{\partial s_{xy}}{\partial x}\right)+\frac{\partial}{\partial x}(hT_{xx})+\frac{\partial}{\partial x}(hT_{xy})+hu_sS$$

Y 方向动量方程：

$$\frac{\partial h\bar{v}}{\partial t}+\frac{\partial h\overline{uv}}{\partial x}+\frac{\partial h\bar{v}^2}{\partial y}=-f\bar{u}h-gh\frac{\partial \eta}{\partial y}-\frac{h}{\rho_0}\frac{\partial p_a}{\partial y}$$

$$-\frac{gh^2}{2\rho_0}\frac{\partial \rho}{\partial y}+\frac{\tau_{sy}}{\rho_0}-\frac{\tau_{by}}{\rho_0}-\frac{1}{\rho_0}\left(\frac{\partial s_{yx}}{\partial y}+\frac{\partial s_{yy}}{\partial x}\right)+\frac{\partial}{\partial x}(hT_{xy})+\frac{\partial}{\partial y}(hT_{yy})+hv_sS$$

式中，t——时间；

x、y、z——右手 Cartesian 坐标系；

η——水面相对于未扰动水面的高度，即通常所说的水位；

h——静止水深；

u、v——流速在 x、y 方向上的分量；

p_a——当地大气压；

ρ——水密度；

ρ_0——参考水密度；

f——科氏力参数，$f=2\Omega\sin\varphi$（其中 $\Omega=0.729\times10^{-4}\,s^{-1}$ 为地球自转角速率，φ 为地理纬度）；

$f\bar{v}$、$f\bar{u}$——地球自转引起的加速度；

s_{xx}、s_{xy}、s_{yx}、s_{yy}——波辐射应力分量；

T_{xx}、T_{xy}、T_{yx}、T_{yy}——水平粘滞应力项；

S——源汇项；

(u_s，v_s)——源汇项水流流速。

3)网格剖分

网格布置应符合水流动特点、易于建立、比较光滑和规则、满足计算精度和稳定性要求、便于组成高效的数据结构、必要时可随时依据解的梯度进行适应性调整等原则。

无结构网格具有复杂区域适应性好、局部加密灵活、便于自适应的优点，能很好地模拟自然边界和复杂的水下地形，提高边界模拟精度。对于规则网格，网格边长不宜超过 300m，对于不规则网格，最大网格面积不宜超过 0.1km^2。可采用无结构三角形或四边形网格对洪水影响区域进行剖分，重要地区、地形变化较大部分的计算网格适当加密。

(3)开发模式

模型采用 Java 语言编写模型接口，并发布为服务供系统调用。模型输入数据包括分洪闸(口门)的所属河道与桩号、底板高程、口门宽度、设计流量、分洪时间，以及重点区域内的垸内底水位与蓄洪水位(若有)。模型输出数据包括重点区域的时间—淹没面积过程、时间—淹没面积、时间—垸内水位、分洪闸(口门)流量过程等。

3.2.13 洪灾风险损失评估模型

(1)模型作用

洪灾风险损失评估模型可基于给定洪水过程，定量分析计算主要受灾损失指标。该模型可调用重点区域二维洪水淹没模型的计算成果，叠加重点区域内部的主要社会经济指标，包括耕地面积、房屋、人口、GDP 等，得出不同分洪条件下的重点区域洪灾风险损失大小。

(2)模型原理

主要通过各项风险评估指标来量化风险。洪灾风险损失主要指标包括受淹耕地面积、受淹房屋面积、受灾人口、受影响 GDP、受淹道路长度等。在确定承灾体受淹程度和灾前价值后，依据洪灾损失率—水深关系，对不同承灾体进行洪灾直接经济损失估算，将洪灾损失分为居民房屋损失、家庭财产损失、农业损失、工业资产损失、工业产值损失、商贸业资产损失、商贸业主营收入损失、道路损失八大类(图 3.2-4)。

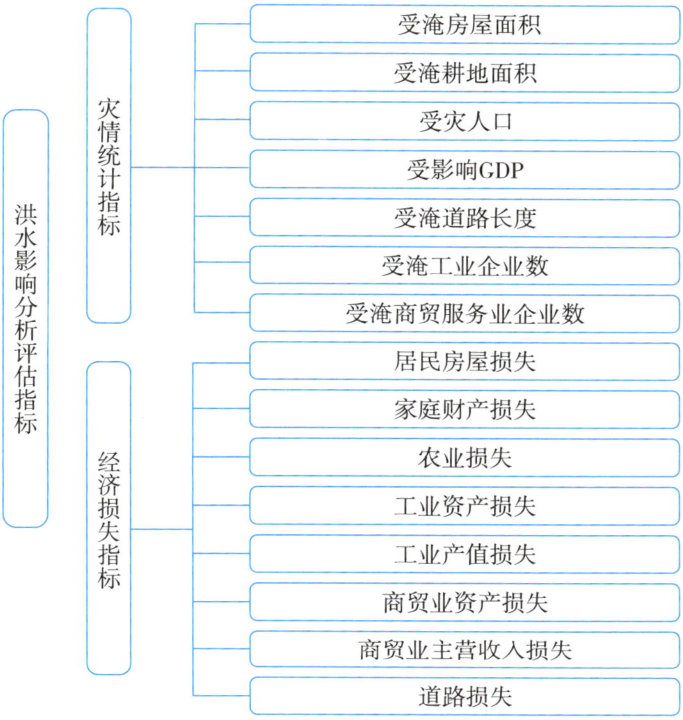

图 3.2-4　灾情损失评估流程

1)淹没区人口

针对淹没区人口指标,采用居民地法对人口统计数据进行空间分析,即认为人口是离散地分布在该行政区域的居民地范围内,在每块居民地上又是均匀分布的变量。

$$P=\sum_{i}^{n}\sum_{j}^{m}A_{i,j}\times d_{i,j}$$

式中,P——受灾人口;

$A_{i,j}$——第 i 行政单元第 j 块居民地受淹面积;

$d_{i,j}$——第 i 行政单元第 j 块居民地的人口密度;

n——行政分区数;

m——居民地块数。

某行政单元的居民地受淹面积通过行政区界、居民地图层、淹没范围图层统计和叠加得到,结合人口密度对各行政单元受不同淹没水深影响的受灾人口进行统计。

2)淹没区乡镇

首先,将影响区内的行政区、耕地、居民地等绘制成 GIS 矢量数据,形成基于 GIS 平台的数据库。

其次,在 GIS 平台中,行政区图层、耕地图层、居民地图层为面状图层,采用 GIS 软件的叠加分析功能,将淹没图层分别与行政区图层、耕地图层、居民地图层叠加。

最后，淹没区域内行政区、耕地、居民地面积可通过土地利用矢量图等面状图层与洪水淹没矢量图的面面叠加分析得到。

3)淹没区资产

①按地均GDP方法计算受影响GDP，即按照不同行政单元受淹面积与该行政区单位面积上的GDP值相乘来计算受影响GDP。

②道路在GIS矢量图层上呈线状分布，道路图层内包含道路名称、长度、宽度、等级等属性信息。受淹道路的统计将通过道路线图层与洪水模拟面图层叠加运算实现，可获取不同淹没方案下的受淹道路名称、长度等数据信息。

4)损失率

洪灾损失率是描述洪水灾害损失的相对指标，通常指各类财产损失的价值与灾前或正常年份原有各类财产价值之比。影响洪灾损失率的因素很多，如地形、地貌、淹没程度(水深、历时等)、财产类型、成灾季节、抢救措施等。抗灾能力和防洪措施不同，不同类型的财产的洪灾损失率也不同。损失率的选取对洪灾直接经济损失评估十分关键，一般可以根据不同地区和承灾体类别，分别建立洪灾损失率与淹没水深的关系曲线或关系表。

洪灾损失率是比较难获取的参数，不同的受灾地区、资产类型、致灾条件等都能造成损失率的不同。这些参数都是历史发生的洪水形成的，不易通过在实验条件下模拟得到，只有通过历史洪水资料的调查分析，引用数学模型，建立相关关系取得。

研究资料表明，在损失率与洪水要素的关联程度中，淹没水深对洪灾损失率的影响是最显著的。水深与损失率的关系一般为“S”形曲线，开始阶段损失增加较缓，水深达到一定程度后损失幅度明显变大，最后当资产主要价值被损坏后，损失率增加的幅度逐渐变小，直至不再增加。

在洪灾损失调查的基础上，通过样本数据的处理分析，建立各类资产的损失率与洪水水深的相关关系，是确定洪灾损失率的关键。在确定损失关系时，应充分参考与借鉴其他相似地区的灾害损失调查资料和成果，弥补本区域数据的不足。

(3)开发模式

采用Java语言编写模型，并发布为服务供系统调用。模型输入数据包括时间—淹没面积、时间—垸内水位等淹没计算成果，洪灾灾情统计信息(耕地面积、房屋面积、人口、GDP、道路长度、工业企业数和商贸服务业企业数)，洪灾经济损失信息(城乡居民住房、家庭财产、农林牧渔业、工业、公路铁路道路交通设施、商贸业)等淹没区经济社会指标。模型输出包括洪灾灾情、洪灾经济损失等淹没损失结果。

3.2.14 工程运用效益评估模型

(1)模型作用

基于水工程调度前后各项洪水过程和指标,定量分析计算工程投入运用后的效益。

(2)模型原理

基于防洪减灾效益指标体系,结合区域经济社会发展水平和自然地理条件差异,细化洪水淹没范围内淹没水深、淹没历时、流速空间分布对受灾区的影响作用,按照重灾区、中灾区、轻灾区等分级分区,采用按计算基准年的还原洪灾损失与计算年实际洪灾损失的差值的计算方法,建立水文要素—淹没面积图谱关系,实现实时灾情评估计算;运用以人群属性分析为基础的暴露人口死亡率评估计算方法,叠加洪水特征要素、淹没影响范围要素、灾情发展态势要素,实现防洪减灾社会经济效益评估。

(3)开发模式

采用 Java 语言编写模型,并发布为服务供系统调用。模型输入数据包括方案编号、受淹耕地、受淹房屋面积、受灾人口、受影响 GDP、受淹道路长度、受淹工业企业数、受淹商贸服务业企业数。模型输出为防洪减灾效益,即灾损的变化值。

3.2.15 三峡库区回水计算模型

(1)模型作用

水库兴建后,库区沿程水位壅高,水流流速变缓,更抬高了水库的沿程水位。为确定库区淹没范围、淹没损失与浸没影响,需要进行水库回水计算推算出不同坝前水位库区沿程的水面线。对于建成后的水库,在遭遇洪水时也可以根据水情预报预测水库沿程可能的淹没水位,为库区防洪提供参考。三峡库区回水计算模型基于上游水库群不同的防洪调度方案,分析三峡水库的库区回水水面线以及因此造成的淹没范围等影响,为防洪调度提供决策依据。

(2)模型原理

回水计算主要采用非恒定流计算法和简化计算法。库区水流形态受入库洪水和坝址下泄量变化的影响,属于非恒定流范畴,可通过圣维南方程组求解,严格推求不同时间库区沿程各断面的水位变化。为进行某一洪水标准下的水库回水计算,通常以入库洪水过程线为上边界条件,采用由调度方式规定的坝前水位和泄量过程,或以水位与泄量关系为下边界条件,并取调洪开始时的入库流量与坝址泄量相等,即库区沿程处于恒定流状态下的流量和水位为初始条件,求出整个洪水过程中水库库区的流态,然后连接各断面的最高水位,即可得到水库库区回水线。简化计算法将库区水流状态近似假定为渐变恒定流，先通过推求各种极限条件的同时水面线，再取它们的包线作为所求回水线的近似解，具体计算可采用试算法，自下而上逐河段计算，即可求得整个库区的回水线。

计算河段的划分原则：①在选取的计算河段内落差不宜过大，一般在1～2m，因此在近坝区计算河段长度可取大些，越接近回水末端，计算河段长度宜越小。②计算河段两端断面的水力要素应大致代表河段平均情况，在断面变化大的河段，计算断面宜加密，在突然扩展和突然收缩段的上下端一般应布置计算断面。③在较大支流入汇处的上下游，或在较大城镇和重要防护点附近，一般应布置计算断面。④若采用水文资料绘制控制曲线，相邻两站亦应满足上述原则，否则应采用地形资料增加计算断面。

在设计阶段，回水推算成果缺乏实测资料验证，一般可按实测和调查洪水推算建库前的天然水面线，以比较所用资料和计算方法的合理性，并根据回水推算成果，点绘水面线，分析各种坝前水位和库区流量组合条件下的回水曲线变化趋势的合理性，大致有以下规律：

①建库后，库区回水位应高于天然情况下同一流量的水位，而水面比降则较为平缓。

②同一坝前水位，较小的库区流量的水面线应低于较大的库区流量的水面线，流量愈大，坡降愈陡，回水末端愈近；流量愈小，坡降愈平，回水末端愈远。

③同一库区流量，坝前水位较低的水面线应低于较高坝前水位的水面线，坝前水位愈高，坡降愈缓，回水末端愈远。

④库区同一断面以不同坝前水位的两个设计流量的水位差比较时，较高坝前水位的水位差，应小于较低坝前水位的水位差。库区两个断面在同一流量的两个不同坝前水位时，上端面的水位差应不大于下断面的水位差。

⑤在同一坝前水位和流量时，一般回水水面线离坝址愈近愈平缓，愈远愈急陡，并以坝前水位水平线和同一流量天然水面线相交线为渐近线。

在设计实践中，一般取统一设计标准的回水曲线和天然水面线高差为0.2～0.5m处为回水末端。对于一定坝前水位，流量等于零时回水末端最远，位于河底高程等于该坝前水位处。对于库区淤积后的情况，受到回水末端附近断面形状和河床比降的变化的影响，回水末端将向上移，位置可由淤积回水曲线和天然水面线近似确定。

三峡水库库区回水的计算，根据三峡库区回水计算的设计成果，从三峡坝前演算至距坝685km的朱沱水文站，整个河道被划分为140个断面。干流流量断面分别选用三峡出库、清溪场、寸滩、朱沱4个控制点的流量，库区有乌江和嘉陵江两条流量较大的支流，分别用武隆和北碚水文站的流量数据。三峡库区回水计算边界见图3.2-5。

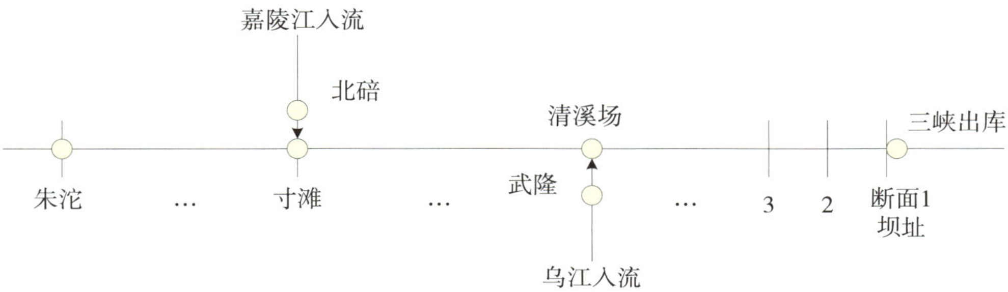

图 3.2-5 三峡库区回水计算边界

(3)开发模式

采用Java语言编写模型，并发布为服务供系统调用。模型输入数据包括三峡水库水情状态和库区关键控制点水情状态。模型输出数据主要为三峡库区各断面水位过程。

3.3 防洪调度实例化

防洪调度计算主要面向业务人员，提供流域内大型控制性水库、蓄滞洪区工程、洲滩民垸工程，以及主要防洪控制站点的防洪调度和演进模拟计算功能，主要包括水库洪水调度、蓄滞洪区交互调度、洲滩民垸交互调度、河道洪水演进、电站指标计算、调度结果分析等核心计算任务，可为水工程联合调度决策提供辅助支持。根据不同计算模式和成果管理需求，共分为常规计算、方案优化、方案管理 3 个子功能。

3.3.1 常规计算

常规计算主要用于各水库、洲滩民垸、蓄滞洪区按常规调度模型进行洪水调节。计算范围以金沙江梨园水库为起点，以长江干流八里江站为终点；区间支流方面，雅砻江、岷江、嘉陵江、乌江梯级水库，以及洞庭湖、鄱阳湖区水库均纳入计算，清江和汉江则分别以长阳、皇庄为控制边界；河道洪水演进控制节点主要包括长江干流的寸滩、枝城、沙市、莲花塘、汉口等站点；纳入计算的洲滩民垸与蓄滞洪区位于长江中游干流及两湖地区，主要包含荆江河段耀新民垸、南五洲、城陵矶河段合镇垸、复兴垸等洲滩民垸，以及荆江分洪区、钱粮湖垸、共双茶垸等蓄滞洪区。防洪调度常规计算范围见图 3.3-1。

常规计算的业务操作共分 3 个步骤：方案设置、边界约束、交互展示。首次进入方案设置界面时，边界约束和交互展示界面均处于非激活状态，不可直接点击。当边界约束和交互展示流程执行完成后，3 个页面将全部处于激活状态，用户可灵活切换。各页面数据均具备记忆功能，系统会自动记住每个页面的最新数据操作，避免信息丢失。在方案设置和边界约束调整过程中，或在计算结束后的任意时刻，均可点击新方案按钮进行重置，初始化新方案。

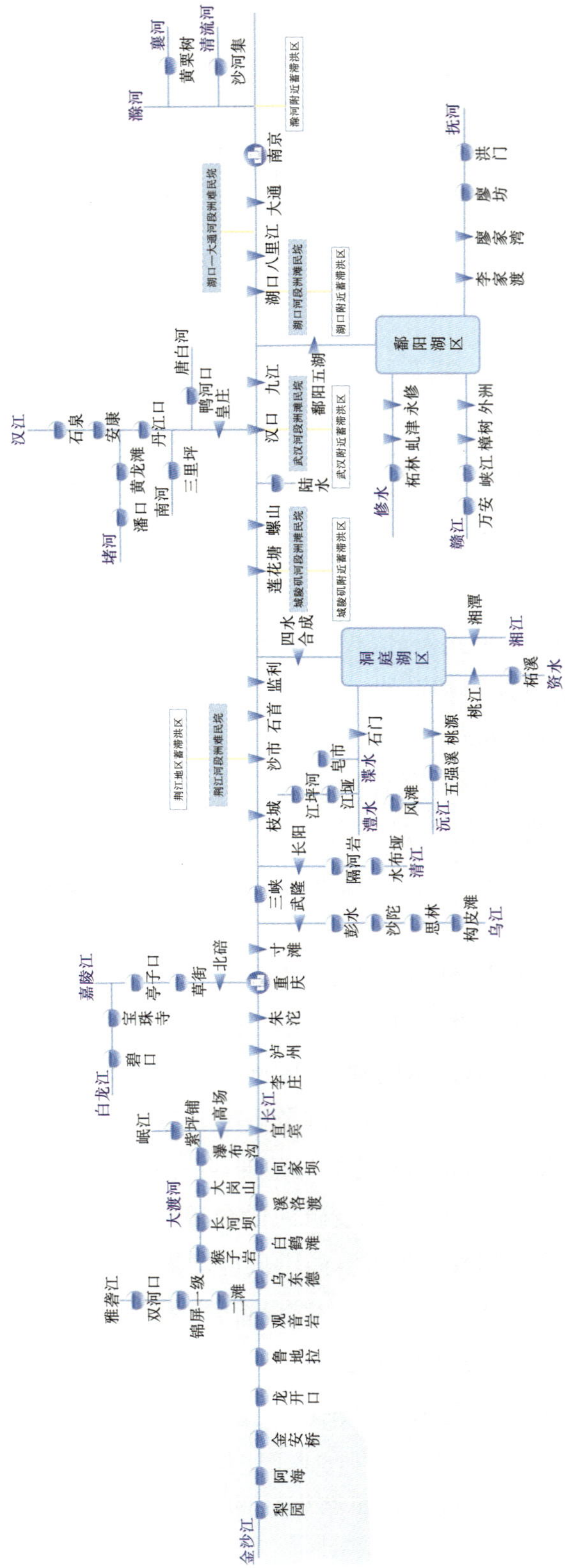

图3.3-1 防洪调度常规计算范围

(1)方案设置

计算界面总体为上下布局,上方为所有计算节点的拓扑概化图,下方为方案设置快捷面板(图 3.3-2)。用户可快速设置本次计算的时间属性并一键开启计算。在默认情况下,系统会选择流域内所有计算节点参与计算,并自动提取当前方案中所有参与计算的点对象(水库、测站等)流量过程。如果需要切换为其他流量过程,在方案初始化之前,用户可点击数据来源按钮,系统将弹出数据来源选择页面,提供实测数据或流域模拟预报洪水数据,系统将基于选定的数据来源,自动关联计算开始时间,并导入历史或预报洪水数据用于调度计算边界设置(图 3.3-3)。

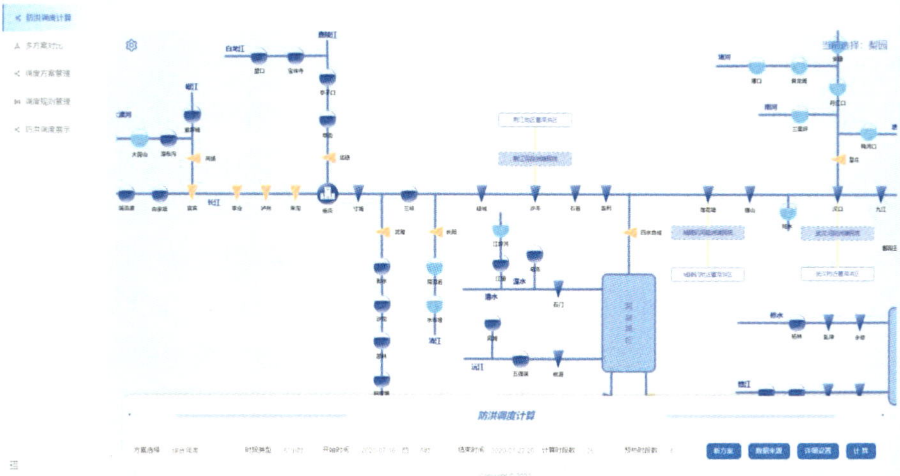

图 3.3-2　防洪调度常规计算界面

图 3.3-3　防洪调度常规计算方案数据来源选择弹框

点击详细设置进入常规计算功能详细设置界面，系统会自动创建一个计算方案，用户可自定义设置参与本次计算的对象节点、时间属性、计算流程、模型算法等方案概要信息。

1)对象节点

对象节点包括水库、河段、测站、洲滩民垸、蓄滞洪区 5 种类型，其中水库、测站、洲滩民垸、蓄滞洪区为点对象，河段为线对象。点对象是防洪调度的调节和控制节点；线对象用于衔接相邻的点对象，支撑从上游到下游的流量传播演进和水动力模拟。若河段不参与计算，则河段的上、下游节点流量将不会传递，系统会视其为两个没有水力联系的独立节点。因此，考虑到流域上下游、干支流之间存在天然的水力关系，在一般情况下，河段均应参与计算。

2)时间属性

时间属性包括当前计算方案的开始时间、时段类型、计算时段数、预热时段数。开始时间是指计算的起始时间，默认以每日 8 时为起点(即水文时间)，按时段类型自动规整到距离当前时间最近的历史时间。例如，若当前时间为 2022 年 11 月 15 日 17 时，时段类型为 6h，则起始时间为 2022 年 11 月 15 日 14 时。时段类型指每个计算时段的时间步长，一般取 3h 或 6h。计算时段数是以开始时间为起点的调度期时段个数，一般不超过预报预见期。预热时段数是以开始时间为终点的前期预热时段个数，其目的在于保障河道上下游演进过程中的流量数据衔接，计算时仅对河段对象生效，一般不小于所有河段的流量传播时间最大值。

3)计算流程

计算流程主要包括水库调度、洲滩民垸运用、蓄滞洪区运用、发电计算、分析评估、后处理。水库调度主要包括水库的洪水调节计算和河段的水流传播演进计算；洲滩民垸运用、蓄滞洪区运用包括洲滩民垸和蓄滞洪区的洪水调节计算；发电计算主要包括水库按以水定电模式的发电出力计算；分析评估主要针对水工程的洪水调节和测站的洪水演进结果，分析统计关键特征指标；后处理主要包括回水计算分析模拟。

4)模型算法

针对不同的计算流程，可设置不同对象节点的具体模型算法。在调度演进流程下，水库可设置规则调度、混合控制、调洪演算等常规调度模型；河段可设置滞时演进、马斯京根等水文演进模型；测站既不具备调节能力，也不承担演进任务，仅呈现流量或水位过程，默认为流量衔接模型。洲滩民垸默认使用分洪运用模型，蓄滞洪区可按需设置普通分洪运用或分洪运用优化模型。在发电计算流程下，水库可设置电站分配(以水定电)模型；测站无计算任务，模型置空。在分析评估流程下，水库和测站均可设置调度评估模型；河段无计算任务，模型置空。在任一计算流下，若某节点的计算模型设置为“—”，则该节点在当前方案中不参与计算。

防洪调度常规计算方案设置页面见图 3.3-4。该页面为弹框模式，覆盖对应所有计算节点的节点树和流程模型表。关闭弹框后可随时点击概化图上的计算节点或详细设置按钮再次唤出。

用户也可根据需求在功能下拉框中自主选择不同的计算范围，系统会自动推送在当前功能范围下默认参与计算的所有对象节点、时间属性，以及在不同计算流程下各对象节点的模型算法。所有信息均支持用户自定义修改，且具备强大的智慧联动功能。

图 3.3-4 防洪调度常规计算方案设置页面

节点树可灵活勾选，任一主节点的勾选状态均可批量作用于挂载在该节点之下的所有子节点，方便快速勾选，且拓扑概化图上的节点有效状态和流程模型表的设置行会与节点树的勾选状态自动关联。系统会自动识别起点与终点之间的所有干支流计算对象，并通过差异色呈现节点的有效状态(无效节点统一设置为灰显)。点击拓扑概化图上任一有效计算对象，流程模型表会自动定位到对应的设置行并高亮显示。

在流程模型表中，任意单元格可下拉设置不同的计算模型。若某对象选中的模型由单算模型变成了联算模型，则系统会将当前计算流程自动设置为联算状态，并将所有同类节点自动设置为选中的联算模型；若对象选中的模型由联算模型变成了单算模型，则系统自动解除联算状态，并将当前计算流程下的所有同类节点自动设置为默认的单算模型。

(2)边界约束

方案设置确认后，点击初始化按钮，系统会根据方案设置情况自动提取当前方案计算依赖的所有数据信息和模型参数，初始化完成后自动激活并进入边界约束页面，用户可查看参与本次计算的所有默认数据信息。

页面包含所有计算节点和所有数据信息的分类子页面，具体包括单值数值、过程值数值、特征曲线等。默认状态与方案设置页面联动。不同计算节点对应的分类子页面以及各子页面内的具体数据项各不相同，取决于当前方案中所选用的模型算法，由系统动态适配生成。

1)单值数据

单值数据主要包括各对象的所有单值型计算边界、约束、状态数据，支持用户修改(图 3.3-5)，如水库的起调水位、期初入库流量、期初出库流量、期末控制水位、出力计算方式等。

图 3.3-5　防洪调度常规计算边界约束界面——单值数据

2)过程值数据

过程值数据主要包括各对象的所有时间序列过程的计算数据，支持用户修改(图 3.3-6)，如水库的入库流量过程、最高水位过程、最低水位过程、最大出库流量过程、最小出库流量过程、最大出力过程、最小出力过程、河段的区间流量过程、站点水位流量过程，以及水库各时段控制模式等。

图 3.3-6　防洪调度常规计算边界约束界面——过程值数据

3)特征曲线

主要包括各对象的所有静态曲线数据，不支持用户修改(图 3.3-7)，如水库的水位库容曲线、泄流能力曲线、尾水流量关系曲线，以及机组的 $N—H—Q$ 曲线、预想出力曲线、水头损失曲线等。对于水库的各类曲线，在左侧下拉框可切换曲线类型，右侧下拉框则可切换该类型下不同版本的曲线。

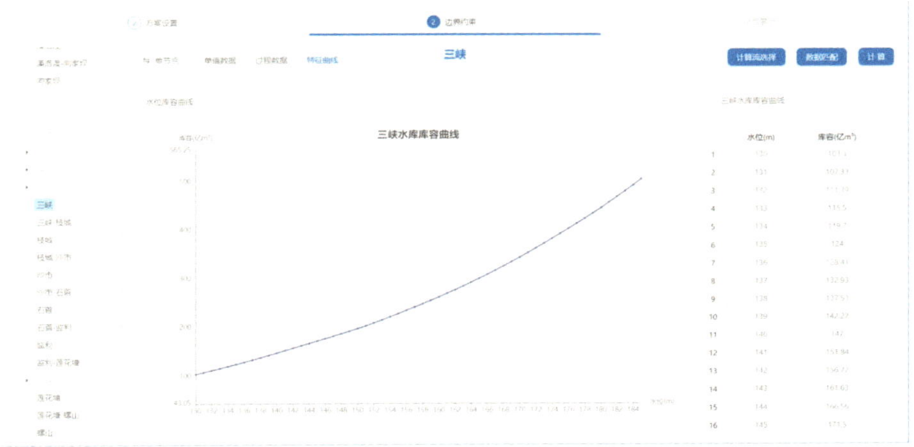

图 3.3-7　防洪调度常规计算边界约束界面——特征曲线

4)规则调度

当水库模型设置选择了应用规则调度模型时，边界约束中提供规则调度子页面，从启动时机和调度方式两个方面提供调度规则查询和编辑功能，并提供关系图谱预览展示(图 3.3-8)。

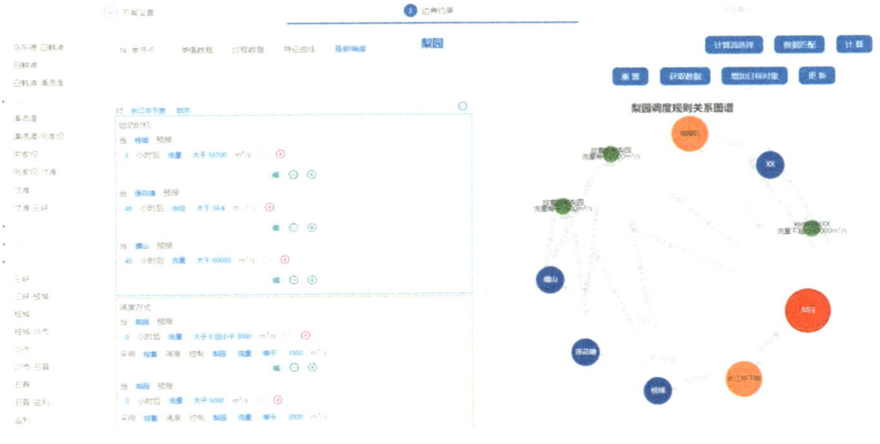

图 3.3-8　防洪调度常规计算边界约束界面——规则调度

5)洲滩民垸运用

参考关键控制站水位流量过程，选取参与本次调度计算的洲滩民垸并设置具体开启时间(图 3.3-9)。

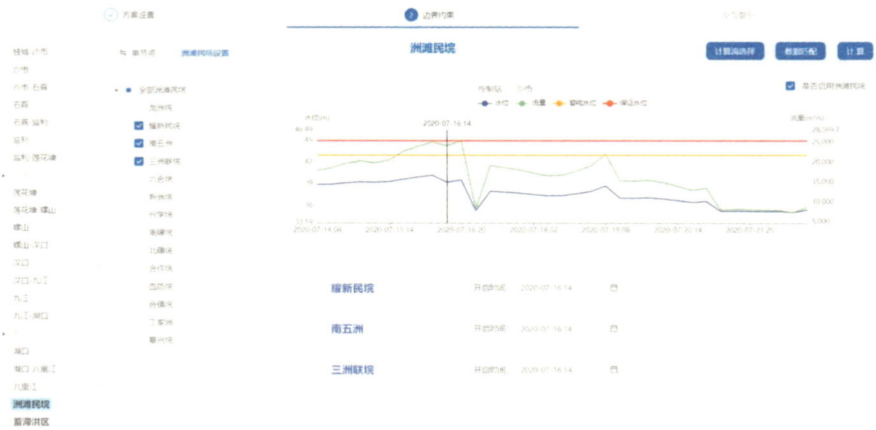

图 3.3-9　防洪调度常规计算边界约束界面——洲滩民垸运用

6)蓄滞洪区运用

参考关键控制站水位流量过程，选取参与本次调度计算的具体蓄滞洪区，并提供各蓄滞洪区开启时间、启用时长、分洪流量、最大分洪能力，以及最大分洪容积设置(图 3.3-10)。

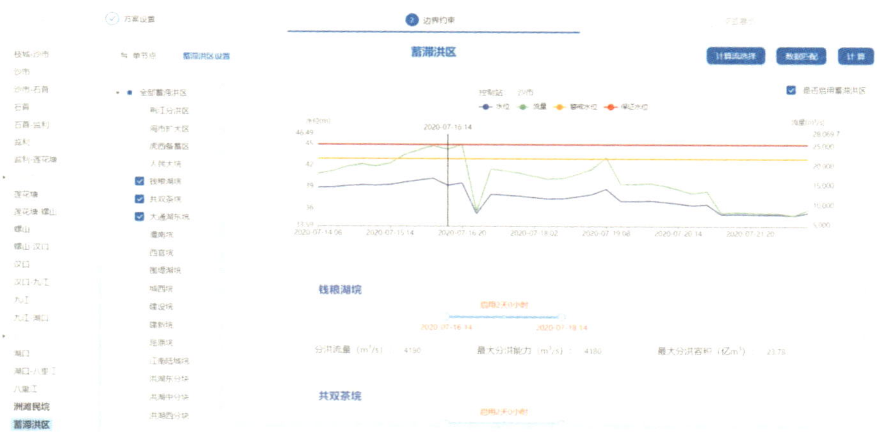

图 3.3-10　防洪调度常规计算边界约束界面——蓄滞洪区运用

上述所有信息默认为单节点展示模式，点击左侧节点树，即可查看当前选中对象的所有单值、过程值、特征曲线等信息。与此同时，系统还针对部分信息提供全局展示模式，点击单节点/全局按钮即可进行切换。

在全局展示模式下，系统会将单值、流量过程，以及模型依赖的全局参数等进行集中展示，支持用户修改(图 3.3-11)。

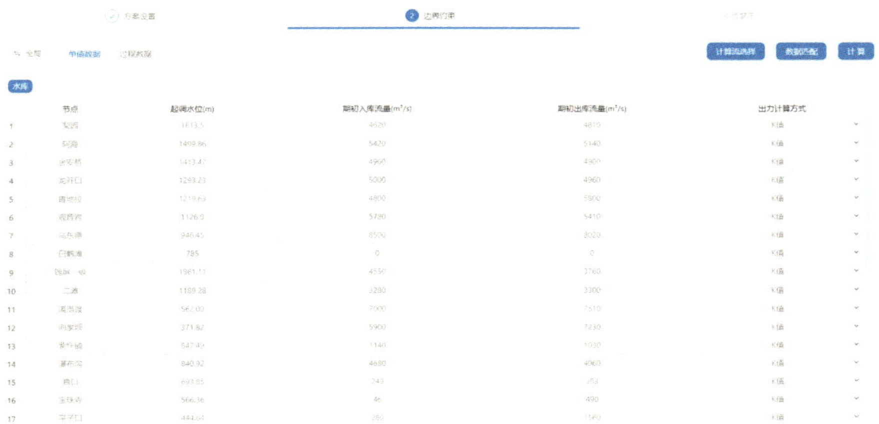

图 3.3-11　防洪调度常规计算边界约束全局展示界面

在全局展示模式下，流量过程包括所有干支流的龙头站点来水流量和所有衔接河段的区间流量过程，系统会根据方案设置界面的计算对象选择结果，自动适配生成需要输入的流量过程数据列。此外，为保障数据的唯一性，在单点展示模式和全局展示模式下，任一对象的同类数据，无论在哪个页面进行修改，系统均会自动同步。

计算流选择：方案设置时默认计算流主要包括水库调度、洲滩民垸运用、蓄滞洪区运用、发电计算、分析评估、后处理 6 个计算流程(图 3.3-12)。系统也支持用户按需对实际计算流进行裁剪。例如，可仅选择水库调度、分析评估 2 个流程，不考虑发电调度以及洲滩民垸和蓄滞洪区的联合调度影响。

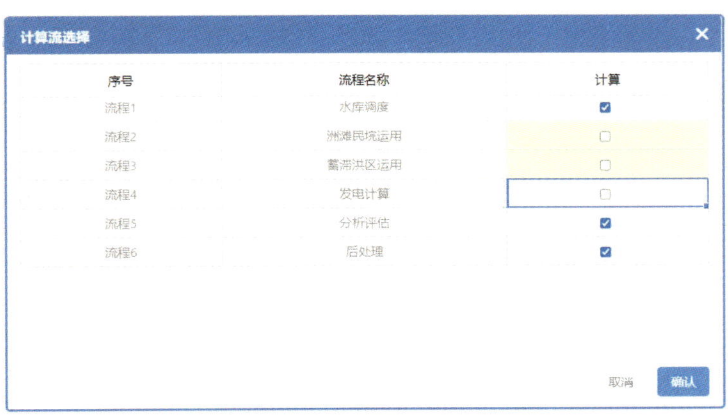

图 3.3-12　防洪调度常规计算边界约束计算流选择弹框

(3)交互展示

边界约束确认后，点击计算按钮，系统会根据方案设置和边界约束情况自动调用后台服务和模型平台接口进行计算。计算进程和完成百分比会动态推送到前端界面，计算全部完成后，系统自动激活并进入交互展示界面。用户可通过左侧节点树，切换查看各对象本次计算的所有结果信息。

1)过程数据

主要展示水库、测站、河段、洲滩民垸、蓄滞洪区等不同类型计算节点的各类过程数据结果图表。水库的数据主要包括入库流量、出库流量、坝上水位、平均出力、发电量等图表过程，在图形左上方可切换展示不同的分类指标(图 3.3-13)；测站的数据主要为水位、流量图表过程；河段的数据主要为上下边界的水位、流量图表过程；洲滩民垸和蓄滞洪区的数据主要包括参与本次调度的洲滩民垸(图 3.3-14)或蓄滞洪区(图 3.3-15)开启时间、分洪过程，以及剩余蓄洪容积信息，并展示出关键控制站调度前后的水位过程情况。

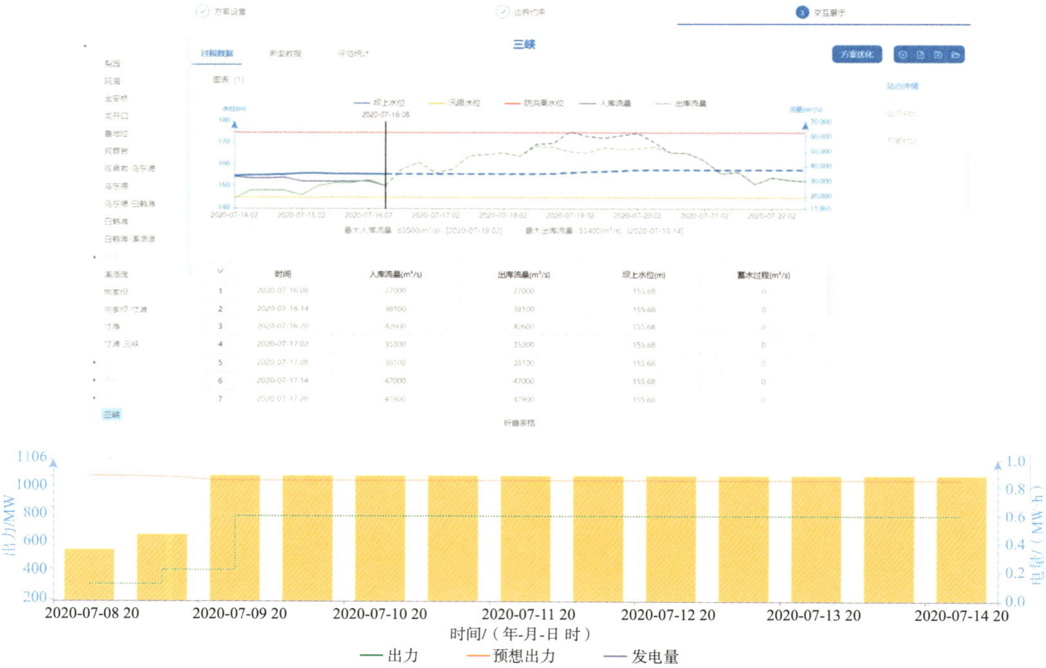

(a)出力电量

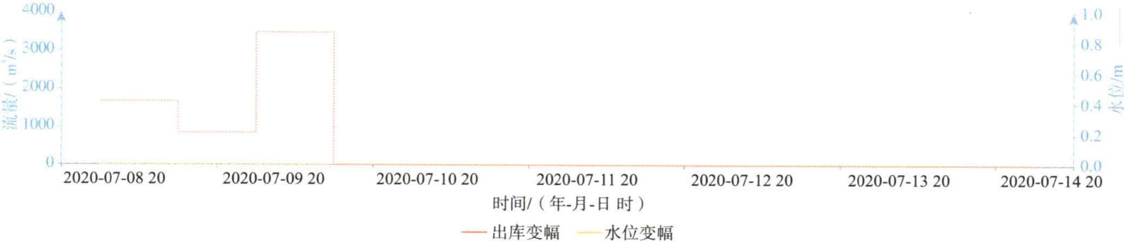

(b)变幅过程

图 3.3-13　防洪调度常规计算交互展示过程数据——水库站点详情

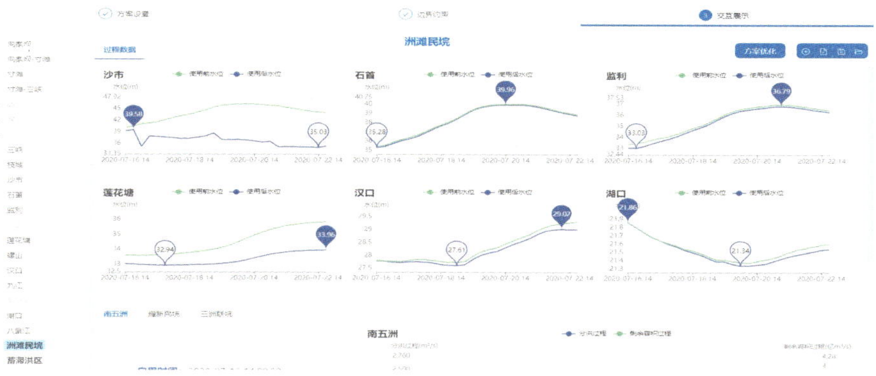

图 3. 3-14　防洪调度常规计算交互展示过程数据——洲滩民垸运用详情

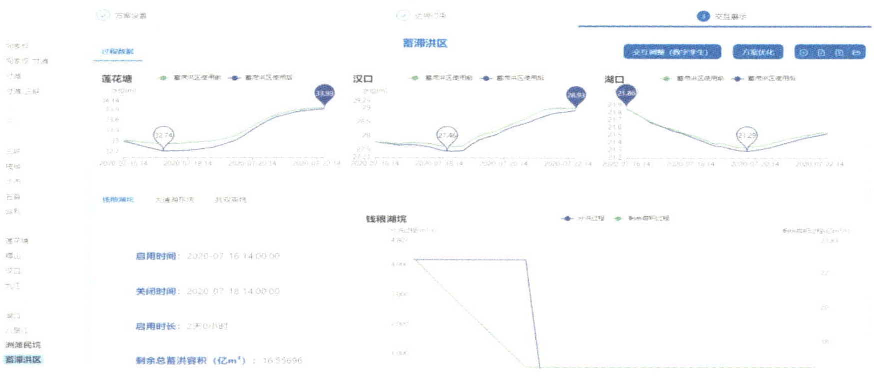

图 3. 3-15　防洪调度常规计算交互展示过程数据——蓄滞洪区运用详情

除站点详情外，过程数据子页面右侧提供站点过程对比和方案对比功能。站点过程对比功能提供本方案内不同计算节点过程值的直观展示，可从节点树上任意勾选需要查看的水库或站点，全局掌控流域内上下游水情信息(图 3. 3-16)。方案对比功能提供针对同一场来水，基于不同策略调度的方案对比，选取想要对比的方案，系统自动将已选中的计算节点在各方案内的计算结果叠加在同一图表中，方便快速对比(图 3. 3-17)。

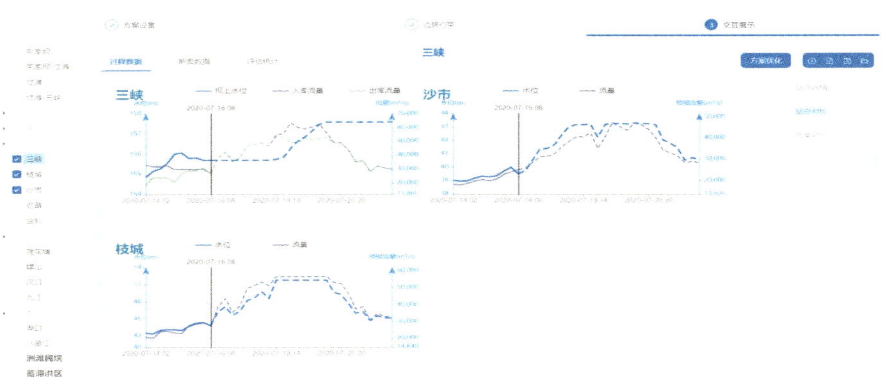

图 3. 3-16　防洪调度常规计算交互展示过程数据——站点过程对比

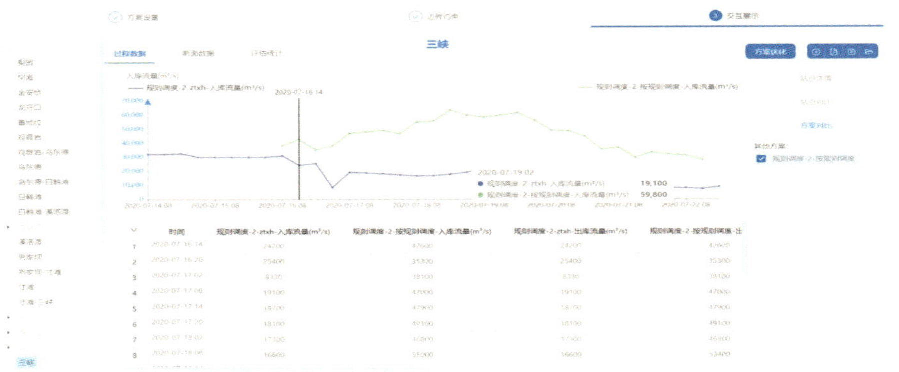

图 3.3-17　防洪调度常规计算交互展示过程数据——方案对比

2)断面数据

主要针对开展一维水动力计算的河段，展示各河道断面的水动力模拟结果过程，支持图形动态播放，可人工暂停和启动播放进度(图 3.3-18)。若水库配置了回水模型，也可在此处加载回水计算结果，查看库区淹没情况(图 3.3-19)。

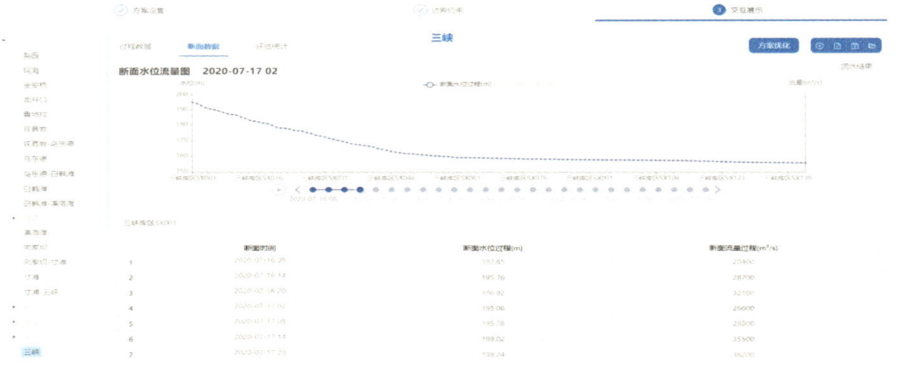

图 3.3-18　防洪调度常规计算交互展示——断面数据

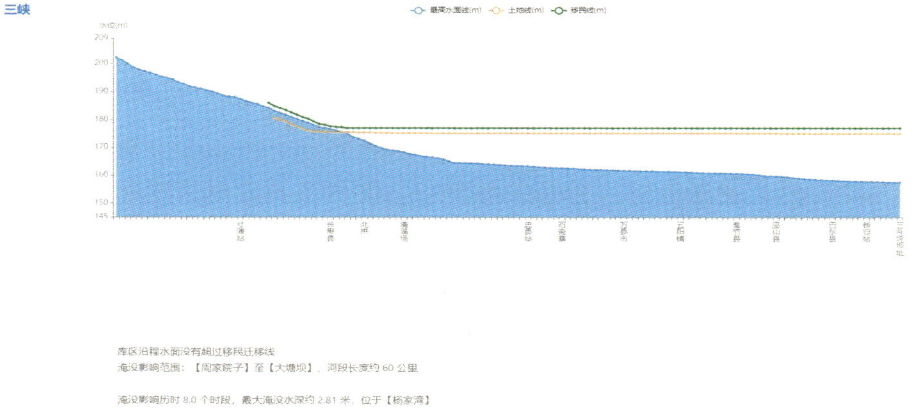

图 3.3-19　防洪调度常规计算交互展示——回水结果

3)评估统计

主要展示水库、测站等计算结果的特征指标分析统计结果(图 3.3-20)。

图 3.3-20　防洪调度常规计算交互展示——评估统计

在当前交互展示界面下,用户可返回方案设置界面查看当前方案的概要信息,还可返回边界约束界面查看计算条件。

4)方案修改

针对计算完成的方案,系统提供修改重算和方案优化两种模式的修改功能。修改重算是“由输入到输出”完整执行重算,用户返回边界约束界面修改各类输入信息。例如,可调整计算边界,或者改变水库、蓄滞洪区、洲滩民垸等的调度控制方式,然后点击计算按钮,重新调用后台的业务流和模型服务进行计算;方案优化是“由输出到输出”的局部模拟,用户基于交互展示结果表中的计算结果,打开方案优化弹框,选择交互模拟、优化调度、调度调控等具体方案优化方式进行方案修改。

5)方案暂存、保存、发布

系统提供方案暂存功能,针对未调整完的方案,用户可暂存该方案,计算结果默认存入系统缓存,调整完后可将新的计算结果和暂存结果进行快速对比分析,确认最终方案。当计算方案最终确认后,可点击右上角保存按钮,将当前方案的所有输入输出信息全部保存到数据库中。此时的方案编码由系统自动创建,不可修改。若点击另存为按钮,则用户可将当前方案的所有结果以一个自定义的新方案编码保存到数据库中。方案保存时,默认不直接发布,若确认为最终成果,可点击激活发布按钮,然后点击确定即可。

3.3.2 方案优化

系统提供两种方案优化功能。一种方案优化计算模式，水工程主要按优化调度模型进行洪水调节，其计算范围、业务操作步骤、计算流程、交互界面均与常规调度完全相同，主要区别是调度计算流程下的模型算法不同，如蓄滞洪区优化调度。另一种方案优化模式，基于交互展示结果表中方案的计算结果，主要通过人工交互模拟、优化调度、调度调控等方式进行方案修改。

(1)蓄滞洪区优化调度

为优化计算模式，各蓄滞洪区按优化调度模型进行洪水调节，各交互界面均与常规调度相同，主要区别是在蓄滞洪区运用流程下模型算法设置为“长江中下游蓄滞洪区分洪运用模型(优化)”，在优化计算模式下，边界约束里除可设置蓄滞洪区启用后的分洪流量和最大分洪能力之外，也提供针对防洪控制对象的具体控制目标和控制方式设置，实现基于调度目标的优化调度(图 3.3-21)。

图 3.3-21　防洪调度蓄滞洪区优化调度设置界面

(2)人工交互模拟

用户可根据实际需求对方案进行人机交互干预调度，可直接在交互展示的结果表中修改计算结果，指定其他被影响水库的模拟方式(水位或出库)，然后点击右上角计算按钮，重新演算(图 3.3-22)。系统根据当前修改的数据和指定的模拟方式，自动刷新存在关联影响的所有结果指标。针对蓄滞洪区，可直接调整启用的蓄滞洪区，以及启用时间、分洪流量等计算参数，系统将自动调用蓄滞洪区运用模型进行快速模拟计算，展示蓄滞洪区运用更新后相关重要控制站点水位降低情况(图 3.3-23)。

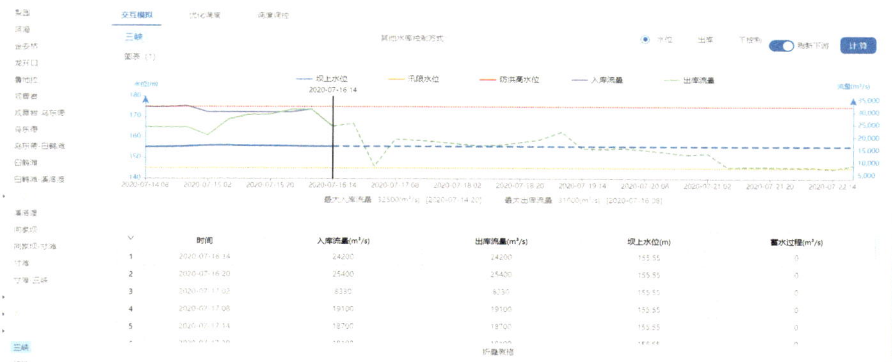

图 3.3-22　防洪调度方案优化——人工交互模拟

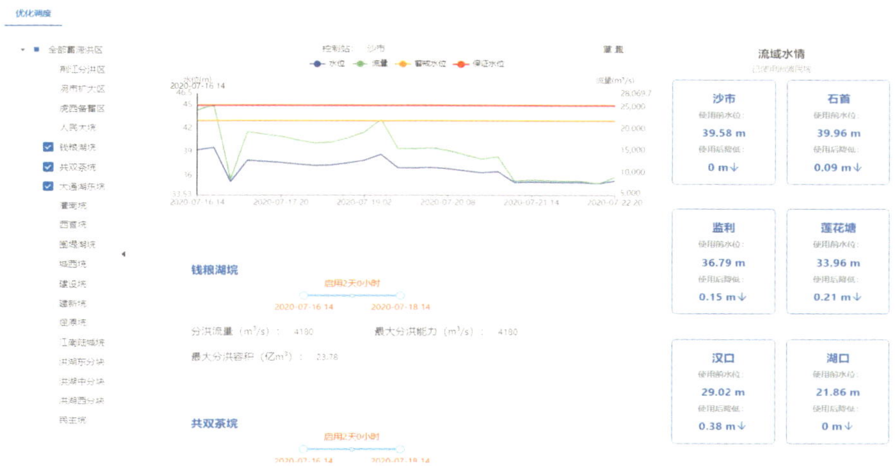

图 3.3-23　防洪调度方案优化——蓄滞洪区交互调整

(3)优化调度

当需要针对调度对象和防洪对象的特定目标进行控制时，可使用基于调度目标的优化调度。针对调度对象设置目标控制条件的运行边界(如水库水位或下泄流量等)和防洪控制对象的控制条件(如控制流量和水位等)，系统自动选择针对某优化目标的水工程联合优化模型，进行迭代寻优计算(图 3.3-24)。

图 3.3-24　防洪调度方案优化——优化调度

(4)调度调控

基于已有的水库群调度方案，针对其中需要人工交互修改的节点，可以对其水位(流量)进行最大值限制，并自动调整上游水库运行方式，确保满足控制值的要求。目前，完成了针对城陵矶地区、三峡、寸滩的水位控制，可以根据这 3 个节点的水位控制要求，考虑来水组成和水库运行约束，调整长江中上游水库下泄方式，得到满足控制条件的调度方案。

3.3.3 方案管理

方案管理包括方案的条件筛选，以及打开、收藏、删除等功能。管理界面整体按上、下布局，上方为流域概化图，下方为方案的条件筛选操作和方案条目列表区(图 3.3-25)。在列表中点击任一方案，可通过概化图直观地查看流域内水库、控制站水位和告警情况，预览对应的方案结果。点击中部的伸缩箭头，可切换拓扑概化图的显示/隐藏状态。

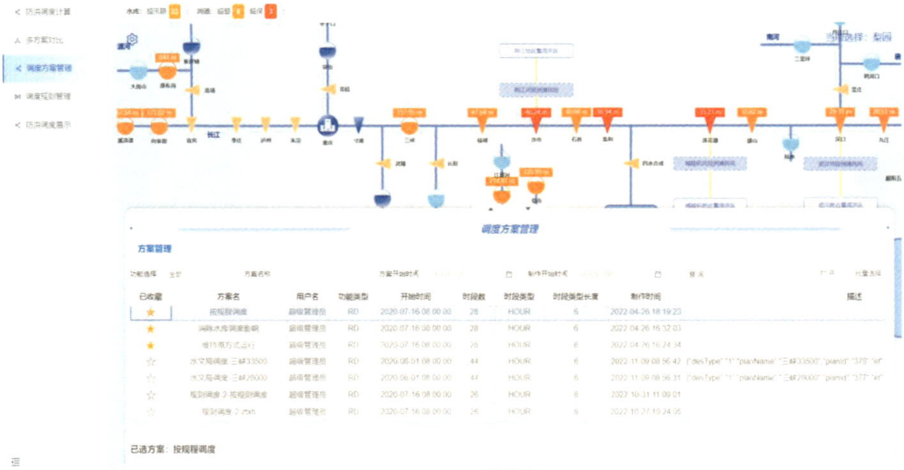

图 3.3-25　防洪调度方案管理界面

(1)方案筛选

提供数据库中所有防洪调度方案的条件筛选查询，以及方案概要信息列表清单展示功能。点击功能选择，可下拉切换不同的防洪调度方案类型，如规则调度、按出入库平衡调度、按出库控制调度、按末水位控制调度等；在方案名称处，可输入方案名称进行模糊匹配；在制作人处，可输入方案的制作人进行精准匹配；开始时间和结束时间用于设置方案调度期的起止时间范围；制作开始时间和制作结束时间用于设置方案保存数据库的起止时间范围。设置了上述条件后，点击查询按钮，系统可返回满足给定条件的防洪调度方案列表；若全部设置为空，则系统返回所有防洪调度方案列表。

(2)方案打开

针对方案列表中任一方案，在首例勾选框中勾选后，点击打开按钮，可从数据库中提取展示该方案所有节点对象的输入输出图表信息，并支持交互模拟计算。

(3)方案收藏

针对方案列表中任意一种或多种方案，激活批量选择后，可点击收藏列进行方案收藏。收藏夹中的方案始终处于显示状态。若用户不再关注，可以选中对应方案后取消收藏，此时，该方案从收藏夹中移除，但是在数据库中依然存在。

(4)方案删除

针对方案列表中任意一种或多种方案，激活批量选择后，可选择删除；点击后具备提示功能，用户二次确认后，则从当前方案列表和数据库中都删除该方案的所有数据信息；若取消，则不执行任何操作。

第4章

水量调度关键技术

4.1 总体设计

水量调度通过集成水资源监控能力建设系统的部分功能，以流域模拟业务功能中提供的相关预报为边界，以水量调度模型为基础，进一步丰富水量调度规则库，提升水量调度模型功能，并利用新技术，新建水量调度模拟仿真、水量调度方案管理等功能，为水量调度管理提供方案决策支持。此外，水量调度还纳入了长江委考核的生态水量控制断面，以生态水量断面阈值为依据，提供重点控制断面生态水量保障预警功能。水量调度系统由水量调度规则库、水量调度方案生成、水量调度模拟仿真、水量调度方案综合评估、水量调度方案管理、生态水量阈值管理、生态水量预警、生态水量调度功能组成。流域水量调度、水利工程水量调度（含水库供水、水库群蓄水、引调水工程调水等）包含在水量调度系统框架中（表 4.1-1）。

表 4.1-1　　水量调度功能模块设计

序号	模块名称	描述
1	水量调度实时规则设置模块	流域水量调度规则设置、水利工程水量调度规则设置、水量调度关联规则设置
2	水量调度方案生成模块	水量调度参数及目标设置、水量调度方案推送
3	水量调度模拟仿真模块	水利工程、流域水量、河段水量调度仿真
4	水量调度方案综合评估模块	水量调度方案对比分析、综合评估
5	水量调度方案管理模块	生态水量阈值管理、生态水量预警、生态水量调度

4.2 功能结构

水量调度主要包括水量调度实时规则设置、水量调度方案生成、水量调度模拟仿真、水量调度方案综合评估、水量调度方案管理等功能。水量调度实时规则设置功能包括流域水量调度规则设置、水利工程水量调度规则设置、水量调度关联规则设置模块；

水量调度方案生成功能包括水量调度参数设置、水量调度目标设置、水量调度方案推送模块；水量调度模拟仿真功能包括水利工程调度仿真、流域水量调度仿真、河段水量调度仿真模块；水量调度方案综合评估功能包括水量调度方案对比分析、水量调度方案综合评估模块；水量调度方案管理功能包括水量调度方案入库管理、水量调度方案审核行文模块。水量调度功能组成见图 4.2-1。

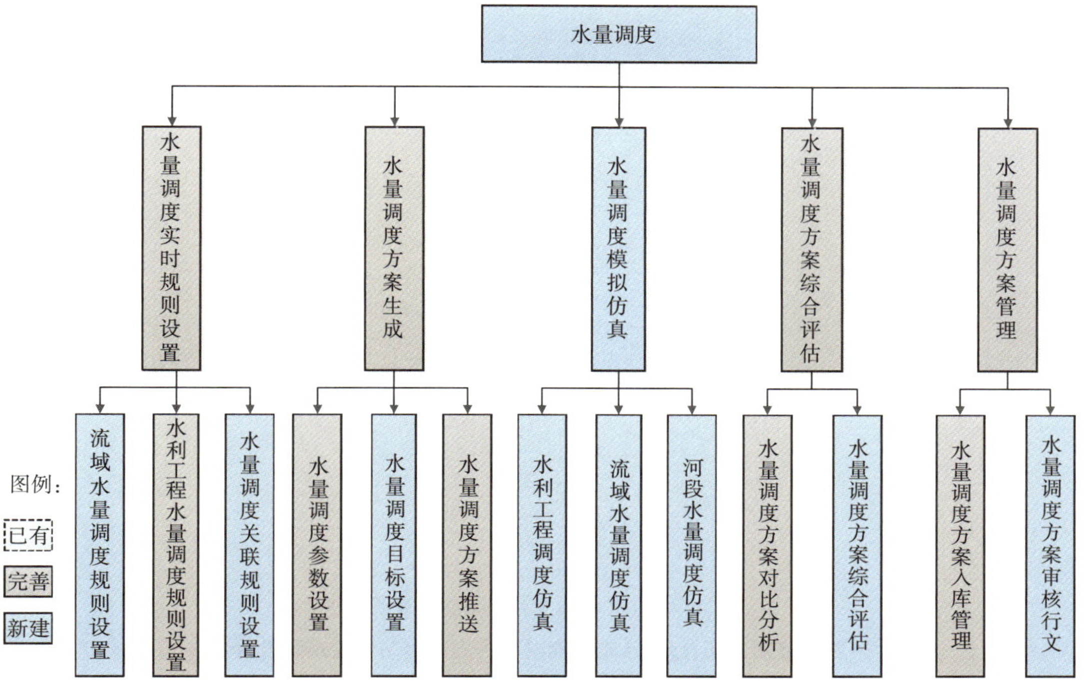

图 4.2-1　水量调度功能组成

4.3　水量调度规则设置

4.3.1　流域水量调度规则设置

将批复的流域水量分配方案、水量调度方案、水量调度计划中的各省（直辖市）分配水量、主要断面最小下泄流量、下泄水量控制指标等存入规则库，作为水量调度的约束条件（图 4.3-1 至图 4.3-4）。

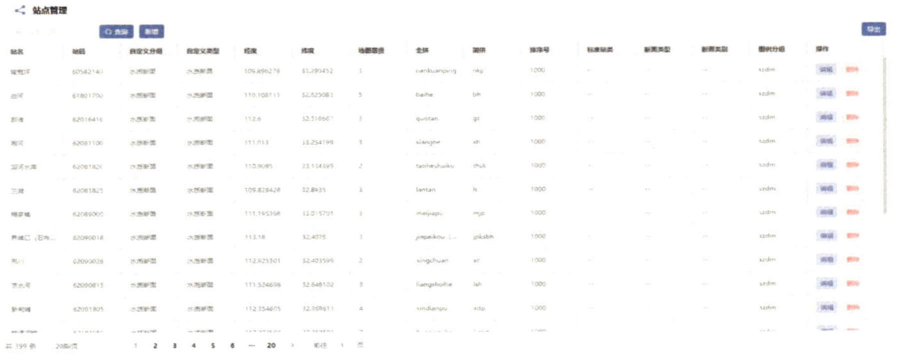

图 4.3-1　水量调度断面设置选择界面

图 4.3-2　水量调度断面指标编辑界面

（将调度对象拓扑化，点击调度对象可进行单站调度规则设置）

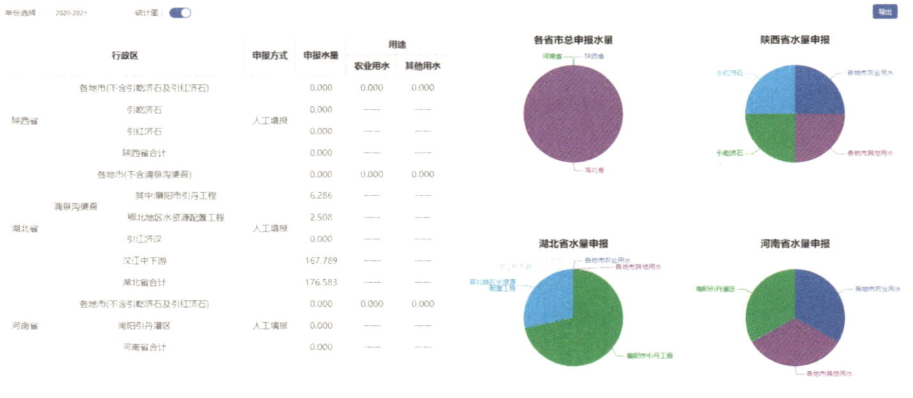

图 4.3-3　依据区域申报水量指标的条件设置界面

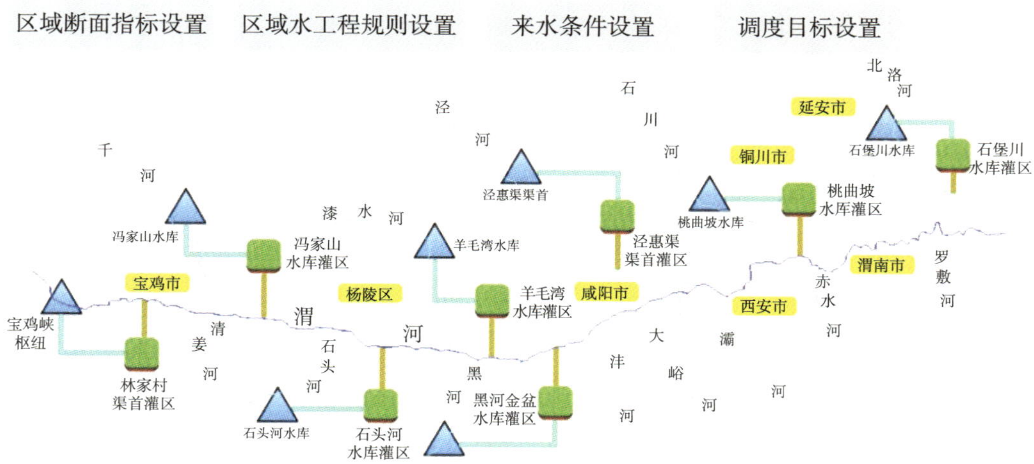

图 4.3-4　区域(流域)水量调度规则设置

4.3.2　水利工程水量调度规则设置

水利工程水量调度规则设置包括水利工程的调度规程、调度方案、水库群联合调度方案等(图 4.3-5 和图 4.3-6)。建立相关的计算模块,供系统计算时调用。

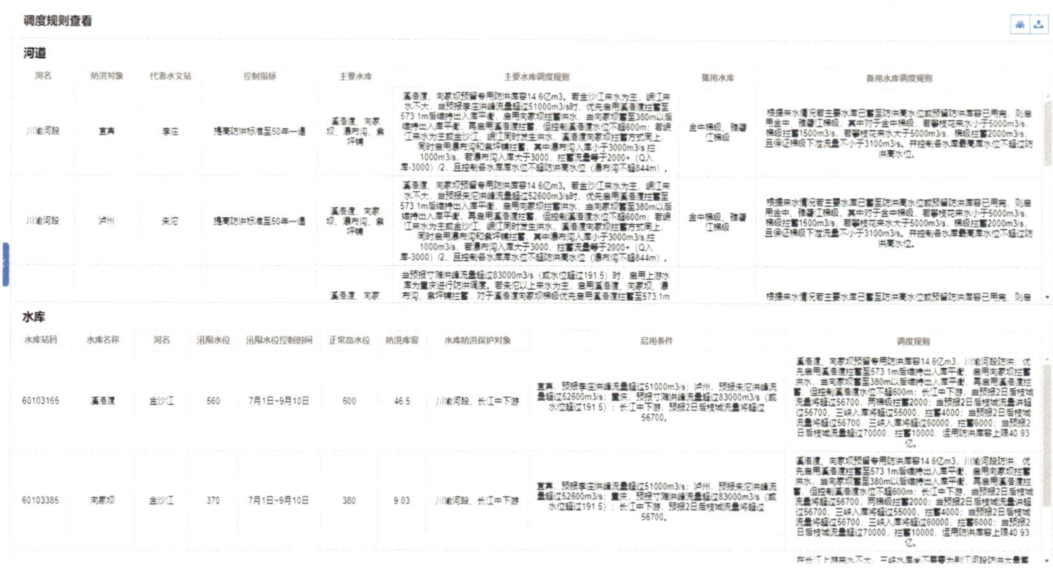

调度规则查看

河道

河名	防洪对象	代表水文站	控制指标	主要水库	主要水库调度规则	备用水库	备用水库调度规则
川渝河段	宜宾	李庄	提高防洪标准至50年一遇	溪洛渡、向家坝、瀑布沟、紫坪铺	溪洛渡、向家坝预留专用防洪库容14.6亿m3，若金沙江来水为主，岷江来水不大，当预报李庄洪峰流量超过51000m3/s时，优先启用溪洛渡拦蓄至573.1m后维持出入库平衡，启用向家坝拦蓄洪水，当向家坝蓄至380m以后维持出入库平衡，再启用溪洛渡拦蓄，但控制溪洛渡水位不超600m；若岷江来水为主或金沙江、岷江同时发生洪水，溪洛渡向家坝拦蓄方式同上，同时启用瀑布沟和紫坪铺拦蓄，其中瀑布沟入库小于3000m3/s拦1000m3/s，若瀑布沟入库大于3000，拦蓄流量等于2000+（Q入库-3000）/2，且控制各水库库水位不超防洪高水位（瀑布沟不超844m）。	金中梯级、雅砻江梯级	根据来水情况若主要水库已蓄至防洪高水位或预留防洪库容已用完，则启用金中、雅砻江梯级，其中对于金中梯级，若攀枝花来水小于5000m3/s，梯级拦蓄1500m3/s，若攀枝花来水大于5000m3/s，梯级拦蓄2000m3/s，且保证梯级下泄流量不小于3100m3/s，并控制各水库最高库水位不超过防洪高水位。
川渝河段	泸州	朱沱	提高防洪标准至50年一遇	溪洛渡、向家坝、瀑布沟、紫坪铺	溪洛渡、向家坝预留专用防洪库容14.6亿m3，若金沙江来水为主，岷江来水不大，当预报朱沱洪峰流量超过52600m3/s时，优先启用溪洛渡拦蓄至573.1m后维持出入库平衡，启用向家坝拦蓄洪水，当向家坝蓄至380m以后维持出入库平衡，再启用溪洛渡拦蓄，但控制溪洛渡水位不超600m；若岷江来水为主或金沙江、岷江同时发生洪水，溪洛渡向家坝拦蓄方式同上，同时启用瀑布沟和紫坪铺拦蓄，其中瀑布沟入库小于3000m3/s拦1000m3/s，若瀑布沟入库大于3000，拦蓄流量等于2000+（Q入库-3000）/2，且控制各水库库水位不超防洪高水位（瀑布沟不超844m）。	金中梯级、雅砻江梯级	根据来水情况若主要水库已蓄至防洪高水位或预留防洪库容已用完，则启用金中、雅砻江梯级，其中对于金中梯级，若攀枝花来水小于5000m3/s，梯级拦蓄1500m3/s，若攀枝花来水大于5000m3/s，梯级拦蓄2000m3/s，且保证梯级下泄流量不小于3100m3/s，并控制各水库最高库水位不超过防洪高水位。
				溪洛渡、向家	当预报寸滩洪峰流量超过83000m3/s（或水位超过191.5）时，启用上游水库为重庆进行防洪调度。若朱沱以上来水为主，启用溪洛渡、向家坝、瀑布沟、紫坪铺拦蓄，对于溪洛渡向家坝梯级优先启用溪洛渡拦蓄至573.1m		根据来水情况若主要水库已蓄至防洪高水位或预留防洪库容已用完，则启

水库

水库站码	水库名称	河名	汛限水位	汛限水位控制时间	正常高水位	防洪库容	水库防洪保护对象	启用条件	调度规则
60103165	溪洛渡	金沙江	560	7月1日~9月10日	600	46.5	川渝河段、长江中下游	宜宾，预报李庄洪峰流量超过51000m3/s；泸州，预报朱沱洪峰流量超过52600m3/s；重庆，预报寸滩洪峰流量超过83000m3/s（或水位超过191.5）；长江中下游，预报2日后枝城流量将超过56700。	溪洛渡、向家坝预留专用防洪库容14.6亿m3，川渝河段防洪，优先启用溪洛渡拦蓄至573.1m后维持出入库平衡，启用向家坝拦蓄洪水，当向家坝蓄至380m以后维持出入库平衡，再启用溪洛渡拦蓄，但控制溪洛渡水位不超600m；长江中下游，当预报2日后枝城流量将超过56700，两梯级拦蓄2000；当预报2日后枝城流量将超过56700，三峡入库将超过55000，拦蓄4000；当预报2日后枝城流量将超过56700，三峡入库将超过60000，拦蓄6000；当预报2日后枝城流量超过70000，拦蓄10000，运用防洪库容上限40.93亿。
60103385	向家坝	金沙江	370	7月1日~9月10日	380	9.03	川渝河段、长江中下游	宜宾，预报李庄洪峰流量超过51000m3/s；泸州，预报朱沱洪峰流量超过52600m3/s；重庆，预报寸滩洪峰流量超过83000m3/s（或水位超过191.5）；长江中下游，预报2日后枝城流量将超过56700。	溪洛渡、向家坝预留专用防洪库容14.6亿m3，川渝河段防洪，优先启用溪洛渡拦蓄至573.1m后维持出入库平衡，启用向家坝拦蓄洪水，当向家坝蓄至380m以后维持出入库平衡，再启用溪洛渡拦蓄，但控制溪洛渡水位不超600m；长江中下游，当预报2日后枝城流量将超过56700，两梯级拦蓄2000；当预报2日后枝城流量将超过56700，三峡入库将超过55000，拦蓄4000；当预报2日后枝城流量将超过56700，三峡入库将超过60000，拦蓄6000；当预报2日后枝城流量超过70000，拦蓄10000，运用防洪库容上限40.93亿。

图 4.3-5　调度规则库文本入库

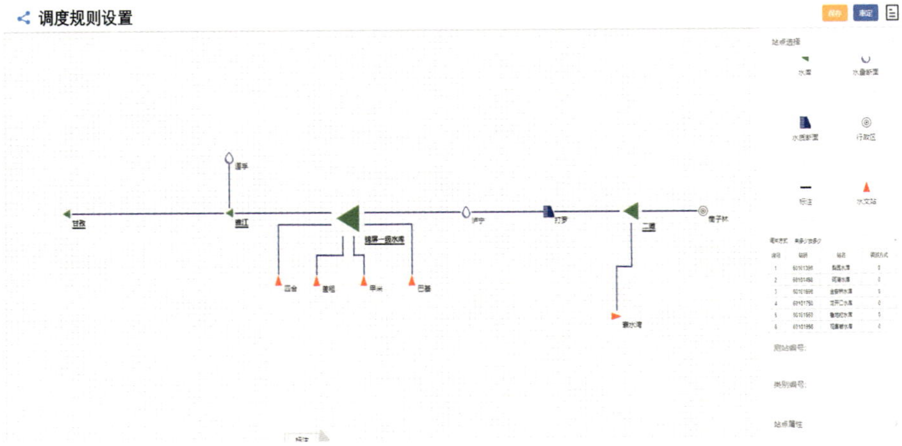

图 4.3-6　基于概化图的调度规则设置

4.3.3　水量调度关联规则设置

控制断面、河段、水利工程、供水对象之间的水利拓扑关系和调度关联关系。具体表现为河段与控制断面的划分关系、控制断面最小下泄流量需求与水利工程下泄流量的关系、水利工程与供水对象的对应关系、供水对象与河段河道外用水的关系等(图 4.3-7)。

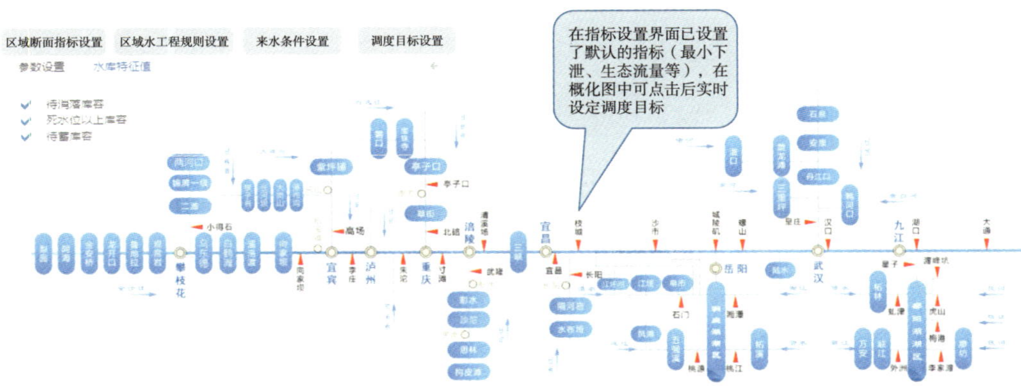

图 4.3-7　基于概化图的调度关联规则设置

4.4　水量调度方案生成模块

4.4.1　水量调度参数设置

水量调度对象包括流域重要水利工程(重要水库、引调水工程、涵闸、泵站等)、供水对象、控制断面等。调度对象的计算参数包括来水量、需水量、水库特征水位、引调水工程规模、涵闸、泵站的设计流量等(图 4.4-1)。

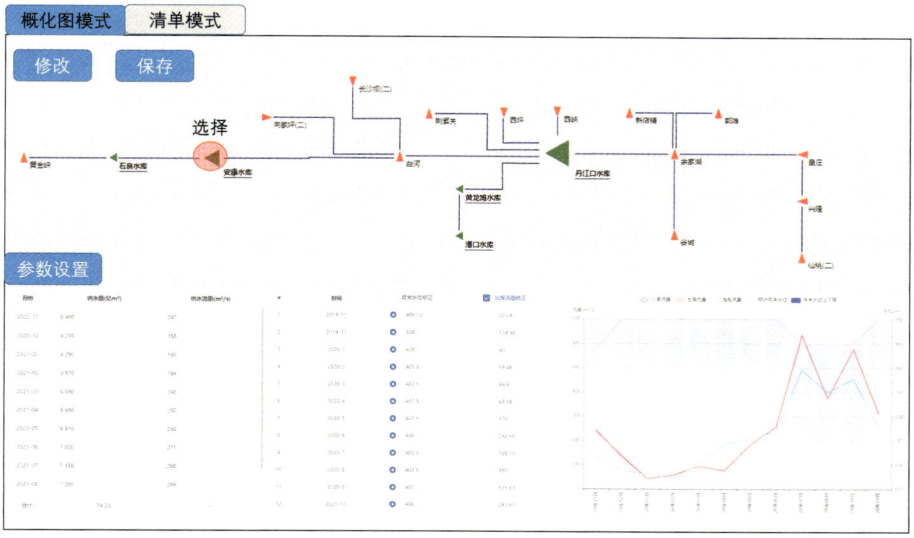

图 4.4-1　基于概化图的调度参数设置

本模块可基于调度规则，在来水和调度目标完成的条件下，自动生成调度方案，同时可根据实时需求，对水工程、供水对象、控制断面的参数进行实时调整，再次计算生成多种方案。

4.4.2　水量调度目标设置

水量调度目标设置包括调度对象的供水量、供水保证率、水库发电量等一系列目标（图 4.4-2）。

图 4.4-2　批量调度目标设置或单点调度目标设置

4.4.3　水量调度方案推送

建立水利工程与调度目标节点的拓扑关系，采用水量调度模型开展计算。根据调度结果中的计算目标进行排序，智能遴选、推送最优调度方案（图 4.4-3 至图 4.4-5）。

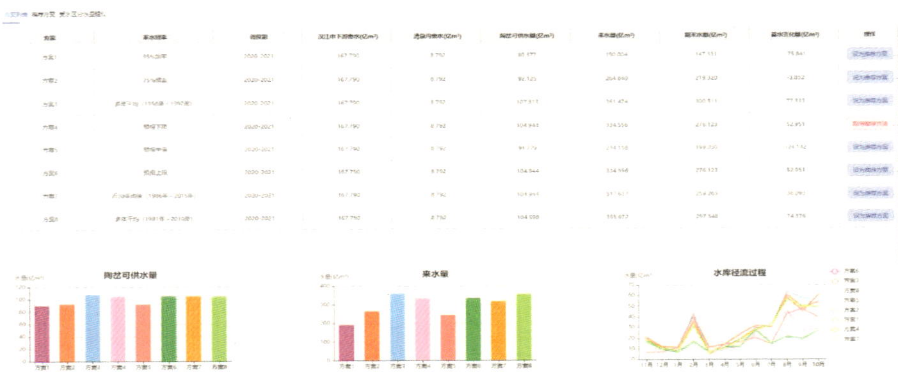

图 4.4-3　多种调度方案计算，方案关键指标对比

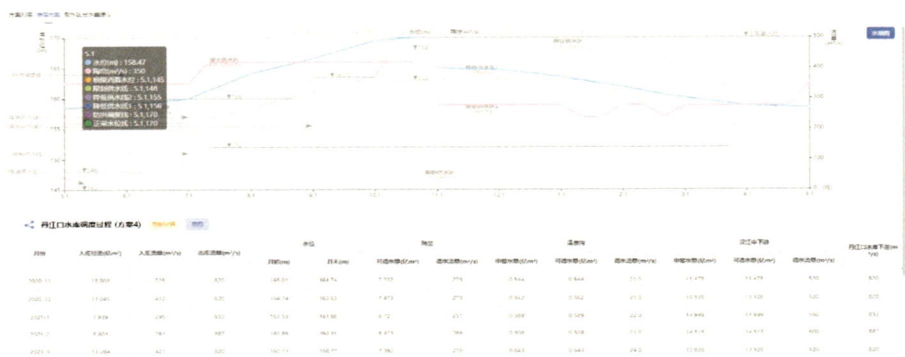

图 4.4-4　单种方案计算详情(调度过程图、表)

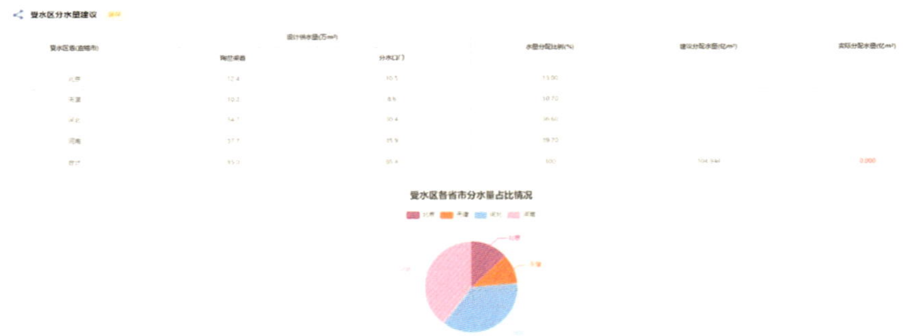

图 4.4-5　推荐调度方案的预期效果

4.5　水量调度模拟仿真模块

4.5.1　水利工程调度仿真

利用 GIS 技术进行水利工程调度仿真，采用可视化展示，显示实时水库水位、渠道流量等调度信息(图 4.5-1)。

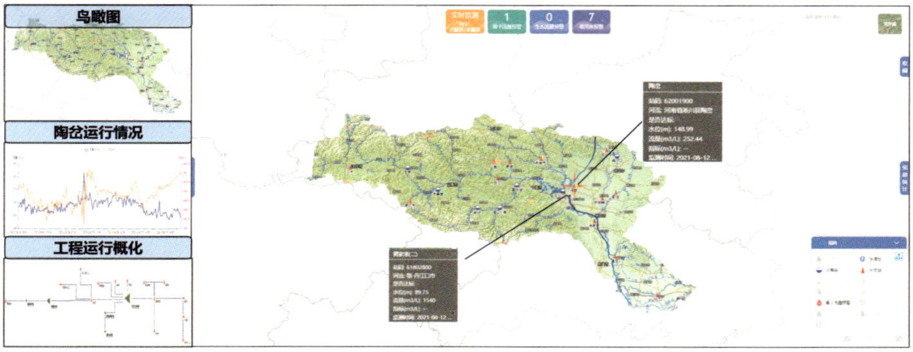

图 4.5-1　基于 GIS 的水量调度仿真展示界面

其中，在一张图上，支持实时查询流域内各水利工程的运行状态。系统通过悬浮式气泡概览关键指标，点击后弹出悬浮窗，呈现工程运行水位、流量等要素的过程线，以及下游河道、引水渠道沿线布设的监测断面，以渐变色直观标识当前时段相较上一时段的差异，实现运行状态的时空可视化效果展示。

4.5.2　流域水量调度仿真

利用 GIS 技术进行流域水量调度仿真，采用可视化展示，显示流域供水范围、供水对象位置、与水利工程的关系、供水满足程度、缺水程度等信息（图 4.5-2）。

当鼠标悬浮在流域分区上时，右侧浮框中会显示流域控制性水利工程的蓄水量和可供水量，一般用柱状图展示，同时可配合列表展示的形式；显示本流域用水计划（通常为年度用水计划或月度用水计划），一般用饼状图形式展示；通过可供水量与用水量计划的比对，实时显示供水满足程度、缺水程度情况。

单击选定流域，会出现弹窗，展示针对流域内水利工程的蓄、供情况。以列表和图形结合的形式，展示不同时间尺度的水量调度情况、计划执行情况。

点击工程运行概化图，可以同步在 GIS 底图上显示概化图中工程站点和重要控制断面的位置，以突出渲染的形式将各站点及站点名略微放大，以便查看。

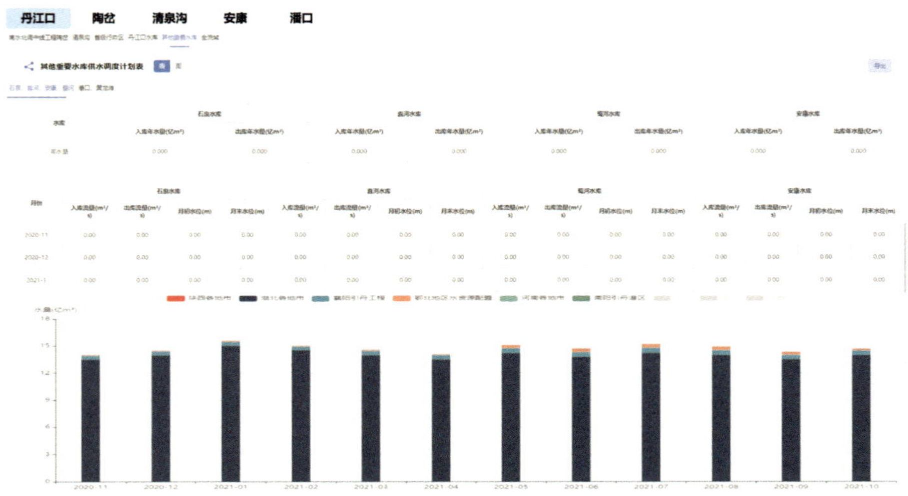

图 4.5-2　水量调度仿真展示界面

4.5.3　河段水量调度仿真

根据河段流量、水位等计算结果，以及河段与水利工程取水水位要求等关系，结合城市 GIS 高清地图数据，以等高线为计量手段，实现河段水量调度结果仿真，直观展示河段与沿岸取用水户的供水关系，以及水位、流量与取水要求的关系。

4.6　水量调度方案综合评估模块

4.6.1　水量调度方案对比分析

根据不同水量方案计算结果，分析水利工程运行过程、供水满足情况、调度目标实现值等，采用报表形式和基于 GIS 的可视化查询、展示功能进行对比分析(图 4.6-1)。

通过水量调度模型，设定初始条件和目标后，计算出不同的水量调度方案，通过多种方案列表展示，以及各方案详情展示相结合的方式，选取水量调度的关键指标展示和对比。

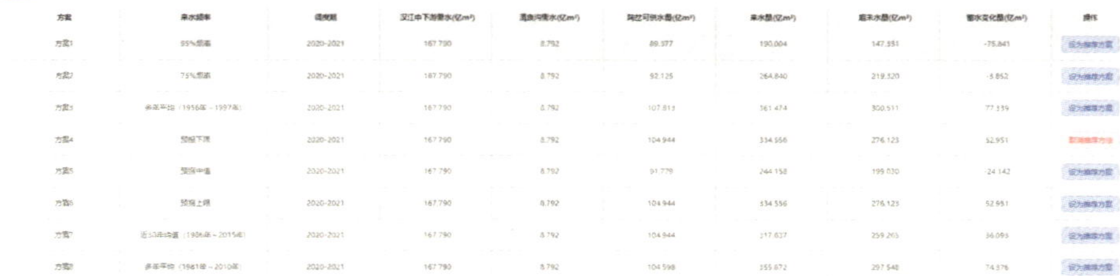

图 4.6-1　水量调度方案对比界面

4.6.2　水量调度方案综合评估

构建水量调度计划评估指标体系和评估模型，评价方案对生态、供水、发电、航运等方面的影响，开展水量调度计划综合效益评估(图 4.6-2)。

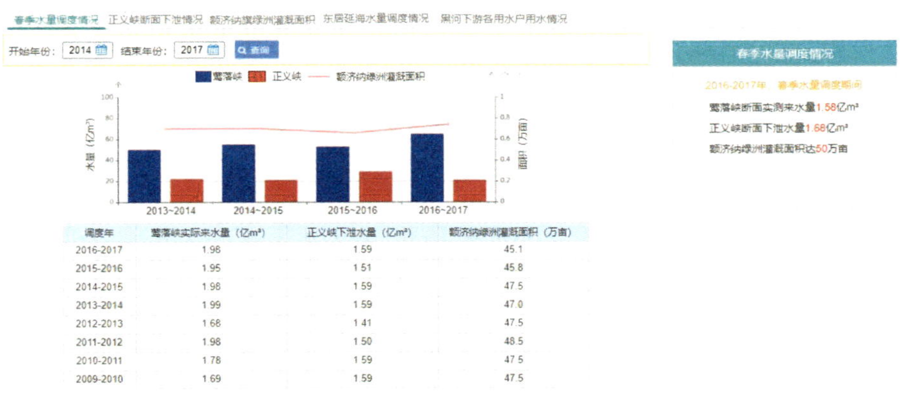

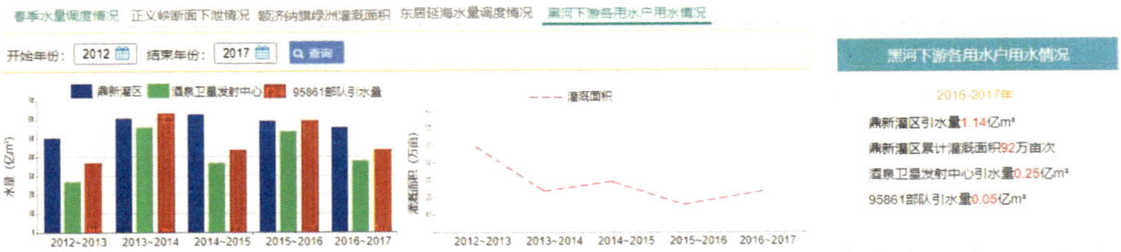

调度年	酒泉卫星发射中心引水量/亿m³	95861部队引水量/亿m³	鼎新灌区	
			引水量/亿m³	累计灌溉面积/万亩
2016-2017	1.14	1.14	1.14	92
2015-2016	1.13	1.13	1.13	75
2014-2015	1.13	1.13	1.13	89
2013-2014	1.25	1.25	1.25	74
2012-2013	1.41	1.41	1.41	112
2011-2012	1.21	1.21	1.21	59
2010-2011	1.32	1.32	1.32	64

图 4.6-2　水量调度方案综合评估界面

通过指标体系和评估模型，分区（流域片区、行政片区）、分对象（水库下泄、引调水工程、取水户）对水量调度执行情况和效益进行评估。展示结果可以分单点对象展示，也可以根据模型计算结果，对区域效益进行分类统计后展示。以图（柱状图、饼状图、过程线图为主）和表相结合的形式展示，同时会根据评价效益情况，形成概述性文字，或定制化表格，为后续编制总结、编写材料提供支撑。

第5章 泥沙调度关键技术

5.1 泥沙调度模型

5.1.1 模型简介

在水库的运行管理和生产调度等实际过程中，进行泥沙冲淤预测是水库科学调度中最大限度地减少水库泥沙淤积和改善泥沙淤积形态的基础，而水沙数学模型作为除河工模型外最为常用的泥沙冲淤预测工具，在水库泥沙预报和泥沙调度中起着重要作用。

一维水沙数学模型主要用于河道（水库）长时间和长距离的水沙运动模拟，以获取水流和泥沙要素，并对河床变形进行定量计算。目前，模型在理论基础和数值离散格式方面都较为成熟，在河道（水库）水沙输移和泥沙冲淤模拟方面得到广泛的应用。但是这些模型均需要在预测输入边界条件的情况下，才能实现对水库排沙和河道冲淤的预测。此外，对于未控区间来沙占比较大的情况，还应考虑区间的来水来沙。因此，泥沙调度模型在集成单站水沙模型和区间降水产流产沙模型边界条件预报的基础上，结合一维水沙数学模型，实现水库排沙和河道冲淤的预测预报，支撑水库实时泥沙调度。泥沙调度模型技术路线见图 5.1-1。

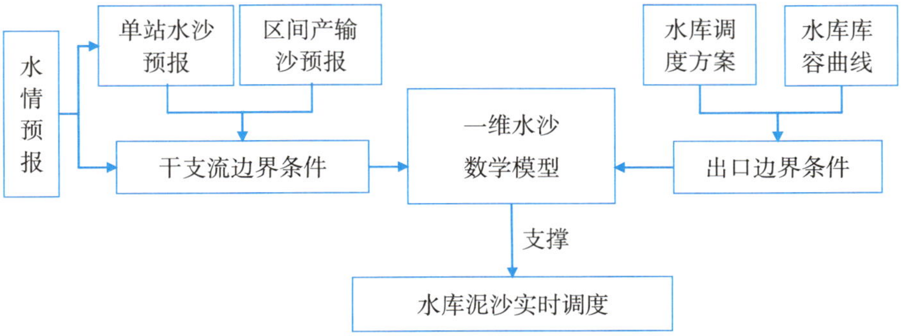

图 5.1-1　泥沙调度模型技术路线

5.1.2 单站水沙模型

(1)单站水沙关系

主要根据流量—含沙量关系拟合得到：

$$S=f(Q)$$

式中，S——含沙量；

Q——流量。

(2)上下游水沙关系

当上游由多条支流汇集时，则可采用合成含沙量计算公式：

$$S_{合}=\frac{\sum(Q_{支流}\times S_{支流})}{\sum Q_{支流}}$$

当存在上下游站关系时，利用多来多排的特性，建立关系公式：

$$S_{下,t}=kQ_{下,t}^{\alpha}S_{上,t-1}^{\beta}$$

式中，$S_{合}$，$S_{支流}$，$S_{下,t}$，$S_{上,t-1}^{\beta}$——合成含沙量、支流含沙量、t 时刻下游站含沙量、$t-1$ 时刻上游站含沙量；

$Q_{支流}$、$Q_{下,t}^{\alpha}$——支流流量、t 时刻下游站流量；

k、α、β——待定系数。

5.1.3 区间降水产流产沙模型

(1)降水产流

降水—径流经验相关方法是一种研究降水—径流问题的常规经验方法，主要根据研究区产流特点，用流域平均降水量(P)、相应径流深(R)和前期影响雨量(P_a)建立经验相关图。

流域前期影响雨量采用递推公式计算，并以流域土壤最大损失量(I_m)进行控制。单站前期影响雨量的计算公式为：

$$P_{a,t+1}=K(P_{a,t}+P_t)$$

式中，$P_{a,t+1}$——第 $t+1$ 日的前期影响雨量；

$P_{a,t}$——第 t 日的前期影响雨量；

P_t——第 t 日的降水量；

K——土壤含水量的日消退系数或折减系数。

P_a 值按雨量站分块计算，全流域的 P_a 值由各块 P_a 值加权计算得到。

采用日平均流量数据计算径流深，径流深 R 的计算公式为：

$$R = 3.6\frac{Q \cdot \Delta T}{F}$$

式中，ΔT ——计算时段；

F ——流域面积。

根据$(P+P_a)\sim R$ 的相关关系分析，可以表示为确定的函数式：

$$R = f(P + P_a)$$

采用 SCEM 算法率定模型参数，其方程为：

$$R = \begin{cases} k\ \mathrm{e}^{\delta(P+P_a)} & (P + P_a < X_m) \\ a(P + P_a) + b & (P + P_a > X_m) \end{cases}$$

式中，k ，b ，a ——回归系数；

X_m ——降水径流关系临界值。

(2)流域产沙

流域产沙一般分为坡面产沙和沟道产沙。

1)坡面产沙

坡面产沙的实质是径流切应力和土壤切应力的相互作用，当径流对土壤的拖拽力大于土壤对水流的抵抗力时，坡面产生侵蚀。计算公式为：

$$S_S = \begin{cases} S_C - R_{EM}\left[1-\left(1-\dfrac{S_C}{R_{EMM}}\right)^{BS+1}\right] & (S_C < R_{EMM}) \\ S_C - R_{EM} & (S_C \geqslant R_{EMM}) \end{cases}$$

式中，S_C ——坡面挟沙能力，即不考虑土壤抵抗力时流域坡面处有足够供水流挟带的疏松土壤，此时径流冲刷的侵蚀量。坡面挟沙能力受降水影响。

当降水量小于一定值，坡面几乎不发生侵蚀，此时坡面挟沙能力较小，甚至趋近于0。其数学表达式为：

$$S_C = \begin{cases} C_M^1 \cdot R \cdot A & (P < P_m) \\ C_M^2 \cdot R \cdot A & (P > P_m) \end{cases}$$

式中，P_m ——侵蚀性降水；

C_M^1 ，C_M^2 ——降水量小于和大于侵蚀性降水的坡面水流最大可能含沙量；

R ——流域的坡面平均水流深度；

A ——流域面积。

流域的抗侵蚀能力 R_{EM} 的计算公式为：

$$R_{EM} = \int_{\alpha_0}^{1} R_{EC}\,\mathrm{d}\alpha = (1-\alpha_0)\frac{R_{EMM}}{(B_S+1)}$$

式中，R_{EC} ——土壤的抗侵蚀能力；

R_{EMM} ——流域最大的抗侵蚀能力；

B_S ——土壤抗侵蚀能力分布曲线指数；

α ——抗侵蚀能力小于 R_{EC} 的面积比；

α_0 ——土壤抗侵蚀能力为 0 的面积比例。

2)沟道产沙

沟道产沙的计算公式为：

$$S_G = C_G \cdot Q$$

式中，S_G ——沟道侵蚀产沙速率；

Q ——沟道径流量；

C_G ——沟道产沙含沙量。

根据拜格诺河道水流悬移质泥沙公式来推求 C_G，得到 S_G 的表达式为：

$$S_G = C_{GM}\left(\frac{\ln(Q+1)}{L_Q}\right)^{B_v} Q$$

式中，C_G ——沟道水流含沙量；

Q ——沟道水流流量；

C_{GM} ——沟通水流达到平均流速时的平均沟道产沙浓度；

L_Q ——时间平均值；

B_V ——常系数。

因此，流域产沙量 S 为坡面产沙量和沟道产沙量之和的表达式为：

$$S = S_S + S_G \cdot \Delta T$$

式中，ΔT——时段长。

流域产沙参数及意义见表 5.1-1。

表 5.1-1　　流域产沙参数及意义

参数	物理意义
C_M^1	降水量小于侵蚀性降水的坡面水流最大可能含沙量
C_M^2	降水量大于侵蚀性降水的坡面水流最大可能含沙量
P_m	侵蚀性降水
R_{EMM}	流域最大的抗侵蚀能力
α_0	土壤抗侵蚀能力为 0 的面积比例
B_S	土壤抗侵蚀能力分布曲线指数，反映抗侵蚀能力空间分布的不均匀性
C_{GM}	沟道水流达到平均流速时的沟道产沙浓度
B_V	常系数

5.1.4　一维水沙数学模型

(1)模型基本方程及求解

天然河道里的洪水波运动属于非恒定流，因此可用圣维南方程组描述流域范围内的河道一维水流运动。计算模拟采用一维非恒定流、非均匀沙的水沙数学模型。同时长江上游支流众多，支流的水沙演进影响着干流的水沙过程，在建立水库一维非恒定泥沙模型时应同时考虑干支流水沙运动，模型引入汊点模式，构建成一维河网水沙模型。

1)单一河道水沙运动方程

水流连续方程：

$$\frac{\partial A}{\partial t}+\frac{\partial Q}{\partial x}=\frac{q}{\Delta x}$$

水流动量方程：

$$\frac{\partial Q}{\partial t}+\frac{\partial}{\partial x}\left(\alpha\frac{Q^2}{A}\right)+gA\left(\frac{\partial Z}{\partial x}+\frac{Q|Q|}{K^2}\right)=\frac{qv}{\Delta x}$$

悬移质连续性方程：

$$\frac{\partial (AS_k)}{\partial t}+\frac{\partial (QS_k)}{\partial x}+a_kB\omega_k(S_k-S_k^*)=S_cq$$

悬移质河床变形方程：

$$\frac{\partial (\gamma'_s\Delta A)}{\partial t}=\sum_{k=1}^{n}a_kB\omega_k(S_k-S_k^*)$$

水流挟沙力公式：

$$S_*=S_*(U,h,\omega,\cdots)$$

式中，α ——流量修正系数，$\alpha=\dfrac{A\int_A u^2\mathrm{d}A}{Q^2}$；

K ——流量模数，$K^2=\dfrac{A^2R^{4/3}}{n^2}$；

B ——水面宽；

A ——过水面积；

Q ——流量；

Z ——水位；

n ——Manning 糙率系数；

q 、v ——侧向流量和流速；

下标 k ——泥沙分组编号；

S_k 、S_k^* ——断面分组平均含沙量及挟沙力；

S_c ——支流含沙量；

γ'_s ——干容重；

ΔA ——冲淤面积；

x ——沿程距离；

t ——时间；

ω_k ——泥沙颗粒静水分组沉速；

α_k ——分组恢复饱和系数。

2)汊点连接方程

流量衔接条件：进出每一汊点的流量必须与该汊点内实际水量的增减率相平衡，即

$$\sum Q_i = \frac{\partial \Omega}{\partial t}$$

式中，Ω——汊点的蓄水量，若将该点概化为一个几何点，则 $\Omega=0$。

动力衔接条件：若汊点可以概化为一个几何点，出入各个汊道的水流平缓，不存在水位突变的情况，则各汊道断面的水位应相等，即

$$Z_1 = Z_2 = \cdots = \overline{Z}$$

汊点输沙平衡方程：根据各分流河段进口断面挟沙力 S_k^* 确定汊点分沙比，认为各分流河道进口含沙量存在下式关系：

$$S_1 : S_2 : S_3 \cdots = S_1^* : S_2^* : S_3^* \cdots$$

由于挟沙力与流速的高次方成正比，因此该模式实际是以流速为主分配沙量的，当各分流口门流速相近时，就变成分流比模式。

3)水流方程的求解

在计算过程中为减少计算工作量，避免迭代，引入了线性化的 Preissmann 加权偏心隐格式，求解水流方程。Preissmann 加权偏心隐格式原理见图 5.1-2。对于断面 j 、$j+1$ 内的中间点 M，在时间层 n 、$n+1$ 内采用任意加权关系。

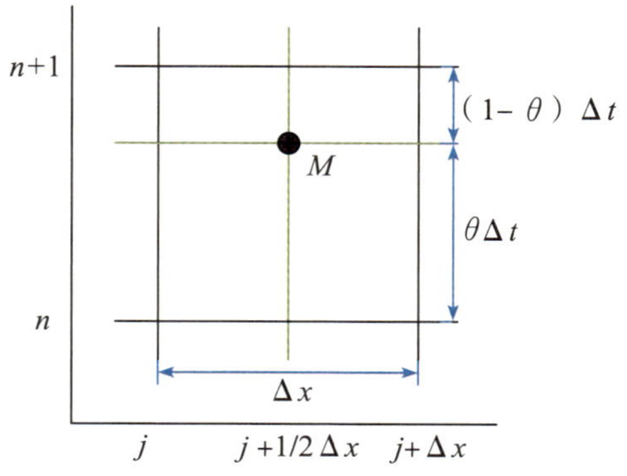

图 5.1-2　Preissmann 加权偏心隐格式原理

最终 M 点的 Preissmann 加权偏心隐格式的一般形式为：

$$f(x,t)=\frac{\theta}{2}(f_{j+1}^{n+1}+f_{j}^{n+1})+\frac{1-\theta}{2}(f_{j+1}^{n}+f_{j}^{n})$$

$$\left.\frac{\partial f}{\partial x}\right|_{x=x_{i+1/2}}=\frac{\theta}{\Delta x}(f_{j+1}^{n+1}-f_{j}^{n+1})+\frac{1-\theta}{\Delta x}(f_{j+1}^{n}-f_{j}^{n})$$

$$\left.\frac{\partial f}{\partial t}\right|_{x=x_{i+1/2}}=\frac{(f_{j+1}^{n+1}+f_{j}^{n+1})-(f_{j+1}^{n}+f_{j}^{n})}{2\Delta t}$$

式中，f ——物理量；

j 、n ——空间和时间网格；

Δx 、Δt ——空间和时间步长；

θ ——时间权重因子。

最终可得线性化求解的水流连续方程和动量方程，可得差分方程如下：

$$\begin{cases}A_{1(i+\frac{1}{2})}\Delta Q_{i}^{n+1}+B_{1(i+\frac{1}{2})}\Delta Z_{i}^{n+1}+C_{1(i+\frac{1}{2})}\Delta Q_{i+1}^{n+1}+D_{1(i+\frac{1}{2})}\Delta Z_{i+1}^{n+1}=E_{1(i+\frac{1}{2})}\\A_{2(i+\frac{1}{2})}\Delta Q_{i}^{n+1}+B_{2(i+\frac{1}{2})}\Delta Z_{i}^{n+1}+C_{2(i+\frac{1}{2})}\Delta Q_{i+1}^{n+1}+D_{2(i+\frac{1}{2})}\Delta Z_{i+1}^{n+1}=E_{2(i+\frac{1}{2})}\end{cases}$$

式中系数如下：

$$A_{1(i+\frac{1}{2})}=\frac{4\theta\Delta t}{\Delta x(B_{j}^{n}+B_{j+1}^{n})}$$

$$B_{1(i+\frac{1}{2})}=1-\frac{4\theta\Delta t(Q_{j+1}^{n}-Q_{j}^{n}-q)}{\Delta x(B_{j}^{n}+B_{j+1}^{n})^{2}}\cdot\frac{\mathrm{d}B_{j}^{n}}{\mathrm{d}Z_{j}^{n}}$$

$$C_{1(i+\frac{1}{2})}=\frac{4\theta\Delta t}{\Delta x(B_{j}^{n}+B_{j+1}^{n})}$$

$$D_{1(i+\frac{1}{2})}=1-\frac{4\theta\Delta t(Q_{j+1}^{n}-Q_{j}^{n}-q)}{\Delta x(B_{j+1}^{n}+B_{j}^{n})^{2}}\cdot\frac{\mathrm{d}B_{j+1}^{n}}{\mathrm{d}Z_{j+1}^{n}}$$

$$E_{1(i+\frac{1}{2})}=-\frac{4\Delta t}{\Delta x(B_{j}^{n}+B_{j+1}^{n})}(Q_{j+1}^{n}-Q_{j}^{n}-q)$$

$$A_{2(i+\frac{1}{2})}=1-a_{j}\frac{4\theta\Delta t}{\Delta x}\frac{Q_{j}^{n}}{A_{j}^{n}}+2\Delta\,\mathrm{tg}\theta\frac{A_{j}^{n}|Q_{j}^{n}|}{(K_{j}^{n})^{2}}$$

$$B_{2(i+\frac{1}{2})}=\frac{\theta\Delta t}{\Delta x}\left[a_{j}\frac{2(Q_{j}^{n})^{2}B_{j}^{n}}{(A_{j}^{n})^{2}}-g(A_{j+1}^{n}+A_{j}^{n})+g(Z_{j+1}^{n}-Z_{j}^{n})B_{j}^{n}\right]+\Delta\,\mathrm{tg}\theta\frac{Q_{j}^{n}|Q_{j}^{n}|}{(K_{j}^{n})^{2}}\left[B_{j}^{n}-\frac{2A_{j}^{n}dK_{j}^{n}}{K_{j}^{n}dZ_{j}^{n}}\right]$$

$$C_{2(i+\frac{1}{2})}=1+a_{j+1}\frac{4\theta\Delta t}{\Delta x}\frac{Q_{j+1}^{n}}{A_{j+1}^{n}}+2\Delta\,\mathrm{tg}\theta\frac{A_{j+1}^{n}|Q_{j+1}^{n}|}{(K_{j+1}^{n})^{2}}$$

$$D_{2(i+\frac{1}{2})}=\frac{\theta\Delta t}{\Delta x}\left[-a_{j+1}\frac{2(Q_{j+1}^{n})^{2}B_{j+1}^{n}}{(A_{j+1}^{n})^{2}}+g(A_{j+1}^{n}+A_{j}^{n})+g(Z_{j+1}^{n}-Z_{j}^{n})B_{j+1}^{n}\right]+$$

$$\Delta\,\mathrm{tg}\theta\frac{Q_{j+1}^{n}|Q_{j+1}^{n}|}{(K_{j+1}^{n})^{2}}\left[B_{j+1}^{n}-\frac{2A_{j+1}^{n}dK_{j+1}^{n}}{K_{j+1}^{n}dZ_{j+1}^{n}}\right]$$

$$E_{2(i+\frac{1}{2})}=\frac{\Delta t}{\Delta x}\left[-a_{j+1}\frac{2(Q_{j+1}^{n})^{2}}{A_{j+1}^{n}}+a_{j}\frac{2(Q_{j}^{n})^{2}}{A_{j}^{n}}-g(A_{j+1}^{n}+A_{j}^{n})\cdot(Z_{j+1}^{n}-Z_{j}^{n})+2qv\right]-$$

$$\Delta\,\mathrm{tg}\left[\frac{A_{j+1}^{n}Q_{j+1}^{n}\left|Q_{j+1}^{n}\right|}{(K_{j+1}^{n})^{2}}+\frac{A_{j}^{n}Q_{j}^{n}\left|Q_{j}^{n}\right|}{(K_{j}^{n})^{2}}\right]$$

泥沙运动方程可离散为：

$$S_{i+1}=S_{i}\,\mathrm{e}^{-(\frac{\alpha\omega}{q}+\frac{1}{U^{n+1}\Delta t})\Delta x_{i}}+\frac{\alpha\omega\,\overline{U}^{n+1}\Delta t\,\overline{S}_{*\,i+1}^{n+1}+\overline{q}\,\overline{S}_{*\,i+1}^{n}}{\alpha\omega U^{n+1}\Delta t\overline{q}}\left[1-\mathrm{e}^{-(\frac{\alpha\omega}{q}+\frac{1}{U^{n+1}\Delta t})\Delta x_{i}}\right]$$

式中，Δx_i ——计算河段长度；

$\overline{U}$ —— Δx_i 河段内的平均流速；

$\overline{q}$ —— Δx_i 河段内的平均单宽流量；

$\overline{S_*}$ —— Δx_i 河段内的平均挟沙力；

$\overline{S}$ —— Δx_i 河段内的平均含沙量；

S_i ——进口断面含沙量；

S_{i+1}——出口断面含沙量。

4)河床变形方程求解

虽然短期的泥沙预报不必在意河床的变形，但是在特大洪水时局部河段强冲强淤，势必影响局部河段的水流形态，因此预报模型中必须引入河床变形方程。河床变形方程的求解格式为：

$$\Delta A=\sum_{k=1}^{n}\frac{a_{k}B\omega_{k}(S_{k}-S_{k}^{*})\Delta t}{\gamma'_{s}}$$

5)汊点求解

采用三级解法对水流方程进行求解，假设某河段中有 m 个断面，将该河段中通过差分得到的微段方程依次进行自相消元，再通过递推关系式将未知数集中到汊点处，即可得到该河段首尾断面的水位流量关系：

$$\begin{cases}Q_{1}=aZ_{1}+bZ_{m}+c\\Q_{m}=dZ_{1}+eZ_{m}+f\end{cases}$$

式中，a、b、c、d、e、f ——系数，由递推公式求解得出。

将边界条件和各河段首尾断面的水位流量关系代入汊点连接方程，就可以建立起以干支流河道各汊点水位为未知量的代数方程组，求解此方程组得各汊点水位，逐步回代可得到河段端点流量，以及各河段内部的水位和流量。

(2)模型有关问题处理

1)水流挟沙力公式及分组挟沙力级配

挟沙力公式采用张瑞瑾挟沙力公式形式：

$$S_* = K\left(\frac{U^3}{gh\overline{\omega}}\right)^m$$

式中，K、m ——挟沙力系数和指数；

U ——断面平均流速；

$\overline{\omega}$ ——泥沙群降沉速，$\overline{\omega}=(\sum P_i\omega_i^m)^{1/m}$，其中，$P_i$ 为含沙量级配，ω_i 为第 i 组沙对应的沉速。

分组挟沙力级配采用窦国仁模式：

$$P_{*i} = \frac{\left(\frac{P_i}{\omega_i}\right)^\beta}{\sum\left(\frac{P_i}{\omega_i}\right)^\beta}$$

分组挟沙力：

$$S_{*i} = S_* P_{*i}$$

2)床沙级配调整

模型将床沙由上至下分成 4 层，第 1 层为交换层，第 4 层为底层，中间 2 层为过渡层。悬沙与底沙的直接交换发生在交换层中，悬沙沉降和底沙再悬浮直接引起交换层中泥沙级配的调整，反过来交换层的级配调整会影响挟沙力，交换层厚度在完成级配调整后，保持不变。过渡层中泥沙级配视交换层床面的冲刷或淤积相应地向下或向上移动，与交换层泥沙发生交换，过渡层厚度不变。底层与过渡层相应进行级配调整，底层的厚度视过渡层床面的冲刷或淤积相应地减少或增加。床沙级配调整见图 5.1-3。

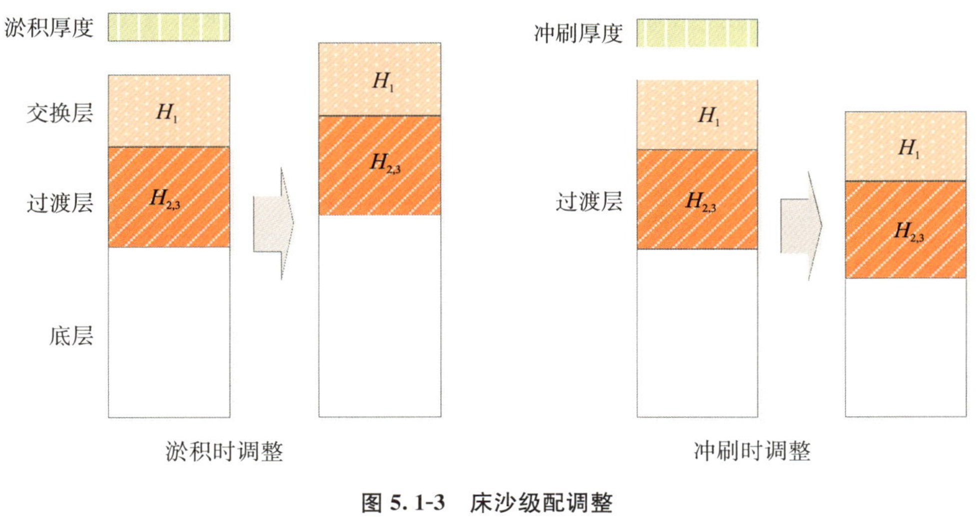

图 5.1-3　床沙级配调整

a)当淤积时

交换层，$n=1$：

$$P_{cni}=\frac{h_{cn}P_{cni}^{0}+\Delta z_{ic}}{h_{cn}+\Delta z_{c}}$$

过渡层，$n=2,3$：

$$P_{cni}=\frac{(h_{cn}-\Delta z_{c})P_{cni}^{0}+\Delta z_{ic}P_{c(n-1)i}}{h_{cn}}$$

底层，$n=4$：

$$P_{cni}=\frac{\Delta z_{c}P_{b(n-1)i}^{0}+h_{cn}^{0}P_{cni}^{0}}{h_{cn}}$$

$$h_{cn}=h_{cn}^{0}+\Delta z_{c}$$

b)当冲刷时

交换层，$n=1$：

$$P_{cni}=\frac{h_{cn}P_{cni}^{0}+\Delta z_{ic}-\Delta z_{c}P_{c(n+1)i}^{0}}{h_{cn}}$$

过渡层，$n=2,3$：

$$P_{cni}=\frac{(h_{cn}+\Delta z_{c})P_{cni}^{0}-\Delta z_{c}P_{c(n+1)i}}{h_{cn}}$$

底层，$n=4$：

$$P_{cni}=P_{cni}^{0}$$

$$h_{cn}=h_{cn}^{0}+\Delta z_{c}$$

3)细颗粒泥沙絮凝模式

当泥沙颗粒较细时，受到颗粒之间相互作用力的影响，许多细颗粒泥沙会聚集到一起发生絮凝作用，加速泥沙沉降。三峡水库有超过 1/3 的细颗粒泥沙，若出现絮凝，则对水库淤积量影响较大。考虑絮凝对泥沙沉速的影响的修正，即泥沙颗粒大小对絮凝因子的影响曲线，该曲线可近似拟合为：

$$F=0.0013\times D^{-1.9}$$

式中，D——泥沙粒径；

F——絮凝后沉速修正倍数。

同时在动水条件下对曲线进行了相应的改进，使其更符合三峡水库中的实际应用，改进后的公式如下：

当断面流速小于 0.3m/s 时，

$$F=\frac{V}{0.3}\times 0.0013\times D^{-1.9}$$

当断面流速为 0.3～0.6m/s 时，

$$F=\frac{0.6-V}{0.3}\times 0.0013\times D^{-1.9}$$

当断面流速大于 0.6m/s 或以上公式计算 F 小于 1 时，可以认为没有絮凝作用，即 $F=1$。

5.2　泥沙调度模型构建

5.2.1　库区一维水沙数学模型

(1)乌东德库区

乌东德库区以攀枝花站为干流进口，主要支流有雅砻江、龙川江、勐果河、普隆河、鲹鱼河等，出口为乌东德坝址，干支流计算断面共 346 个。

乌东德库区泥沙预报模块概化见图 5.2-1。乌东德库区一维计算节点见图 5.2-2。乌东德库区干支流计算断面情况见表 5.2-1。

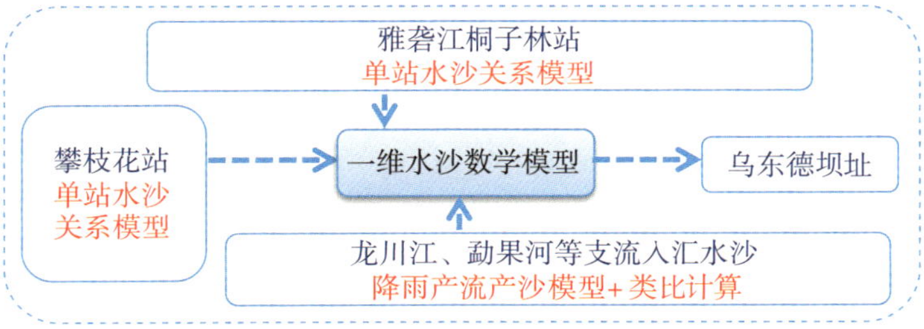

图 5.2-1　乌东德库区泥沙预报模块概化

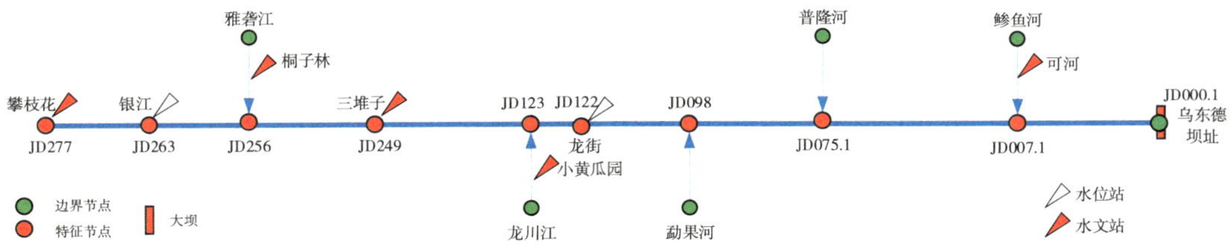

图 5.2-2　乌东德库区一维计算节点

表 5.2-1　　乌东德库区干支流计算断面情况

序号	河流名称	断面号	个数
1	金沙江	JD000.1～JD277	277
2	雅砻江	YL001～YL014	14
3	龙川江	LC001～LC020	20
4	勐果河	MG001～MG004	4
5	普隆河	PL001～PL015	11
6	鲹鱼河	SY001～SY020	20
合计			346

(2)白鹤滩库区

白鹤滩库区以乌东德站为干流进口，主要支流有普渡河、大桥河、小江、以礼河、黑水河等，出口为白鹤滩坝，干支流计算断面共275个。

白鹤滩库区泥沙预报模块概化见图5.2-3。白鹤滩库区一维计算节点见图5.2-4。白鹤滩库区干支流计算断面情况见表5.2-2。

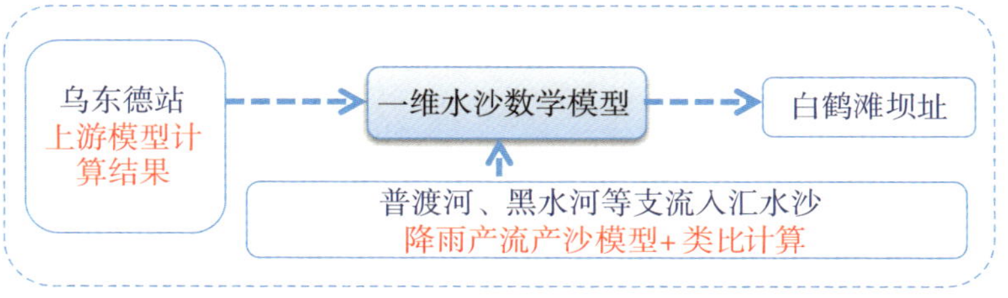

图5.2-3　白鹤滩库区泥沙预报模块概化

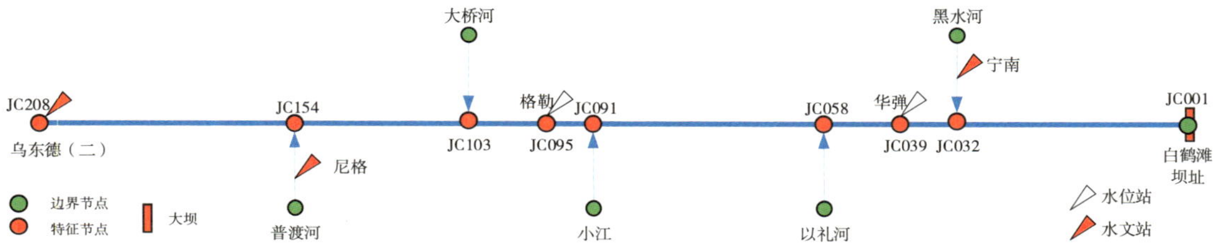

图5.2-4　白鹤滩库区一维计算节点

表5.2-2　白鹤滩库区干支流计算断面情况

序号	河流名称	断面号	个数
1	金沙江	JC001～JC208	199
2	普渡河	PD01～PD10	10
3	大桥河	DQ01～DQ05	4
4	小江	XJ01～XJ20	20
5	以礼河	YL01～YL12	12
6	黑水河	HS01～HS30	30
合计			275

(3)溪洛渡库区

溪洛渡库区以白鹤滩站为干流进口，主要支流有尼姑河、西溪河、牛栏江、金阳河、美姑河、西苏角河等，出口为溪洛渡坝址，干支流计算断面共276个。

溪洛渡库区泥沙预报模块概化见图5.2-5。溪洛渡库区一维计算节点见图5.2-6。溪洛渡库区干支流计算断面情况见表5.2-3。

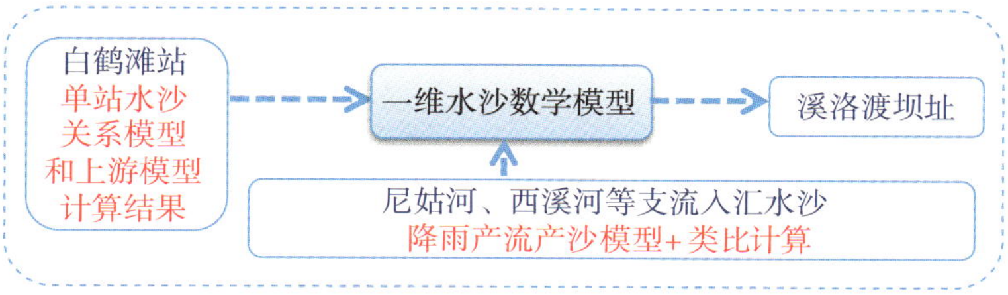

图 5.2-5 溪洛渡库区泥沙预报模块概化

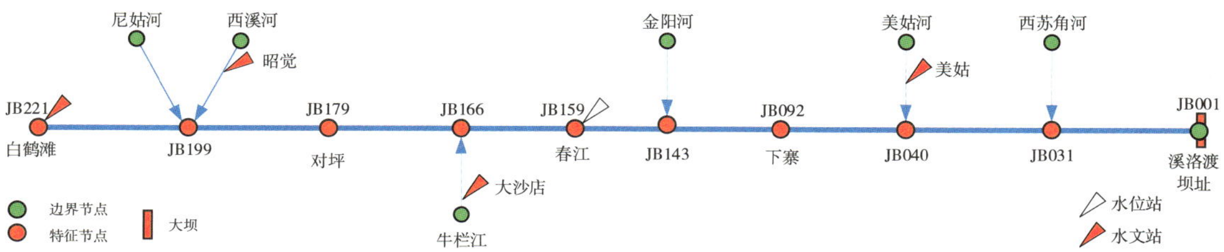

图 5.2-6 溪洛渡库区一维计算节点

表 5.2-3 溪洛渡库区干支流计算断面情况

序号	河流名称	断面号	个数
1	金沙江	JB001～JB221	221
2	尼姑河	NG01～NG02	2
3	西溪河	XX01～XX02	2
4	牛栏江	NL01～NL04.2	13
5	金阳河	JH01～JH05	11
6	美姑河	MG01～MG15	16
7	西苏角河	SJ01.1～SJ10	11
合计			276

(4)向家坝库区

向家坝库区以溪洛渡水库出口为干流进口，主要支流有西宁河、中都河、团结河、细沙河、大汶溪等，出口为向家坝坝址，干支流计算断面共 194 个。

向家坝库区泥沙预报模块概化见图 5.2-7。向家坝库区一维计算节点见图 5.2-8。

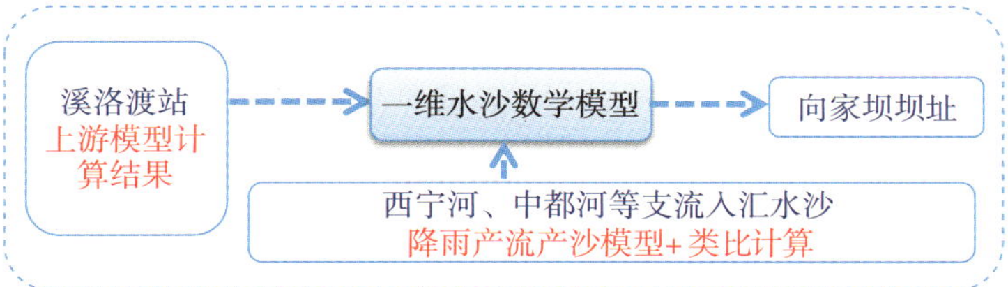

图 5.2-7 向家坝库区泥沙预报模块概化

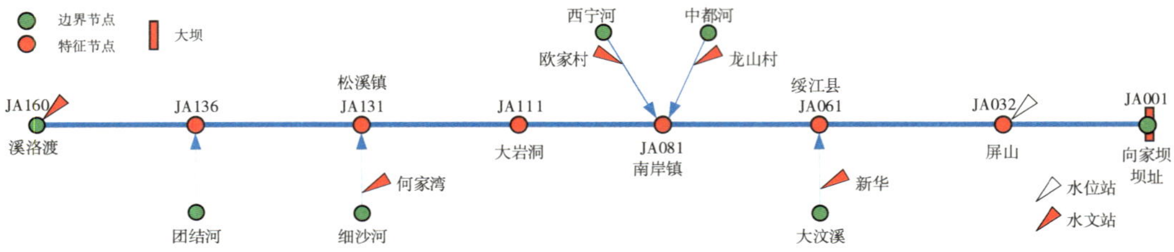

图 5.2-8 向家坝库区一维计算节点

(5)三峡水库

三峡水库以朱沱站为干流进口，除嘉陵江、乌江 2 条大的支流外，还有 21 条较大支流，出口为三峡水库坝址。其中，在嘉陵江(及其支流)、乌江上设有水沙实时报汛站，有泥沙实时数据，其他支流无实时报汛站。在长江干流共布置 404 个断面，断面间距在 300～1600m；支流断面共 249 个。

朱沱至三峡坝址泥沙预报模块概化见图 5.2-9。三峡库区一维计算节点见图 5.2-10。三峡库区干支流计算断面情况见表 5.2-4。

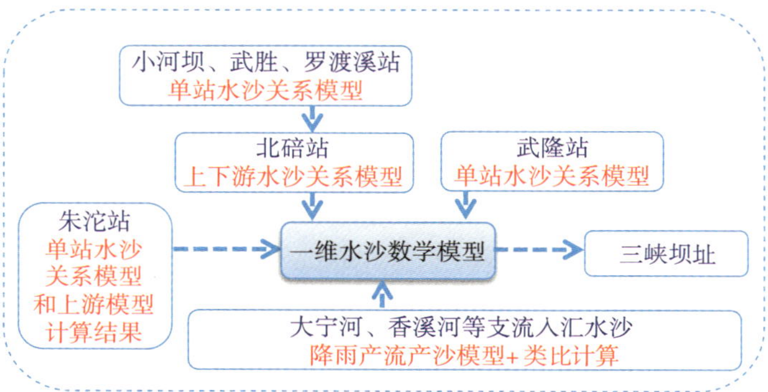

图 5.2-9 朱沱至三峡坝址泥沙预报模块概化

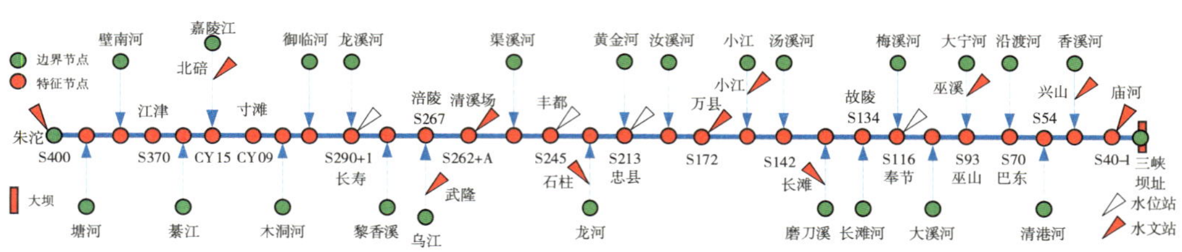

图 5.2-10 三峡库区一维计算节点

表 5.2-4 三峡库区干支流计算断面情况

序号	河流名称	断面号	个数
1	长江干流	S30+1～S400	404
2	塘河	TH01～TH03	3
3	璧南河	BN01～BN03	3

续表

序号	河流名称	断面号	个数
4	綦江	QJ01～QJ03	3
5	嘉陵江	CY41～JL22.2	43
6	木洞河	MD01～MD03	3
7	御临河	DH01～DH03	3
8	龙溪河	LX01～LX03	3
9	黎香溪	LXX01～LXX03	3
10	乌江	S268～WJ36	42
11	渠溪河	SQ01～SQ07	8
12	龙河	SL01～SL02	2
13	黄金河	HJ01～HJ03	3
14	汝溪河	RX01～RX03	3
15	小江	XJ00～XJ19	25
16	汤溪河	TX01～TX09	10
17	磨刀溪	DX01～DX12	12
18	长滩河	CT01～CT03	3
19	梅溪河	MX01～MX10	13
20	大溪河	DXX01～DXX03	3
21	大宁河	DN01～DN15	22
22	沿渡河	YD01～YD09	12
23	清港河	QG01-1～QG07	11
24	香溪河	XX01～XX10	16
合计			653

5.2.2　长江中下游水沙数学模型

长江中下游干流宜昌至大通泥沙预报模块以宜昌站为干流进口，以大通站为出口，区间汇入的主要支流为清江、汉江、两湖。

长江中下游干流宜昌至大通泥沙预报模块概化见图 5.2-11。宜昌至大通一维计算节点见图 5.2-12。

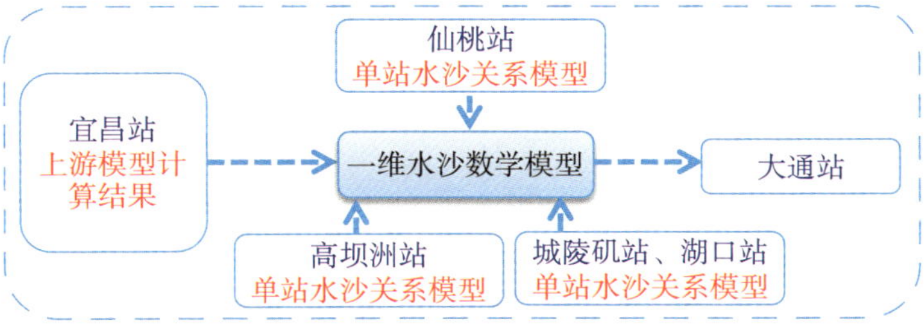

图 5.2-11　长江中下游干流宜昌至大通泥沙预报模块概化

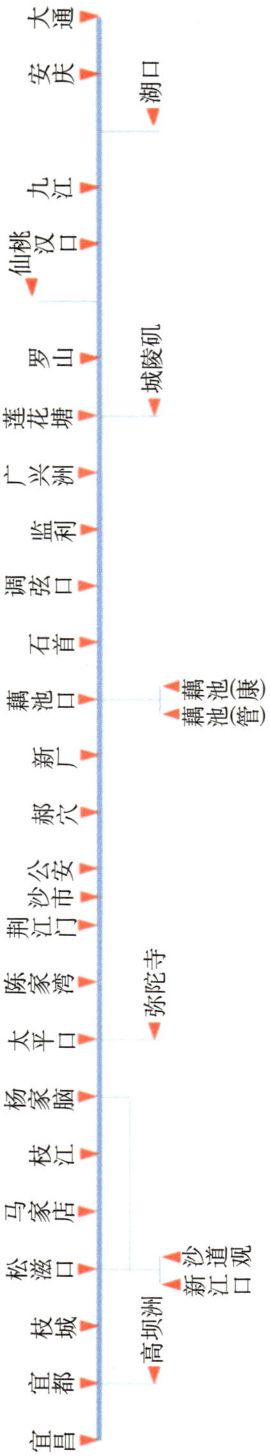

图5.2-12　宜昌至大通一维计算节点

5.3　泥沙调度实例化

5.3.1　调度方案预设

页面分为左、右 2 个部分。左侧为当前预设方案的可选择条件和切换，右侧展示数据内容（图 5.3-1）。

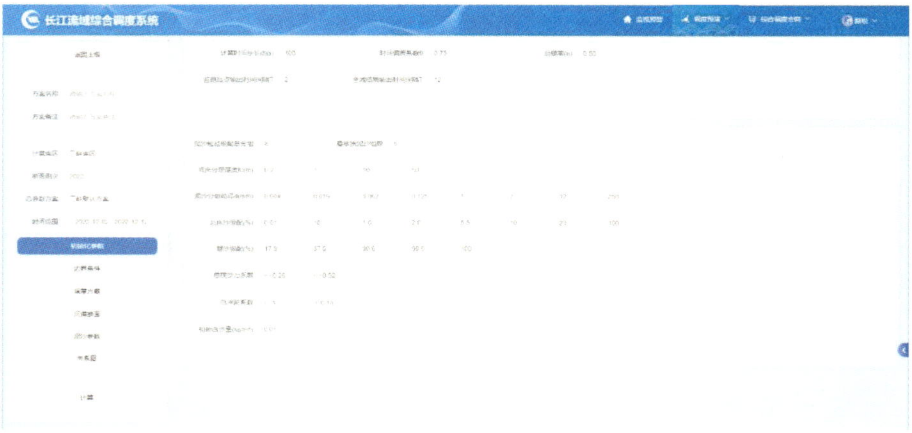

图 5.3-1　泥沙实例化页面

（1）初始化参数

在泥沙参数初始化页面左侧下方点击初始化参数按钮后，右侧会展示当前初始化参数数据，页面上方红色框内数据可手动输入修改，页面下方红色框内数据根据左侧当前选中的总参数方案和库区获取，无法进行修改（图 5.3-2）。

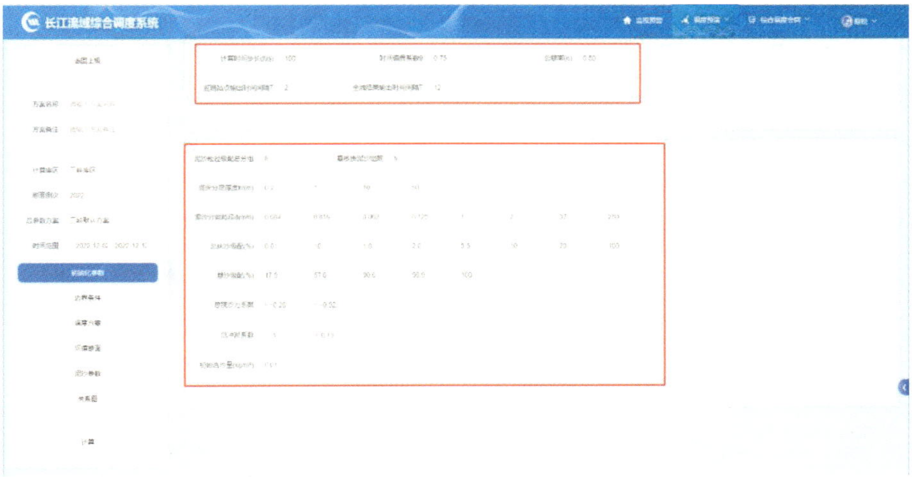

图 5.3-2　泥沙参数初始化

(2)边界条件

根据所选择的时间范围和库区进行获取。点击红框内的站点可切换右侧展示的流量泥沙图表中的站点,点击右上角标签页可以切换下方表格所展示的数据类型,点击对应按钮可针对当前站点的流量/泥沙图表进行数据导出、导入、保存的操作(图 5.3-3)。

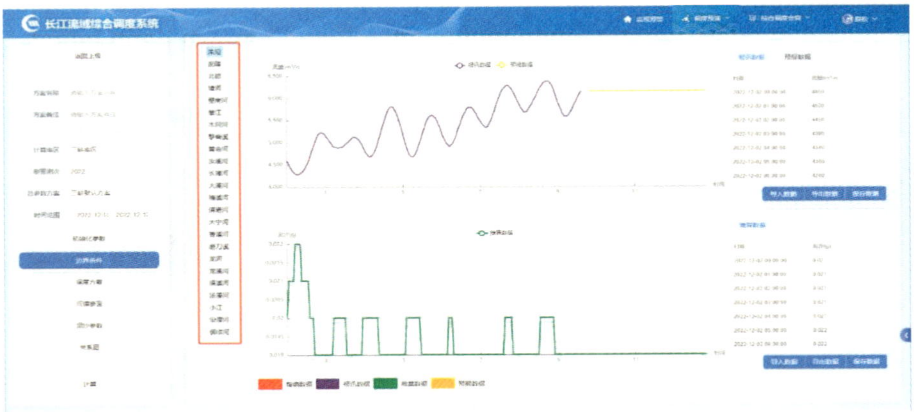

图 5.3-3　边界条件查看及设置

导入数据:将修改好的数据导入当前站点所对应的流量/泥沙数据中。

导出数据:将当前站点对应的流量/泥沙数据导出。

保存数据:将已经导入的修改好的数据保存下来以供模型计算使用。

(3)调度方案

可根据所选择的时间范围和库区进行获取。在红框内可对当前库区的坝前水位进行操作,在对应图表内可拖拽出库流量,双击表格可修改出库流量,也可根据当前入库/出库流量计算预测的水位,并将预测的水位值填入下方的水位站图表,提供针对当前站点的流量/泥沙图表进行数据导入、导出、保存的操作(图 5.3-4)。

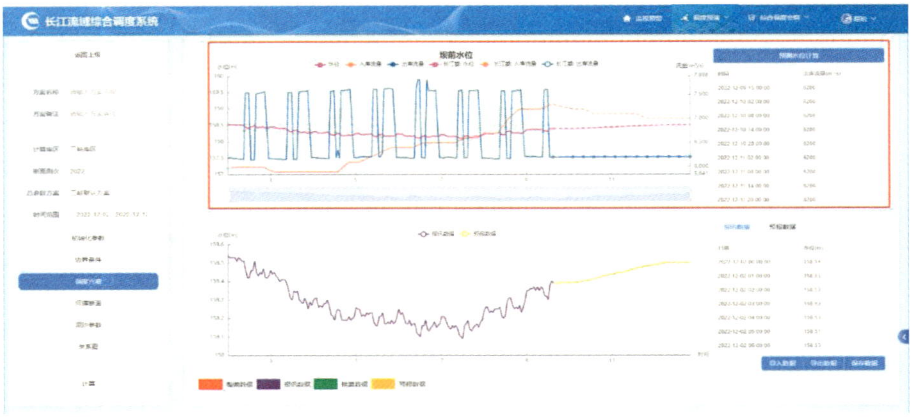

图 5.3-4　调度方案设置

导入数据:将修改好的数据导入当前站点所对应的流量/泥沙数据中。

导出数据:将当前站点对应的流量/泥沙数据导出。

保存数据:将已经导入的修改好的数据保存下来以供模型计算使用。

(4)泥沙参数

泥沙参数可根据当前所选计算库区和总参数方案获取,不可修改(图 5.3-5)。

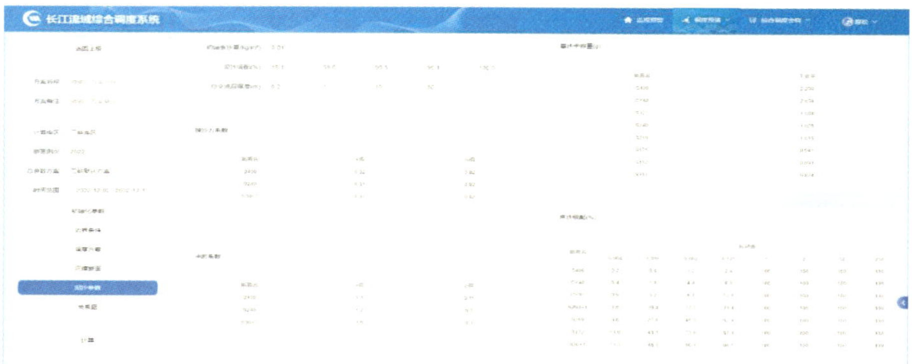

图 5.3-5　泥沙参数查询

(5)关系图

该页面下展示当前库区的站点河流关系,可查询上下游关系(图 5.3-6)。

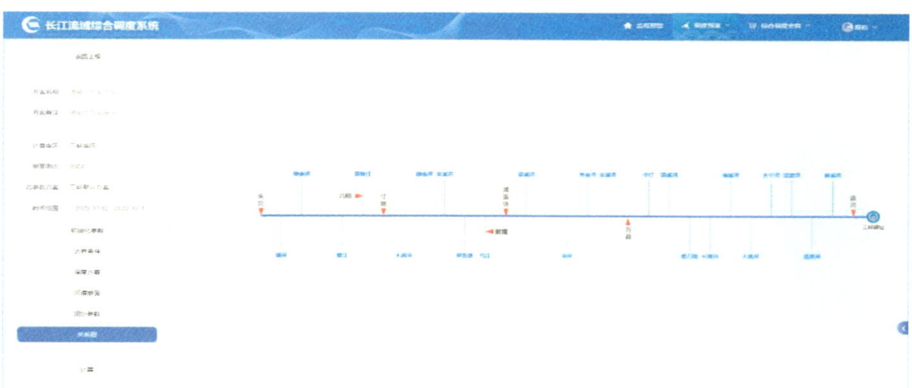

图 5.3-6　库区站点河流关系

5.3.2　方案列表及成果查看

(1)列表查询

该页面主要分为 3 个部分:上部分为方案的查询条件和一些针对方案的操作;中间部分为方案列表的管理;下部分为选中方案后查看的成果展示页面(图 5.3-7)。

图 5.3-7　方案列表查询

新建：点击后跳转到方案预设页面。

删除：在下方表格内多选或单选方案进行删除。

查看：在下方表格内多选或单选方案查看计算成果。

查看：跳转到方案预设页面，查看当前方案的各个参数。

计算：运行当前方案的模型计算程序。

保存：将已经计算完成的方案成果文件保存到数据库中。

查询：根据当前条件查询已创建好的方案。

(2)成果查看

成果查看分为左、右两个部分。左侧为数据的图表或列表。右侧为当前查看的成果数据的各条件(图 5.3-8)。

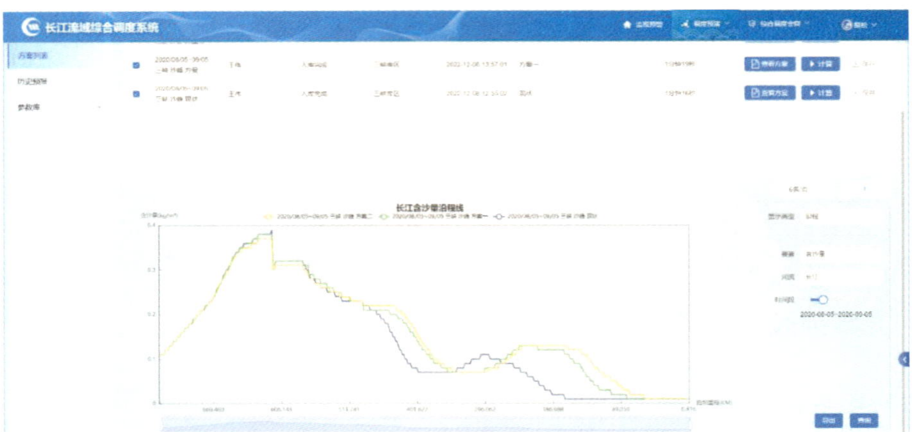

图 5.3-8　计算成果查看

显示类型：切换显示类型是沿程、过程或方案评估。根据查看的类型不同，下方的条件会进行切换。

要素：根据成果数据的数据类型展示，切换需要查看的数据类型。

河流：根据成果数据的河流数据展示，切换需要查看的河流。

时间段：根据成果数据的时间获取后展示，可切换当前查看的数据时间节点。

站点：根据成果数据的站点数据展示，切换需要查看的站点。

验证数据：选中后会在图表中额外展示当前站点要素的报讯/整编数据。

方案类型：切换当前查看的汛期沙峰排沙/消落期库尾减淤。

数据展示类型：切换当前数据展示形式(表格/柱状图)。

5.3.3　仿真显示

页面主要分为左侧的预报数据、上方的三维演示、地图部分(图 5.3-9)。其中，左侧为预报数据，点击左上方按钮可控制展示预报卡片的显示或隐藏，点击左下方按钮可控制左侧整个侧边栏的显示或隐藏。

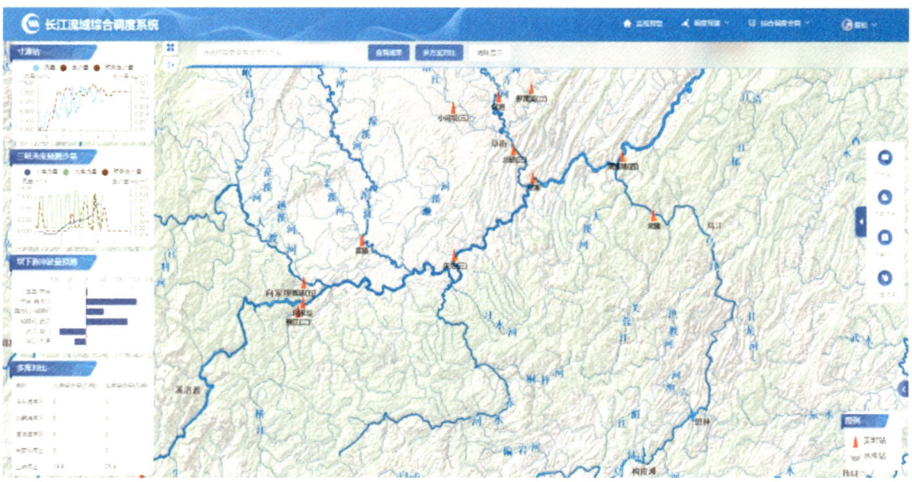

图 5.3-9　模拟仿真总览

在模拟仿真总览界面中点击实时站图标后会弹出当前实时站的流量/含沙量数据图表，也可通过起止时间修改查询时间范围(图 5.3-10 和图 5.3-11)。

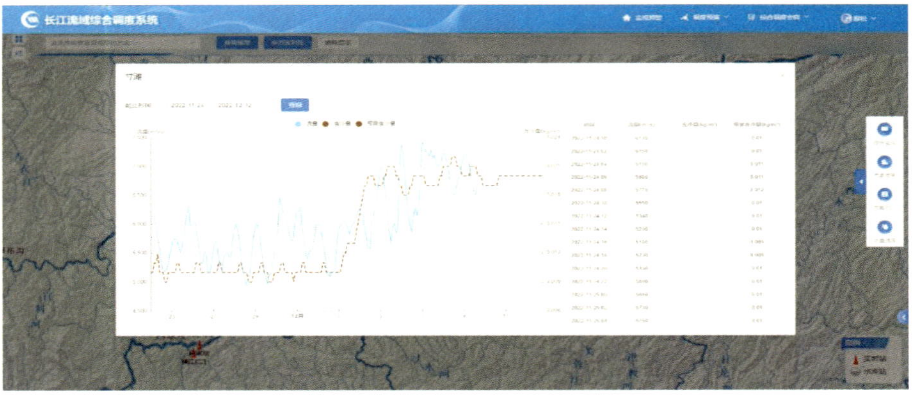

图 5.3-10　实测站点信息

图 5.3-11　水库站点信息

(1)单方案成果展示

单选方案后点击查看成果即可查看成果三维演示部分，已入库的方案可在方案列表中查询，需要提前在方案列表中对已完成的方案进行保存(图 5.3-12)。

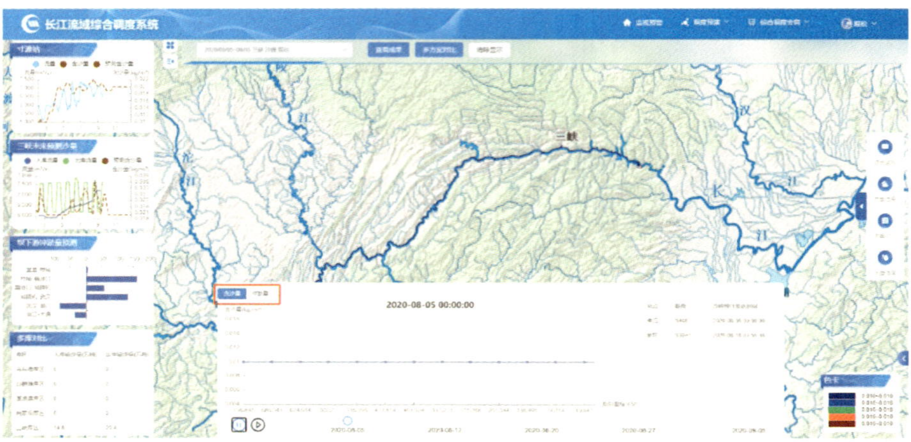

图 5.3-12　单方案成果展示

查看成果:单选一个已经入库的方案后即可查看当前方案的三维演示成果,点击红框内的按钮可切换当前查看的数据类型(图 5.3-13 和图 5.3-14)。

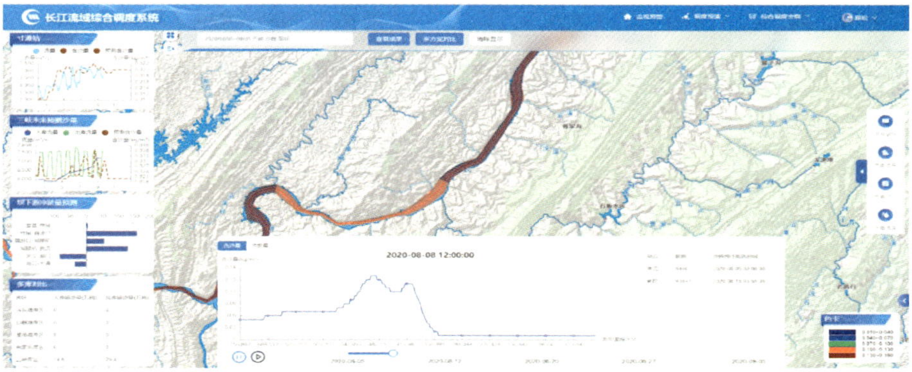

图 5.3-13　含沙量三维成果

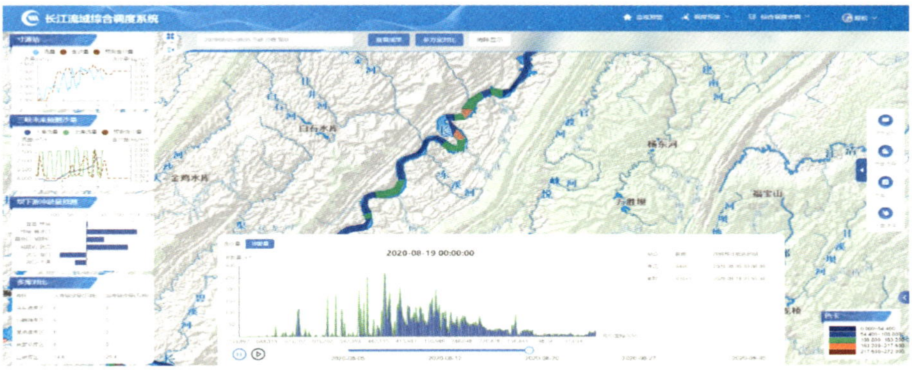

图 5.3-14　冲淤量三维成果

多方案对比:选择相同库区并且计算时间相同的多种方案进行对比。

清除显示:将当前展示的方案成果清除。

红色圆环为该方案预测沙峰抵达点,表格为主要站的沙峰预测抵达时间(图 5.3-15)。

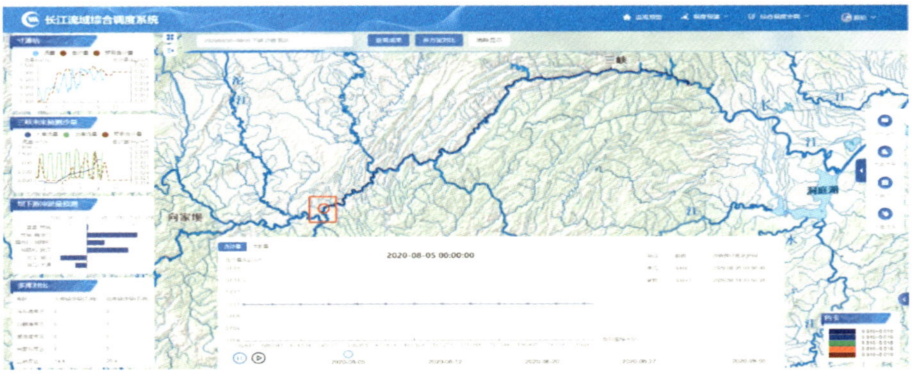

图 5.3-15　沙峰模拟成果

(2)多方案对比显示

选择多选方案后点击多方案对比即可查看，切换显示类型是沿程、过程或方案评估，根据查看的类型不同，下方信息框的条件会进行切换(图 5.3-16)。

图 5.3-16　多方案对比

要素：根据成果数据的数据类型展示，切换需要查看的数据类型。

河流：根据成果数据的河流数据展示，切换需要查看的河流。

时间段：根据成果数据的时间获取后展示，可切换当前查看的数据时间节点。

站点：根据成果数据的站点数据展示，切换需要查看的站点。

验证数据：选中后会在图表中额外展示当前站点要素的报讯/整编数据。

方案类型：切换当前查看的汛期沙峰排沙/消落期库尾减淤。

数据展示类型：切换当前数据展示形式(表格/柱状图)。

第6章

水生态调度关键技术

6.1 水生态调度背景和意义

6.1.1 长江水系"四大家鱼"介绍

自唐代以来,草鱼(*Ctenopharyngodon idellus*)、青鱼(*Mylopharyngodon piceus*)、鲢(*Hypophthalmichthys molitrix*)和鳙(*Aristichthys nobilis*),作为我国重要的水产养殖种类,被合称为"四大家鱼",在我国淡水渔业中占有举足轻重的地位。长江流域是我国淡水鱼类的主要产区,"四大家鱼"是长江水系鱼类资源的重要组成部分。长江也是"四大家鱼"主要的天然原产地和栖息地。已有研究表明,长江水系野生"四大家鱼"的种质性状明显优于其他水系。因此,保护好长江水系"四大家鱼"野生种群资源具有十分重要的意义。

"四大家鱼"个体通常需要3～5年性成熟,进入繁殖季节(每年4—7月),成熟的"四大家鱼"有集群上溯的习性,性腺的最终发育需要在溯游过程中完成。在溯游的过程中遇到适宜产卵的水文条件刺激,性腺可进一步发育,由Ⅳ期迅速转为Ⅴ期,即进行产卵和排精活动。"四大家鱼"是江湖洄游性鱼类的代表,即在水流湍急的江河中产卵,到静水环境中索饵肥育(通江湖泊和季节性洪泛区)。产出的鱼卵需要流水的携带,悬浮在水层中顺水漂流,在漂流过程中孵化成鱼苗,直至发育成具有主动游泳能力的幼鱼。这种繁殖生态习性是"四大家鱼"对外界环境条件长期适应的结果。

自20世纪80年代以来,对"四大家鱼"自然繁殖的水文水力学条件开展了大量的研究。研究发现,除了水温要求之外,流水条件是刺激产卵的一个重要因素。与其他产漂流性卵鱼类相比,"四大家鱼"在涨水时期内发生产卵的次数和天数相对较少,对水文条件的要求相对较高。在此总结"四大家鱼"自然繁殖需要的外界环境条件。

(1)水位上涨

天然涨水过程的刺激是促使"四大家鱼"能够在合适的产卵场进行繁殖的必要条

件。江河的涨水过程包括水位升高、流量增大、流速加快、流态紊乱等多种水文条件的变化。“四大家鱼”的繁殖活动在水体上层进行，且人工繁殖时需要冲水来促进产卵，据此分析，流速的增加在此过程中起主要的作用。而涨水幅度影响产卵规模，大多数亲鱼一般选择在涨水时产卵，且当涨水幅度较大时，产卵规模也大。涨水即为流量的增大，水位涨落是流量增减的结果。根据以往的资料，家鱼一般在涨水 0.5～2d 后开始产卵，若水位不继续上涨或者涨幅很小，产卵活动即终止。家鱼的产卵规模取决于水位相对增长的幅度，而与起点水位无关。研究表明，在家鱼繁殖盛期(5 月初至 6 月中旬)，产卵规模与涨水幅度成正比。家鱼产卵要求的涨水条件在各个种类之间略有差异:鳙的条件稍高，要求较大的水位涨幅才大规模产卵；草鱼和鲢相仿，只要是涨水都可以产卵，也有平水、微退时产卵的现象；青鱼要求较低，除涨水可以产卵外，平水、微退时的产卵量也比草鱼、鲢多。

(2)流速增大

随着涨水和流量的加大，流速相应增大。对河道而言，流速反映了河道的地形地貌、水位、流量等的综合作用。对产漂流性卵的鱼类而言，若没有适宜的流速，亲鱼就难以产卵，鱼苗更难以漂流孵化。例如，“四大家鱼”卵为半浮性，在水流流速低于 0.3m/s 时开始下沉，低于 0.15m/s 全部下沉。流速增大在刺激繁殖的诸多水文因素中起着主要作用，在日平均流速增加 0.01～1.87m/s 的情况下，鱼类产卵受到促进。家鱼在水位上涨后，经过一定的时间才开始产卵，其相隔的时间与流速大小有关。流速大，刺激产卵需要的时间短；流速小，刺激产卵需要的时间长。

(3)紊乱流态

深潭和岩礁能为繁殖亲鱼提供暂时栖息的场所，待出现产卵的水文条件，水流冲击河底深潭或岩礁形成紊乱的流态，亲鱼即进行繁殖。基于“四大家鱼”产卵对水流条件的需求及其卵的漂浮性，产卵场通常位于大江两岸地形发生较大变化的江段，如江面陡然紧缩、山岭由一岸伸入江中(又称矶头)、河道弯曲多变、江心常有沙洲，以及河床糙度大、水较深的江段。在长江发生洪水时，这些地形特点常会使下泄江水受阻，使水流处于上下翻滚、垂直交流的紊乱流态，俗称为“泡漩水”。在这样的江段产卵，卵不致下沉，从而保证了卵的受精和正常孵化。

(4)水温

水温是“四大家鱼”自然繁殖的限制因子，天然情况下家鱼产卵的最适水温为 20～24℃，18℃是产卵的下限水温。家鱼的繁殖季节，长江干流水温在 18～28℃变动，21～24℃为产卵盛期，27～28℃还能见到家鱼产卵。若水温低于 18℃，则从未监测到家鱼产卵。家鱼的胚胎发育，在水温 17℃时出现畸形、成活率低；18℃以上时，发育正常。“四大家鱼”产卵与胚胎发育需要的水温条件是一致的，这是它们对环境条件长期适应的结果。

6.1.2 三峡工程论证阶段对“四大家鱼”影响预测

早在 20 世纪 50 年代，就已经提出了三峡工程对长江“四大家鱼”资源影响的问题。60—80 年代，中国科学院水生生物研究所等单位对长江干流“四大家鱼”繁殖生态特点和产卵场分布进行了多年的考察研究，揭示了由四川至安徽的长江干流上，有家鱼产卵场 36 处，绵延里程达 700 多千米，分布十分广泛。葛洲坝修建后的调查表明，长江上、中游有家鱼产卵场 30 处，产卵场位置与建坝前基本一致；“四大家鱼”的产卵条件和卵苗江汛规律没有变化；大江截流前后湖北省鱼苗产量波动很小，截流后 6 年产量趋于稳定。由此得出，葛洲坝水利枢纽工程对长江“四大家鱼”繁殖没有产生不良影响的重要结论。与葛洲坝水利枢纽工程不同，三峡水利枢纽是一项巨大的水利工程。大坝建成后，长江干流的水文条件将发生明显变化，“四大家鱼”将被分隔在坝上和坝下两个不同的生态环境中，因此，三峡工程对家鱼繁殖和资源增殖的影响将是显著的。

根据丹江口水利枢纽兴建后“四大家鱼”繁殖生态的变化，对兴建三峡水利枢纽工程与长江“四大家鱼”渔业资源关系给出了初步评价：有利影响在上游，预计三峡水库建成后，家鱼将上溯至库区上游的干流和支流繁殖，并形成新的产卵场，在库区上游江段繁殖的家鱼鱼苗大部分将留在水库内，库区资源将得到较多的补充，长江上游家鱼产卵场的规模将会扩大；不利影响在中下游，在 5—6 月的家鱼繁殖期间，水库处于低水位运行，调节能力较强，库水大部分将通过水轮机下泄，使长江中游江段的涨水过程改变为洪峰低平，涨幅较小，可能抑制家鱼产卵活动，产卵规模变小，加之在长江上游繁殖的家鱼鱼苗大部分滞留在库区，大坝下游荆江江段亲鱼和鱼苗数量都可能趋向减少，此外，建坝后三峡水库下泄水温达到 18℃的时间滞后，预计鱼类繁殖期会滞后 20d 左右，也是影响家鱼繁殖的一个因素。针对不利影响，提出的建议是在繁殖季节，特别是 5 月下旬至 6 月中旬，对水库进行综合调度运用，安排几次较大的下泄流量，强化坝下游江段的涨水过程，为长江中游江段家鱼产卵创造需要的水文条件。这一重要的保护措施也被写入了最终的《长江三峡水利枢纽环境影响报告书》。在该书中指出了合理运用水库调度产生人造洪峰促使家鱼繁殖的措施，即“要求在家鱼繁殖期内，特别是 5 月中旬至 6 月上旬，江水温度保持在 18℃以上时，安排 2～3 次人造洪峰，以促使宜昌至城陵矶江段的家鱼产卵”。据计算，若宜昌起始流量为 15000m^3/s，人造洪峰持续 4d，第 4 天末流量可达到 24000m^3/s，水位上涨幅度约为 2.7m，可引起中偏大的繁殖规模；人造洪峰持续 5d，水位上涨幅度约为 3.1m,可引起大的苗汛。

6.1.3 三峡工程建设运行阶段对“四大家鱼”的影响

(1)三峡库区

三峡水库蓄水前(2002—2003 年),重庆—云阳江段存在江津—木洞、丰都—涪陵、忠县、万州—云阳等产卵场,与 20 世纪 80 年代相比产卵场位置未发生明显变化,但是产卵规模发生改变,其中忠县、万州—云阳产卵场的规模明显下降。三峡水库蓄水前的 3 个时期(1964—1965 年、1984 年、2002—2003 年)云阳—重庆江段“四大家鱼”卵苗资源量呈显著减少趋势(图 6.1-1)。

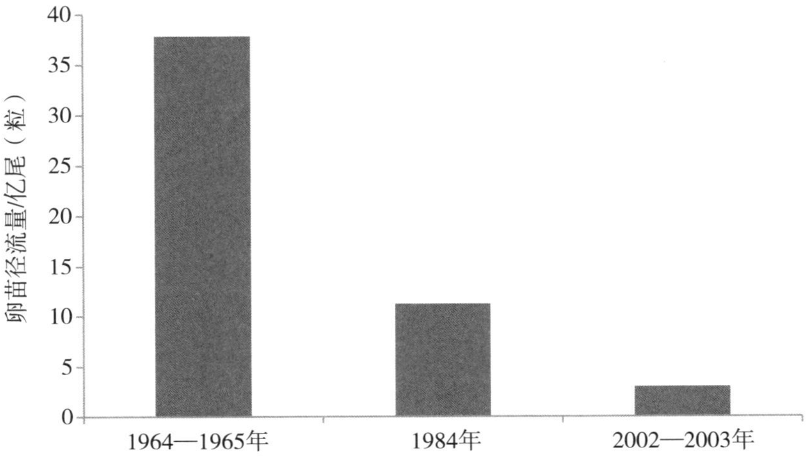

图 6.1-1　不同时期云阳—重庆江段“四大家鱼”卵苗径流量变化

已有研究表明,三峡水库蓄水后重庆以下 8 个产卵场全部消失,并分析随着 2003 年 6 月三峡水库正式蓄水,以及 2006 年三峡水库二期蓄水(156m)的完成,库区回水位达到涪陵,库区涪陵以下的产卵场已经全部淹没,而长寿和重庆段“四大家鱼”产卵场库区水面扩大,流速减缓,使上游产下的漂流性鱼卵的可漂流里程缩短,严重时导致鱼卵下沉死亡,但是没有具体的调查数据予以佐证。而根据 2005 年以来中国科学院水生生物研究所连续在葛洲坝下游宜都断面监测到“四大家鱼”鱼苗的发育时间来看,大部分鱼苗是从三峡大坝以上江段产出的鱼卵孵化而来,产卵场的范围大致在距三峡大坝 24～55km(2010—2011 年)、80km 以上(2005—2006 年)、180km 以上(2008 年)、250km 以上(2007 年、2009 年)、318～440km(2012 年),表明蓄水后三峡库区部分江段仍具备存在“四大家鱼”产卵场的条件。从库区漂流过坝的家鱼鱼苗径流量在一定程度上反映出三峡库区“四大家鱼”产卵场规模的变化。2005—2012 年库区内

“四大家鱼”的产卵规模呈波动增加趋势(图 6.1-2),与三峡工程论证阶段的结论基本一致。

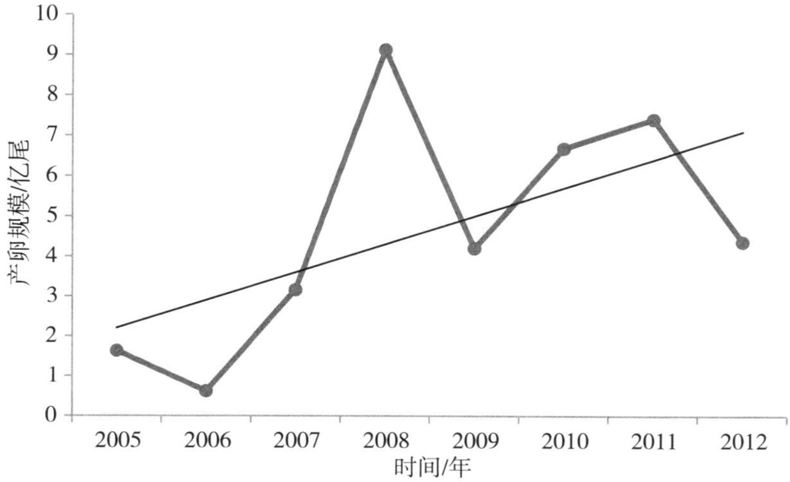

图 6.1-2 2005—2012 年三峡库区“四大家鱼”产卵规模变化

由于相关监测数据不全面,从宜都断面家鱼鱼苗推算三峡库区“四大家鱼”产卵场分布和规模存在一定的偏差,无法比较三峡水库蓄水前后,某一产卵场分布和规模的变化。从总体来看,在三峡水库蓄水前“四大家鱼”的繁殖规模已呈显著减少的态势。

(2)坝下江段

自 1997 年开始,为了研究三峡工程建设运行对长江“四大家鱼”繁殖的影响,在长江中游专门设点对“四大家鱼”早期资源进行了长期监测。已有研究表明,三峡水库蓄水后,坝下宜都、枝江、石首、调关和监利采集到了“四大家鱼”卵,坝下江段产卵场位置没有发生明显改变。此外,1997—2009 年监利断面“四大家鱼”卵苗径流量总体趋势呈直线下降,2009 年卵苗径流量仅为三峡水库蓄水前(1997—2002 年)本底值的 7.2%,总的资源量处于较低水平。自 1997 年三峡工程开工建设到 2003 年三峡水库首次蓄水,“四大家鱼”鱼苗量从 20 亿尾左右下降到 4 亿尾左右;2008 年三峡水库开始 175m 试验性蓄水后,2009 年鱼苗量下降到最低值 0.42 亿尾(图 6.1-3)。监利断面家鱼鱼苗发生时间有较明显的后移,由以前基本在 5 月下旬和 6 月中旬,变为 6 月中旬和 7 月中旬。这些迹象表明三峡工程对长江中游“四大家鱼”自然繁殖的影响已经逐步显现。

在三峡工程建设运行对“四大家鱼”自然繁殖的影响方面,多数学者采用水文指标对三峡水库蓄水前后的水文情势变化加以分析,并与家鱼的繁殖时间、繁殖规模等信息相关联,试图找到影响家鱼繁殖的关键环境因子。李翀等研究得出,产卵场所处江段每年 5—6 月的总涨水日数是决定家鱼鱼苗发江量多寡的一个重要环境因子。王俊娜等研究得出，在自然条件下，涨水的持续时间和日均涨水率是影响“四大家鱼”鱼苗丰度的关键环境因子。郭文献等研究得出，三峡蓄水前后“四大家鱼”产卵繁殖高峰期的5月和6月多年平均流量分别减少了4.1%和10.6%，多年平均含沙量下降了95%，水温略有降低，使得“四大家鱼”的产卵繁殖条件发生改变，产卵规模大幅降低。彭期冬等研究得出，三峡工程的运行对家鱼自然繁殖期涨水过程没有明显的改变，水温的推迟引起下游“四大家鱼”自然繁殖时间后移，使得相应的涨水条件较天然情况下发生变化。李清清等研究得出，三峡水库蓄水后水文情势变化对“四大家鱼”的影响表现为洪水过程趋于均一化，4月底或5月初退水过程不明显，使“四大家鱼”第一次产卵信号减弱或消失；洪水过程单一化，大部分为单一的涨落过程，缺乏2次或以上的小幅回落，不利于“四大家鱼”产卵增产；洪水持续时间变短，连续日流量上涨率减小，洪峰最高流量减小，难以满足“四大家鱼”产卵的最佳条件。另有研究报告得出，2003—2007年三峡水库的运用调度对“四大家鱼”自然繁殖生态水文特性的影响主要体现在涨水次数增加，以及总涨水时间和平均涨水时间减少，对“四大家鱼”自然繁殖的刺激效果有所减弱。

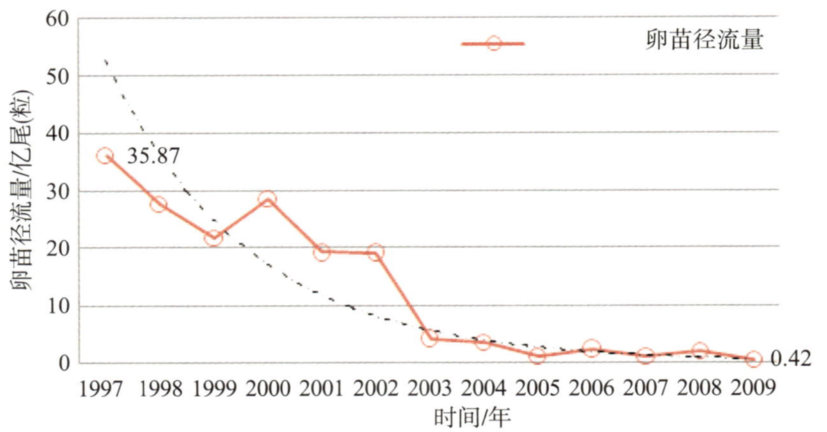

图6.1-3　监利断面“四大家鱼”卵苗径流量变化

6.1.4　三峡水库生态调度的必要性与可行性

(1)必要性

水利工程的生态调度是一种兼顾生态的综合调度模式，主要基于河流生态系统的需求，通过合理的技术手段管控河流流量，控制水温和沉积物输移，是减缓大坝对生态影响的有效措施之一。蔡其华指出，三峡水库首先考虑的是防洪，其次是发电和航运，坝下生态保护和库区水环境保护将面临许多新的问题，从河流生态系统保护的角度，完善水库调度方式非常必要。周建军认为，应通过优化三峡梯级调度来改善水库和下游的生态环境，以便更好地发挥三峡水库的综合效益；提出三峡水库汛期调度有很大的灵敏性，在不需要提高入库洪水预见期的条件下，可更快地将坝前水位降低到设计汛限水位，这有利于三峡实施动态汛限水位调度。金鑫等指出，与传统的水库调度方式相比，水库生态调度将生态目标纳入水库调度中，结合水库（或水库群）调度影响区的生态需水规律，统筹协调防洪、兴利、生态等各项要求，在兴利除害的同时维持或修复河流生态健康，从而实现河流水资源的可持续利用。

三峡水库实施“人造洪峰”是根据国内丹江口水库、新安江水库等大型水库兴建后，下泄水量的改变削弱了坝下江段涨水过程，抑制了坝下“四大家鱼”等产漂流性卵鱼类的产卵活动而提出的。曾祥胜认为，三峡水库在特殊年份下泄水量的改变有可能导致坝下家鱼产卵规模缩小、零散，产卵盛期推迟，以及产卵场位置下移，有必要通过水库调度来补偿其影响，而且对坝下产漂流性卵的其他经济鱼类的繁殖也将起到有益的作用。水利部中国科学院水工程生态研究所牵头承担的“针对“四大家鱼”自然繁殖需求的三峡工程生态调度方案前期研究”项目中对三峡水库实施生态调度的必要性进行了具体分析：三峡工程在正常来水条件下，其调度运用对于中下游“四大家鱼”的繁殖和栖息的生态水文、水力学条件的影响不明显。每年的 4—5 月，水库调节作用相对突出，涨水过程呈现“破碎化”，而在 6 月水库调节作用相对减弱，水库下泄流量过程与天然情况下流量过程保持良好的一致性。在三峡水库非正常来水条件下（枯水年和部分平水年），三峡水库调度后宜昌站的涨水时间、涨水次数较天然情况有较大的改变，这对于中下游“四大家鱼”的自然繁殖会有一定的影响。因此，针对“四大家鱼”自然繁殖的三峡工程生态调度，在枯水年等特定的年份或时期，具有实行的必要性。

（2）可行性

1）其他流域水利工程开展的前期实践为三峡生态调度提供了经验和借鉴

黄河流域连续多年实施水量统一调度，保证了入海水量，消除了枯水季节河道断流的情况，取得了巨大的生态环境效益、社会效益、经济效益；黑河流域为遏制下游生态环境破坏，实施水量统一调度以来，流域生态系统逐步恢复；丹江口水电站为控制汉江下游水体富营养化，加大了枯水季节下泄流量；太湖流域调整河网地区闸坝运行方式，促进水流交换和水质改善；东江流域为解决下游出现的咸潮上溯、水质下降等问题，实施了东江水资源统一调度。前期的水量统一调度、库湖联合调度是生态调度的实践和初级阶段，水量统一调度、联合调度的初步成果使水利工程生态调度概念深入人心，而调度中暴露出的缺点和不足促使调度技术改进和完善，可为三峡水库生态调度的实现提供经验和基础。

2）长江流域水情预报技术和监测系统的完善为生态调度提供了支持和保障

准确的水情预报是提高水库调度的综合效益的关键手段。三峡水库的洪水主要来自上游金沙江、岷沱江、嘉陵江、乌江等地区，三峡区间来水所占比重较小，而上游来水到水库需要较长的洪水传播时间，对水库入库洪水而言就具有较长的预见期，为三峡水库预报调度提供了得天独厚的条件。长江流域水情站点超过 2000 个，发布预报河段长超过 3600km，预报覆盖流域面积超过 140 万 km^2，对外发布预报的站点超过 80 处。与此同时，还结合计算机技术、网络技术进行水文预报系统研究，近年来又将遥感和 GIS 技术、信息处理和数据管理技术运用到水文预报中，提高了水文预报水平。环境监测也从单一的环境分析发展到物理监测、生物监测、生态监测、遥感、卫星监测，从间断性监测逐步过渡到自动连续监测，还将 3S 技术运用到环境监测中，实现了监测的实时性、连续性、完整性。

3)三峡水库现有调度方式具备了实行生态调度的基本条件

根据三峡工程采取尽可能维持高水头发电的运行方式，通常在 4 月底水库水位仍处于较高水位，根据防洪要求 6 月 10 日库水位下降到汛限水位 145m，因而在 5 月下旬至 6 月上旬，须腾出防洪库容，有较大的蓄水量下泄。建坝后，宜昌 5 月的平均流量大于建坝前的流量。因此，在腾出防洪库容期间，通过调度有节奏地在数天内逐步加大下泄流量，形成显著的涨水过程，是完全可以实现的。即使是牺牲一些发电效益，只要能够满足家鱼繁殖，生态效益将远远大于经济效益的损失。

6.2　水生态调度方式研究

6.2.1　基于系统重构分析的水文—生态响应关系模型

针对“四大家鱼”繁殖实施水库生态调度的原理是基于产卵与涨水过程的映射关系，在充分掌握两者量化关系的基础上，通过水库加大下泄流量，人为制造满足“四大家鱼”产卵的涨水过程(人造洪峰)，从而促进大规模产卵。对“四大家鱼”的历史调查表明，在家鱼繁殖季节，产卵场的水温条件适合时，当流量增加，水位上升，流速相应加大时，家鱼即开始产卵；当水位下降，流速减小时，产卵停止。家鱼的产卵规模取决于水位相对增长的幅度，并定性地认为洪峰大，产卵规模就大；洪峰小，产卵规模就小。因此，研究涨水过程中关键水文指标的变化是探讨“四大家鱼”产卵需要水流条件的基础。20 世纪 90 年代，Zhang 等首次提出“系统重构分析”方法，即将一个洪峰过程分解为 9 个可以量化的水文因素，再加入产卵起始时间、卵苗径流量、卵苗汛时序等生态要素，通过系统重构分析软件得出水文因素与生态要素之间的量化关系(图 6.2-1 和表 6.2-1)。基于此方法，分析了长江干流松滋口、城陵矶、新堤 3 个断面“四大家鱼”鱼苗汛量的水文变化机制，明确了不同断面“发江”的适宜水文条件。

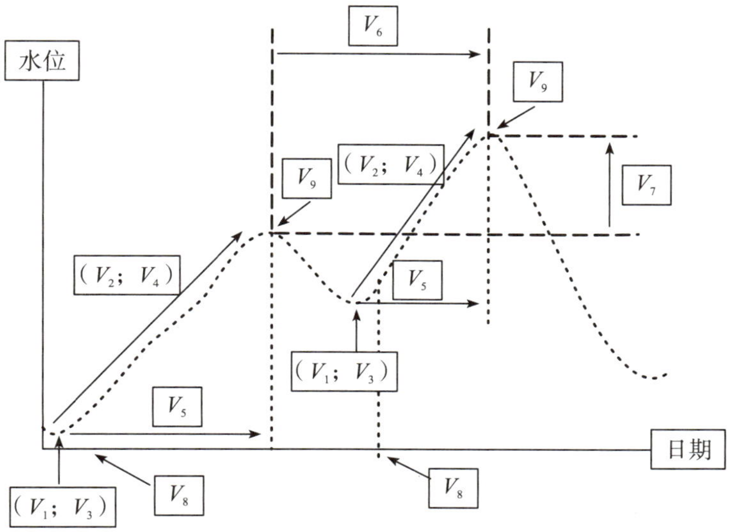

图 6.2-1　分解的洪峰过程水文参数

表 6.2-1　　　　生态水文指标的定义

指标	定义
V_1	洪峰的初始水位：监测到鱼卵的涨水过程起涨水位
V_2	水位的日上涨率：初始水位与洪峰水位之间平均日水位涨幅
V_3	断面初始流量：监测到鱼卵的涨水过程起涨流量
V_4	流量的日增长率：初始流量与洪峰流量之间平均日流量涨幅
V_5	洪峰水位上涨持续时间：初始水位至洪峰水位的时间
V_6	前后两个洪峰过程的间隔时间
V_7	前后两个洪峰过程的水位差异
V_8	起始产卵日期：单次涨水过程中开始产卵时间
V_9	卵汛时序
W_n	单次洪峰过程的鱼卵径流量

此后，国内不同学者普遍沿用了“系统重构分析”的研究思路，进而通过多变量非参关系模型的构建，辨识影响鱼类产卵规模变动的关键水文要素，并试图刻画两者之间的定量关系。王俊娜等采用遗传规划法识别出涨水持续时间和日均涨水率是影响家鱼产卵和鱼苗丰度的关键环境因子。Li 等采用分类与回归树模型识别出水温和水位日上涨率是影响“四大家鱼”产卵活动的关键因子，并得出水温在 18～24℃、宜昌水位日上涨率大于 0.55m 的条件能够引起大规模产卵。Xu 等采用主成分分析和逐步回归模型得出流量日上涨率和水体透明度是影响家鱼产卵规模的关键因子。随着研究的深入，新的

描述指标不断扩展，如初始流量和流量增加倍数（Xu 等）、鱼类感觉日流量涨幅、鱼类感觉累积流量涨幅（林朝达等）等。这些基础工作为后续提出三峡水库生态调度方式奠定了坚实基础。

6.2.2 基于水动力模型和栖息地模拟的生态流量确定

以自然水文情势为基础的生态流量对水生态系统的生物多样性和生态完整性至关重要。开展河流生态流量计算和评估就是从河流水文情势表征及其变化出发，建立水文情势改变—生态响应关系，评估水文变化与生态指标的关联性，获得水文变化对生态影响的阈值，进而确定各类生态流量标准的过程。目前，生态流量的计算方法主要包括水文学法、水力学法、生境模拟法、整体分析法。各种方法都有使用条件和优缺点。其中，生境模拟法在面向鱼类繁殖的生态流量研究中的应用最为广泛。生境模拟法的基础是物理栖息地模型，其核心思想是将目标物种对栖息地流速、水深、底质、覆盖物等物理生境因子的偏好性纳入考虑，通过野外观测或水环境模型获得生境因子的时空分布，并与生境适宜度评价指标相结合，模拟流量与适宜生境分布之间的关系，从而获得目标物种的生态流量。

针对鱼类关键栖息地构建的模型和应用较多，最著名的是美国鱼类及野生动植物管理局于 20 世纪 70 年代末提出的鱼类栖息地研究方法及评估程序。栖息地评估程序（Habitat Evaluation Procedure，HEP）从物种水平提出基于生境单元评价生境质量和生境数量的方法，为保护河流生态系统的策略提供依据，并提出了栖息地适宜性指数（HSI）和加权可利用面积（WUA）的概念，用于对栖息地进行评价，评估程序中栖息地单元的变化或差异代表工程项目或各种预测状况的潜在影响。河道内流量增加法（Instreamflow Incremental Method，IFIM）以栖息地适宜性指数为基础进行栖息地模拟。该方法将水力模型与生物信息结合，建立流量与鱼类适宜栖息地之间的定量关系，再由水文模型确定栖息地时间序列。用于评价微生境可持续性的模型——物理栖息地模型（Physical Habitat Simulation System，PHABSIM）利用水环境模拟和栖息地参考曲线分析由流量或河道形态引起的鱼类栖息地变化，已成为河道内流量增量法的一个模块，在欧洲国家普遍用于支持水资源决策（图 6.2-2）。Jorde 和 Schneider 采用模糊推理对鱼类栖息地进行评估，并开发了鱼类和底栖动物质量评估软件 CASIMIR。该模型认为水流条件、流量变化与生物类型之间存在相关关系，利用这种关系建立模型，就可以估算主要水生生物的数量和规模。

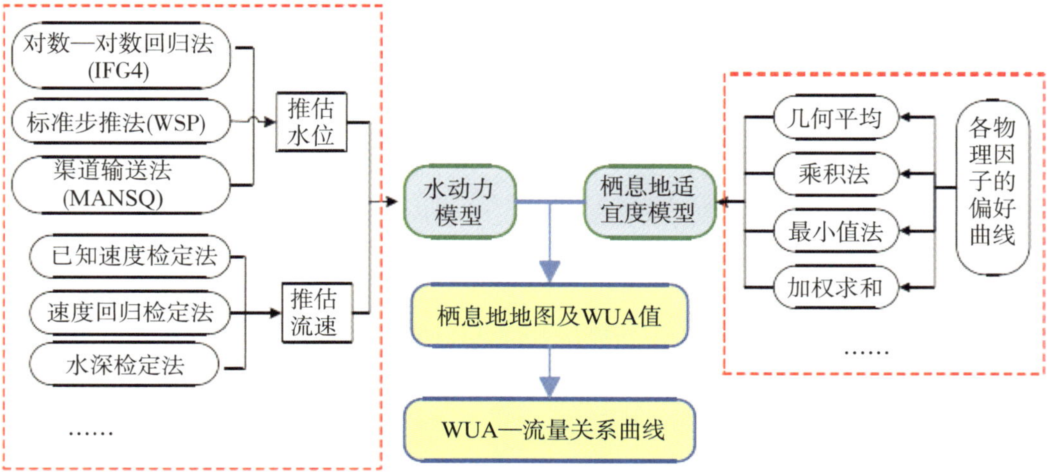

图 6.2-2 PHABSIM 模型结构

栖息地模拟中应用较多的水动力水质模型有 River 2D、Delft 3D、Mike 模型、HEC-RAS 等，也有根据实测数据基于 GIS 进行插值得到河流物理栖息地条件的模型。近年来，随着分布式水文模型的发展，也有研究与 SWAT 等流域水文水质模拟软件相结合，在流域尺度上进行水生生物的生境评价的模型。在栖息地适宜度评价方法中应用较多的方法有适宜度曲线法、模糊逻辑法、多元回归统计、人工神经网络等。

6.3 水生态调度实例

6.3.1 三峡水库生态调度方案

三峡水库于 2010 年首次蓄水至 175m 正常水位，标志着三峡工程由初期运行期转入正常运行期。在三峡工程对长江中游“四大家鱼”自然繁殖的影响日益显著的背景下，有必要及时总结不同时空背景下“四大家鱼”自然繁殖的长期监测数据，研究制定促进“四大家鱼”自然繁殖的生态调度方案。在此总结了不同学者提出的宜昌断面生态调度条件(表 6.3-1)。曾祥胜根据 1964—1965 年资料分析(表 6.3-2)，认为在家鱼繁殖期内，只要先出现一次小规模涨水(宜昌江段水位一昼夜上涨 0.3m 左右)，相隔 1～2d 后再加大下泄流量使宜昌水位每昼夜上涨 0.5m 左右，并持续 4～6d，就能达到刺激家鱼产卵的效果。李清清等提出的调度方案为设置 2 次洪水，洪水开始时间随机产生，每次洪水过程为 8～10d 涨水、8～10d 落水，流量逐日增加，落水与涨水相对称，2 次洪水开始时间间隔 20～25d，但是对于涨水幅度没有具体量化。赵越等采用生态流组法分析“四大家鱼”产卵期的生态水文事件组成，推求满足产卵需求的流量过程如下(图 6.3-1)：5 月 1 日至

6月10日期间，总共涨水3次，每次连续涨水3d，持续时间分别为5d、6d、6d，落水与涨水对称，涨水规模逐渐增加，并给出了下泄流量范围为9040～18950m^3/s，流量增长率为1100～1800$m^3 \cdot d/s$。郭文献等以统计的各水文指标的平均值为生态水文目标，给出的量化参数较多，但是水文参数范围太宽泛，实际可操作性不高。李翀等采用RVA法的分析，从宏观上提出人造洪峰的水文条件为三峡水库调度的坝下每年5—6月的总涨水日数维持在22.1±7.2d范围内，并且每次涨水过程持续时间超过5d。

表6.3-1　　不同研究者提出的人造洪峰条件

人造洪峰调度时间	水位上涨率/(m/d)	流量增长率/($m^3 \cdot d/s$)	涨水持续天数/d	总涨水次数	总涨水天数/d	前后洪峰间隔时间/d	参考文献
5—6月	0.3～0.5		4～6	2		1～2	曾祥胜，1990
5—6月			＞5		15～29		李翀等，2006
5—6月	0.40～0.85	910～2930	3～8	2～4			郭文献等，2009
5—6月			8～10	2		20～25	李清清等，2011
5—6月		1100～1800	3	3			赵越等，2012

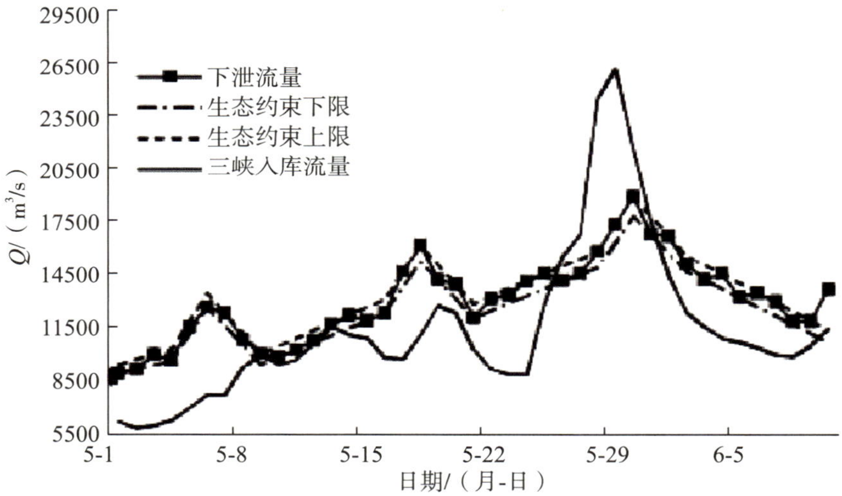

图6.3-1　生态调度推求结果

表6.3-2　　长江中游涨水过程与“四大家鱼”鱼苗汛期的关系

地点	项目	1964年				1965年	
宜昌江段	涨水时间/(月-日)	5-9至5-10	5-12至5-17	6-13至6-15	6-17至6-21	5-27至6-1	6-3至6-7
	涨水幅度(m)/持续天数(d)	0.35/1	2.73/5	0.46/2	3.97/4	1.99/4	4.31/4

续表

地点	项目	1964 年				1965 年	
监利江段	捞苗时间/(月-日)	5-16 至 5-19	5-20 至 5-27	6-20 至 6-21	6-22 至 6-26	5-31 至 6-6	6-7 至 6-15
	捞苗量百分比/%	3.95	37.08	0.75	30.56	8.67	50.57
监利江段	涨水时间/(月-日)	5-10 至 5-11	5-14 至 5-18	6-15 至 6-16	6-18 至 6-24	5-29 至 6-2	6-4 至 6-10
	涨水幅度(m)/持续天数(d)	0.10/1	0.93/4	0.04/1	2.94/6	0.63/4	3.41/6
黄石江段	捞苗时间/(月-日)	5-14 至 5-21	5-22 至 5-28	6-16 至 6-17	6-23 至 6-27	6-1 至 6-9	6-10 至 6-27
	捞苗量百分比/%	3.02	13.13	2.90	42.98	1.97	42.17

水利部中国科学院水工程生态研究所通过对洪水从宜昌至监利的传播规律深入分析，并进一步采用系统重构分析方法得出了一套更为具体的生态调度方案。监利水位变化受洞庭湖变动回水影响，水位流量关系变化情况复杂。加上受到区间来水和河道调蓄作用的影响，监利站水位变化与宜昌站水位变化存在一定差异，宜昌站水位变化与监利站水位变化存在时滞。以 2010 年水文条件推算，5—7 月水位变化时滞为 1～3d，受到洪峰坦化作用的影响，宜昌站水位变化率是监利站日水位变化的 1～3 倍，保守估计，当监利站日水位增加 0.3m 时，宜昌站日水位需要增加 0.5m 左右。根据三峡水库蓄水前后“四大家鱼”自然繁殖情况和调度需求，结合以上水位变化率分析结果，将生态调度分为较好方案和适中方案，分别在 5 月下旬和 6 月下旬各调度 1 次，当下游水温高于 18℃时实施调度。

较好方案：5 月下旬，三峡水库泄流将宜昌流量从 $8300m^3/s$ 上涨到 $15000m^3/s$，调度时保持水位上涨持续 10d，水位日上涨率为 0.30m。6 月下旬，从 $15500m^3/s$ 逐步上升到 $19000m^3/s$，水位日上涨率为 0.35m，上涨持续 4d。

适中方案：5 月下旬，三峡水库泄流将宜昌站流量从 $8000m^3/s$ 上涨到 $14000m^3/s$，调度时保持水位上涨持续 8d，水位日上涨率为 0.3m。6 月下旬，将宜昌站流量从 $14000m^3/s$ 逐步上升到 $17000m^3/s$，水位日上涨率为 0.30m，上涨持续 4d。

2011 年，水利部中国科学院水工程生态研究所结合前期研究成果，考虑了当年度三峡水库上游来水情况，编制完成了 2011 年针对“四大家鱼”自然繁殖的三峡水库生态调度方案。具体方案如下：调度开始时间为 2011 年 6 月 16—20 日，调度持续 6d。三峡水库通过调度加大下泄流量，使葛洲坝下游产生明显的涨水过程，将宜昌站流量 11000m^3/s 作为起始调度流量，在 6d 内将宜昌站流量增加 8000m^3/s，达到 19000m^3/s，调度时保持水位持续上涨，日涨率不低于 0.5m。

6.3.2 三峡水库生态调度监测评估

从 2011 年开始，三峡水库每年在汛前 5—6 月通过“人造洪峰”生态调度措施减缓对长江中游“四大家鱼”的不利影响，逐步发挥三峡工程的生态效益。同时，水利部中国科学院水工程生态研究所、长江三峡集团中华鲟研究所、长江委水文局、中国水产科学研究院长江水产研究所等单位在长江中游设置宜都、沙市、监利 3 个常规监测断面，共同开展生态调度的效果监测工作。具体的工作机制如下：4 月底至 5 月初，由长江防汛抗旱总指挥部组织各单位会商讨论，根据上年度监测评价结论和当年度近期水情预报情况，研究制定当年度生态调度方案，届时通过下发调度令的方式，监督中国长江三峡集团有限公司实施生态调度，组织有关单位做好监测准备，并要求及时报送监测结果。

水利部中国科学院水工程生态研究所一直承担沙市断面生态调度效果监测工作，目前积累了 2011—2023 年较长时间序列的鱼类早期资源监测资料，掌握了生态调度实施以来宜昌—沙市江段的“四大家鱼”自然繁殖动态数据，为三峡水库生态调度方案的不断优化提供了具体建议。

(1)监测时段

鱼类早期资源监测自 5 月中旬开始，持续 60 个连续的日历日，水文和水环境要素监测与鱼类早期资源监测同步进行，“四大家鱼”繁殖群体监测在“四大家鱼”繁殖高峰期进行。

(2)监测内容

1)鱼类早期资源

鱼类早期资源监测分为定点定量监测和断面定量监测两部分内容。定点定量监测是在监测江段设置固定采样点，每日早、中、晚 3 次采集鱼卵和鱼苗，记录采集时间、数量、发育期、网口流速、江水水温等数据。断面定量监测是在卵苗出现高峰时期对整个江断面进行采样，获得卵苗数量及其断面分布情况。

根据鱼类早期资源数据和水文数据，估算获得鱼类繁殖时间、繁殖规模、繁殖江段等数据。

2)水文和水环境要素

水文要素监测结合长江中游水文监测控制站点进行，监测内容包括控制断面水位、流量、水温、含沙量逐日变化；水环境要素监测内容包括天气、气温、表层水温、表层流速、透明度等。各断面在鱼类早期资源监测期间同步观测并记录。

3)繁殖群体规模

结合已有的调查资料和定性监测中鱼卵的出现情况，判断亲鱼繁殖可能出现的地点，采用救生艇携带水声学设备对亲鱼的聚集地点、数量、行为进行探测。

(3)监测指标与方法

1)种类组成

原则上，对所有采集到的鱼卵和鱼苗都进行种类鉴定，尽量鉴定到种水平，无法鉴定到种的至少到属水平。在实际工作中，采取抽样鉴定。为避免样本中遗漏“四大家鱼”，对所有样本逐一观察，排除“四大家鱼”的可能性。对于无法鉴定的鱼卵，统一实地培育成鳔形成期的鱼苗进行鉴定，鱼苗则直接鉴定。鉴定工作具体参考易伯鲁等著《葛洲坝水利枢纽与长江“四大家鱼”》、曹文宣等著《长江鱼类早期资源》等资料。

“四大家鱼”繁殖规模：根据逐日采集的卵苗数量、采集时间、网口面积、流速数据，计算卵苗密度，根据断面流量数据推算卵苗日径流量，以反映卵苗资源量日变化。

卵苗密度：

$$d=\frac{n}{S\times V\times t}$$

式中，d——采集过程中单位时间卵苗密度；

n——采集过程中累计获得的卵苗数量；

S——网口面积；

V——网口流速；

t——采集持续时间。

断面系数(卵苗断面平均密度与定点密度之比)：

$$C=\frac{\sum\overline{d}}{d_1}$$

式中，C——卵苗平均密度相比系数；

d_1——固定采样点的卵苗密度；

$\overline{d}$——某断面各采样点的卵苗平均密度。

采集期间的卵苗径流量：

$$M_i=d_i\times Q_i\times C$$

式中，M_i——第 i 次采集时段内通过该江断面的卵苗数；

d_i ——第 i 次采集的卵苗密度；

Q_i ——第 i 次采集时的断面流量；

C——卵苗平均密度相比系数。

非采集期间的卵苗径流量用相邻两次采集的卵苗径流量及其间隔时间进行插补计算：

$$M_{i,i+1}=(M_i/t_i+M_{i+1}/t_{i+1})t_{i,i+1}/2$$

式中，$M_{i,i+1}$——第 $i,i+1$ 次采集时间间隔内的卵苗径流量；

$t_{i,i+1}$——第 $i,i+1$ 次采集时间间隔。

卵苗总径流量：

$$M=\sum M_i+\sum M_{i,i+1}$$

卵苗日均密度：

$$d'=\frac{M'}{Q'\times C\times t'}$$

式中，d' ——某一天内估算的卵苗密度日平均值；

Q' ——某一天的断面平均流量；

t' ——24h，取值 86400s。

2)繁殖时间和地点

获得鱼卵后使用解剖镜观测鱼卵发育期，同时记录采集与观察之间的间隔时间，根据“四大家鱼”胚前发育期（细胞期至孵出期）和对应的距受精时间，反推鱼卵采集时的发育期，依据早期生活史阶段发育期与水温的关系确定鱼卵采集时的发育时间，从而获得其距受精的时间，即为产卵时间。产卵地点依据采集鱼卵发育期和当时的江水流速推算鱼卵漂流到采集点的距离，从而反推出产卵场位置信息。鱼卵漂流距离计算公式为：

$$D=V\times T$$

式中，D——鱼卵漂流距离；

V——断面平均流速；

T——相应水温条件下的“四大家鱼”胚胎发育时间。

早期资源监测断面以上距离 D 的位置即为推算的产卵场位置。

3)典型江段鱼群特征

结合鱼类早期资源监测的即时分析成果，对推定的产卵场江段进行渔获物调查，以渔获物调查获得的产卵亲鱼作为产卵场确认标准，并对推定产卵场江段进行渔业声学探测，获得“四大家鱼”亲体分布水层和个体大小，估算繁殖群体数量，分析鱼类繁殖群体空间分布状况。

通过 Sonar-5 分析软件对声学数据进行分析。Sonar-5 可应用于鱼类目标信号的提取、单体鱼的自动计数、生物量评估等。采用合理的参数设置有效地消除噪声干扰并准确地提取信噪比比较低的信号，同时采用单回声检波与跟踪分析(Single Echo Detection and Tracking Methods，STM)和图像分析方法进行回声影像的分析，逐一提取目标信号的目标强度(Target Strength，TS)均值、分布位点水深等参数。数据分析的相关声呐参数分别为：单回声检波 (Single Echo Detection，SED)回波阈值为-60dB；水体吸收系数为 8.72dB/km；最小回波长度为 0.8；最大回波长度为 2.0；最大相差为 1.2；声学截面的最大增益补偿(Maximum Gain Compensation，MGC)为 6dB。

在鱼类资源量估算中，采用回声计数方法进行鱼类密度的估算，算法如下：

$$V=\frac{1}{3}\pi\cdot\tan(\theta'/2)\cdot\tan(\varphi'/2)\cdot(R_2^3-R_1^3)$$

$$\varphi=\frac{N}{PV}$$

式中，N——探测到的鱼类的数目；

φ——单位体积水体或者单位面积水面鱼类数量；

V——每一个 ping 探测的水体体积；

P——分析数据的 ping 数量；

V——声束探测的水体体积；

θ' 和 φ'——换能器的横向和纵向方向的有效检测角度，其为回波在声学截面方向上获得最大增益补偿(MGC)时的张角；

R_2——探测位置水深；

R_1——换能器 1m 以下的水深。

为了解不同探测区域的鱼类时空分布模式，使用 ArcGIS9.3 软件进行的鱼类时空分布的 GIS 建模。将鱼探仪获得的数据(包括采样点 GPS 坐标、水深、鱼类密度)导入 ArcGIS 平台，然后对鱼类密度分布进行建模。建模采用反距离加权法(Inverse Distance Weighting，IDW)，在建模过程中，将鱼探仪获得的鱼类密度、水深等数据进行栅格化后进行插值运算。建模涉及幂值 p，最大搜寻半径 N、输出栅格大小 3 个参数的设定。结合相关文献的建议、实际采样点密度和流域大小，设定 $p=2$，$N=3$。

在鱼类资源量(生物量)估算过程中，通过 ArcGIS9.3 软件获得的各个区域的鱼类密度的栅格化数据。同时将各个网格的平均水深，以及各个网格代表的水面面积等数据进行分别计算，获得每个网格代表的水体体积。随后计算各个鱼类密度网格的密度和水体体积之积，即可获得各个网格内的鱼类总尾数。最后统计每个网格内的鱼类总尾数，从而获得不同区域的鱼类资源总量。具体算法如下：

$$B=\sum_{i=1}^{k}\varphi_i\cdot V_i$$

式中，B——探测区域的鱼类生物量；

i——被分析的栅格的序号；

φ_i——第 i 个网格内鱼类的密度，来源于鱼类时空分布的 GIS 模型获得的栅格化的数据；

V_i——φ_i 范围内获得的水体体积，由第 i 个网格所代表的水面面积和该网格的实际探测的水深获得。

6.4 水生态调度系统功能构建

6.4.1 鱼类适宜性曲线

影响“四大家鱼”栖息地适宜度的主要生态因子包括水深、水位涨幅、流速、水温。适宜的水位涨幅对应高的产卵量。2004 年 6 月 13—18 日，监利断面水位上升 2.09m，日均水位涨幅为 0.35m，流量上涨 13000m^3/s，日均流量涨幅为 2167m^3/s；6 月 24 日至 7 月 2 日，监利站监测到的鱼苗量约为 2.86 亿尾，为 2004 年总鱼苗产量的 84.36%。野外监测表明，鱼苗径流量和洪峰呈正相关关系，水位的上涨能够刺激家鱼产卵。

流速是关键生态因子之一的原因是家鱼的鱼卵和鱼苗需要一定的流速以防止下沉。0.25～0.9m/s 的流速能为家鱼提供适宜的产卵场。当流速小于 0.27m/s 时，鱼卵开始下沉；当流速小于 0.25m/s 时，大部分鱼卵会落到河床上；当流速小于 0.1m/s 时，所有的鱼卵均下沉。

水温对家鱼繁殖的影响至关重要。当水温高于 18℃时，家鱼开始产卵，产卵盛期水温为 21～24℃。宜昌江段每年家鱼繁殖季节的最高日平均气温为 27℃。

“四大家鱼”中除了青鱼外都属于中上层鱼，因此假设“四大家鱼”水深偏好为 3～5m。通过文献调研得到“四大家鱼”栖息地生态因子适宜度曲线（图 6.4-1 至图 6.4-4）。

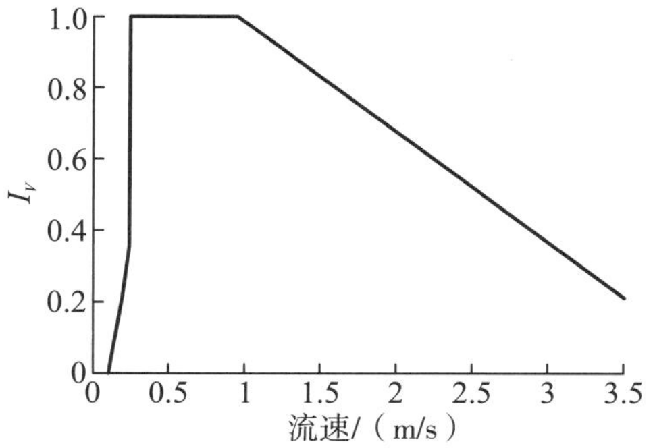

图 6.4-1　流速适宜性曲线

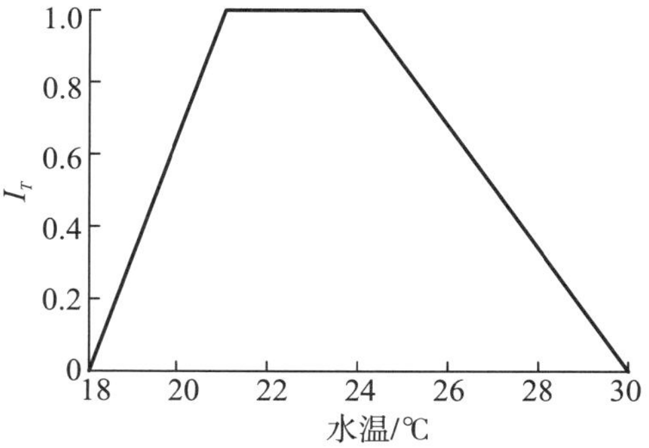

图 6.4-2　温度适宜性曲线

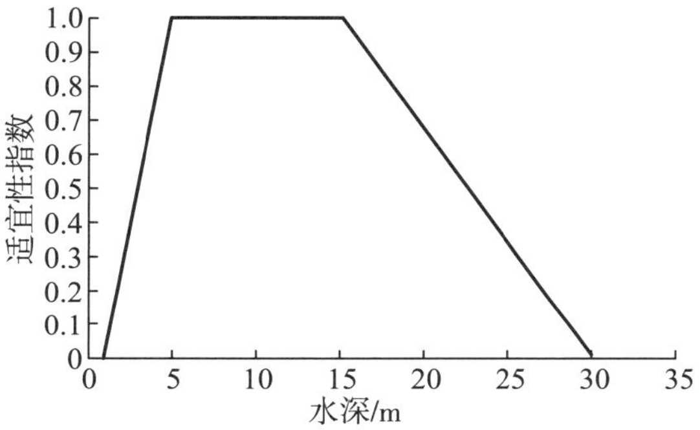

图 6.4-3　水深适宜性曲线

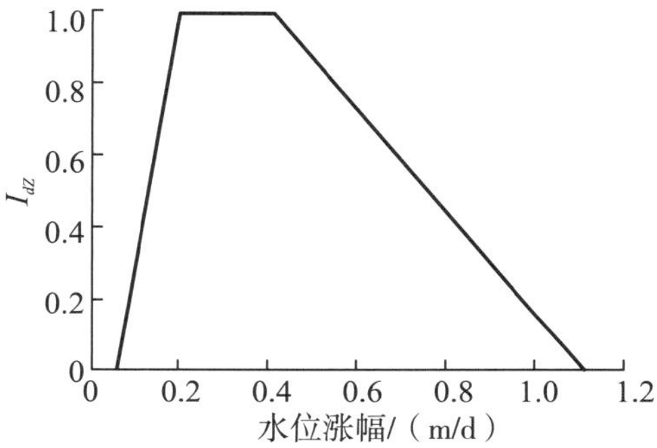

图 6.4-4　水位涨幅适宜性曲线

6.4.2　栖息地水力模拟

6.4.2.1　水力学模型原理

水力学模型是通过界定宜昌至枝城的流域边界，利用真实测得的流量和水位数据，结合物理方程原理和有限元法划分网格，来模拟真实的流域水动力学情景，最后通过恒定流模拟，得到宜昌至枝城长江河段的水深、流速分布，从而解决难以直接测得流域内各个位置流速、水深分布的难题。本节运用了 River2D 水力学模型软件对研究河段进行建模。

River2D 建立的二维水动力模型，是以求解基本的质量守恒方程和 x、y 两个方向分量的动量方程为基础建立的，并且在求解过程中利用了有限元法和隐式计算，来求解无限多个未知方程。

水动力学模型涉及的质量守恒方程，是假定一个水柱，柱体内水的体积随时间的变化率等于从两边流入柱体水流的净速率。设定柱体纵深为 H，平面尺寸表示为 Δx 和 Δy，沿 x 方向的流速设为 U，沿 y 方向的流速设为 V（图 6.4-5）。

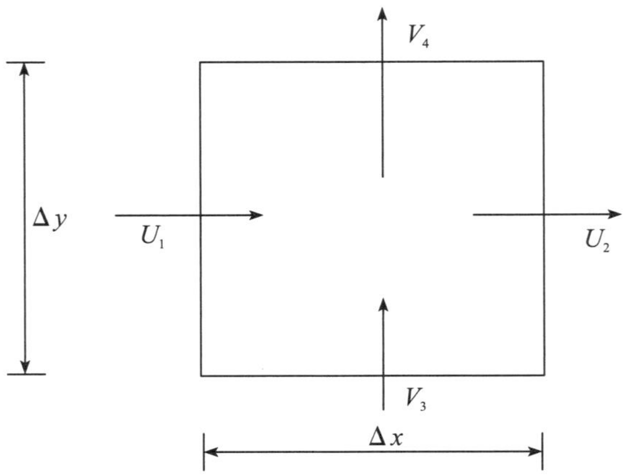

图 6.4-5　质量守恒方程原理

由此可得净流入率的表达式为：

$$\frac{\Delta x \Delta y \Delta H}{\Delta t} = H_1 U_1 \Delta y - H_2 U_2 \Delta y + H_3 U_3 \Delta x - H_4 U_4 \Delta x$$

由质量守恒条件可知，净流入率应为 0，因此质量守恒方程为：

$$\frac{\Delta H}{\Delta t} + \frac{\Delta(HU)}{\Delta x} + \frac{\Delta(HV)}{\Delta y} = 0$$

质量守恒方程给出了水深、平面两个方向的流速之间的关系，要求解 3 个未知量，还需要结合动量方程的两个关系式。

仍然从假设的水柱体来考虑动量守恒定律。在 x 方向上的动量守恒关系是 x 方向的动量随时间的变化率等于 x 方向两边动量流入的净速率加上作用在 x 方向的合力。类似于质量守恒方程的推导过程，可以得到 x 方向的动量守恒方程为：

$$\frac{\partial q_x}{\partial t} + \frac{\partial}{\partial t}(U q_x) + \frac{\partial}{\partial t}(V q_x) + \frac{g}{2}\frac{\partial}{\partial x}H^2$$
$$= gH(S_{0x} - S_{fx}) + \frac{1}{\rho}\left[\frac{\partial}{\partial x}(H\tau_{xx})\right] + \frac{1}{\rho}\left[\frac{\partial}{\partial y}(H\tau_{xy})\right]$$

式中，S_{fx}——x 方向的摩擦阻力；

S_{0x}——x 方向的河床坡度；

τ_{xx} 和 τ_{xy}——横向紊流应力张量；

g——重力加速度；

ρ——水的密度。

同理，y 方向的动量守恒方程与 x 方向的类似。

由质量守恒方程和两个方向的动量方程相结合，可以求出某一点的水深和两个方向的流速。因为区域内有无限多个点，对无限多个未知量的无限多个方程的求解需要用到有限元法来进行离散化。

在 River2D 水动力模型中使用的有限元法，是以加权残差法作为基础，对质量守恒方程和动量守恒方程进行积分运算求解。受网格生成器的限制，River2D 模型离散化采用的是线性三角形。

利用有限元法作为解决方案有很多好处，其中最大的好处就是具有几何灵活性。单元比较容易改变形状和大小，以追踪复杂的边界条件，也允许在特别重要或快速变化的区域对网格进行细化。

6.4.2.2　恒定流模拟

对于微生境模拟，流速和水深是两个影响鱼类生存的重要因素。在流量改变的情况下，这两个影响因子也会随之改变，因此不同的流量往往对应不同的流速水深情况，对鱼类的栖息地适宜性也会造成不同程度的影响。

恒定流模拟的原理是以非恒定的瞬时流态为基础。在恒定流模拟的过程中，将最终结果收敛到稳定状态实际上是一个伪瞬时的过程，因此通过调整合适的时间增量来控制迭代过程是十分重要的。模拟的具体方法是在 River2D 中打开恒定流模拟的对话框，设置迭代时间、时间增量、目标结果改变量等参数，观察设置的每组参数得到的恒定流模拟结果，反复修改参数，直到达到较好的恒定流模拟效果。

通过分析宜昌—枝城段流量与水位的实测数据，得到流量与水位的线性关系（图 6.4-6）。回归方程为：

$$Q = 2896.8d - 104762$$

拟合度 R^2 为 0.9825，拟合度较好。

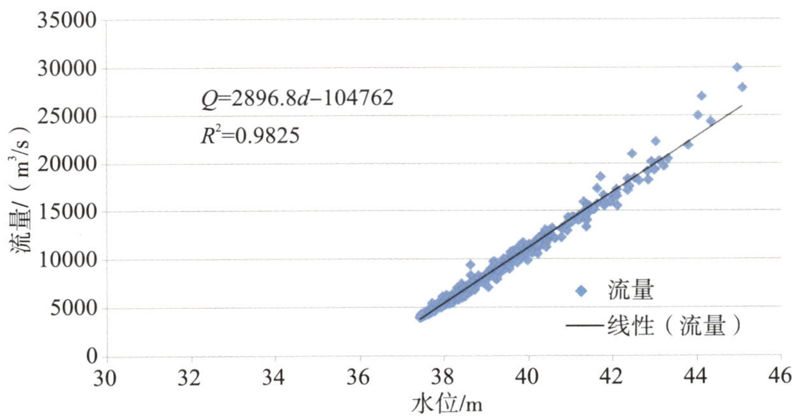

图 6.4-6　宜昌—枝城段流量水位关系

6.4.2.3　模拟结果

将相关数据输入模型模拟多种工况下的水深、流速分布，作为栖息地模拟基础。对模拟结果进行分析,采用对比的方式找到变化规律,分析背后的原因和趋势。在不同流量下水深随着流量的增大而升高,在河道弯折处和河道中间水深较深,在顺直河道的靠岸处水深较浅。在图 6.4-7 的对比中,可以看到无论在哪种工况下,流速的大小由河道中间向两岸递减,并且随着流量的增大,河道中央流速不断增大,高流速范围也不断扩大。选取以下几个有代表性的模拟工况作为示例,分析水深、流速分布。

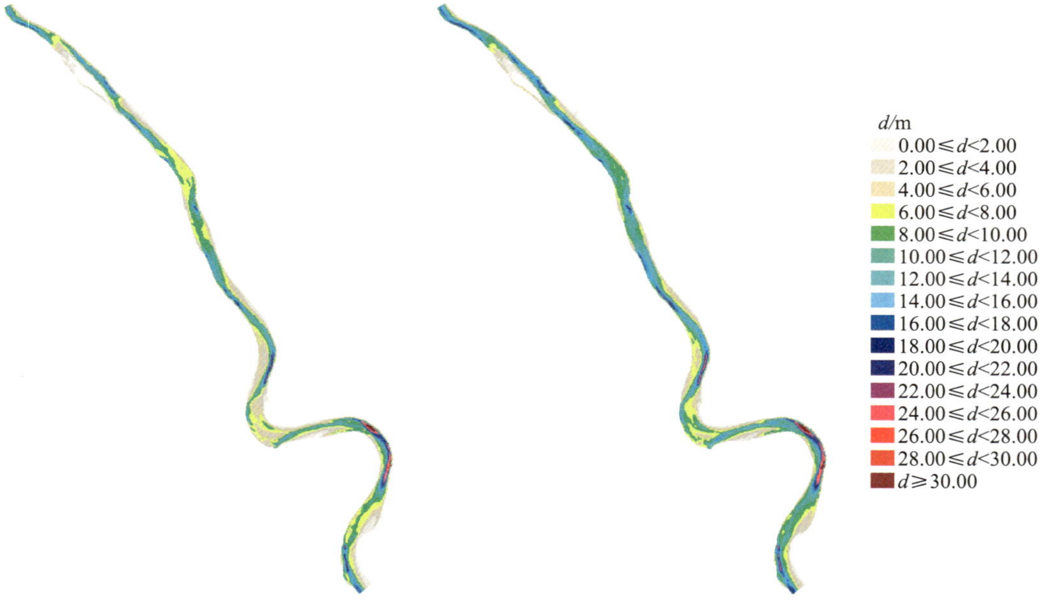

(a)3000m³/s 流量时水深分布　　(b)8000m³/s 流量时水深分布

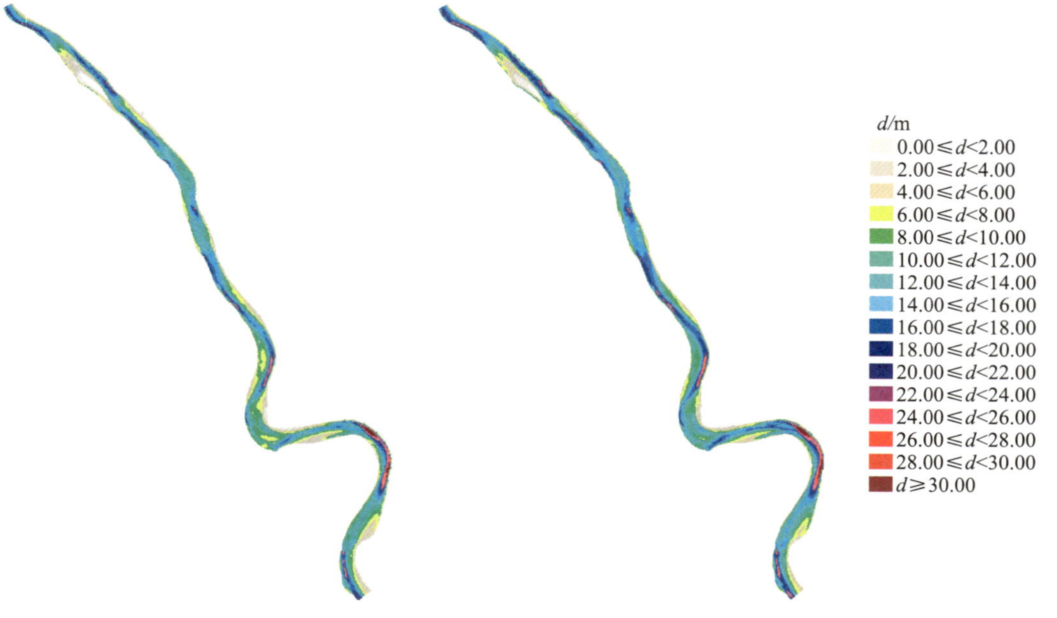

(c)13000m³/s 流量时水深分布　　(d)18000m³/s 流量时水深分布

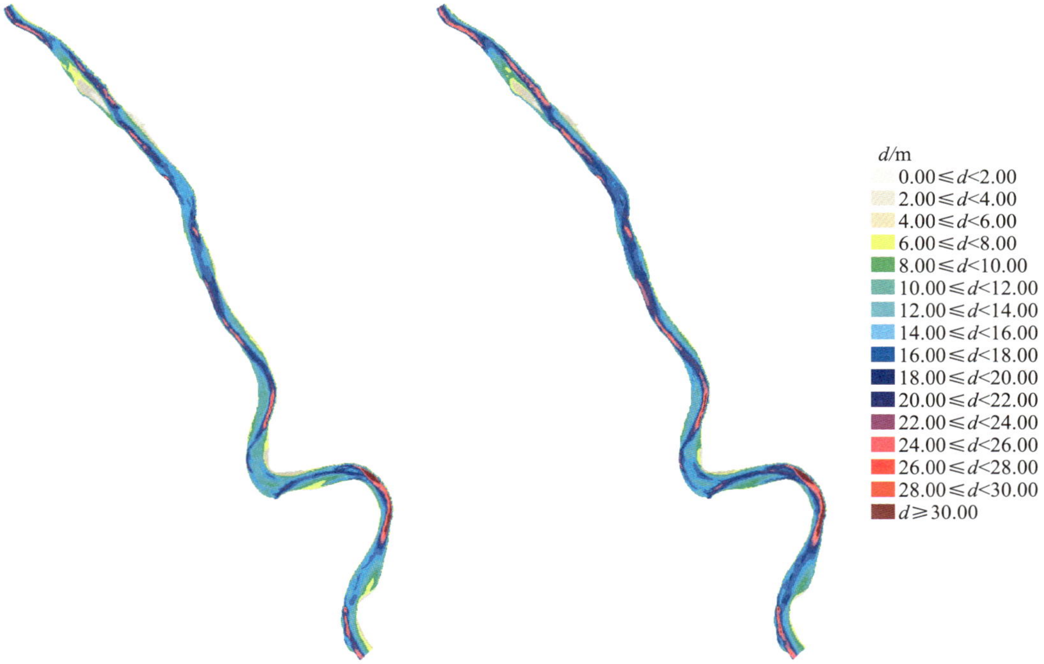

(e)23000m³/s 流量时水深分布　　(f)28000m³/s 流量时水深分布

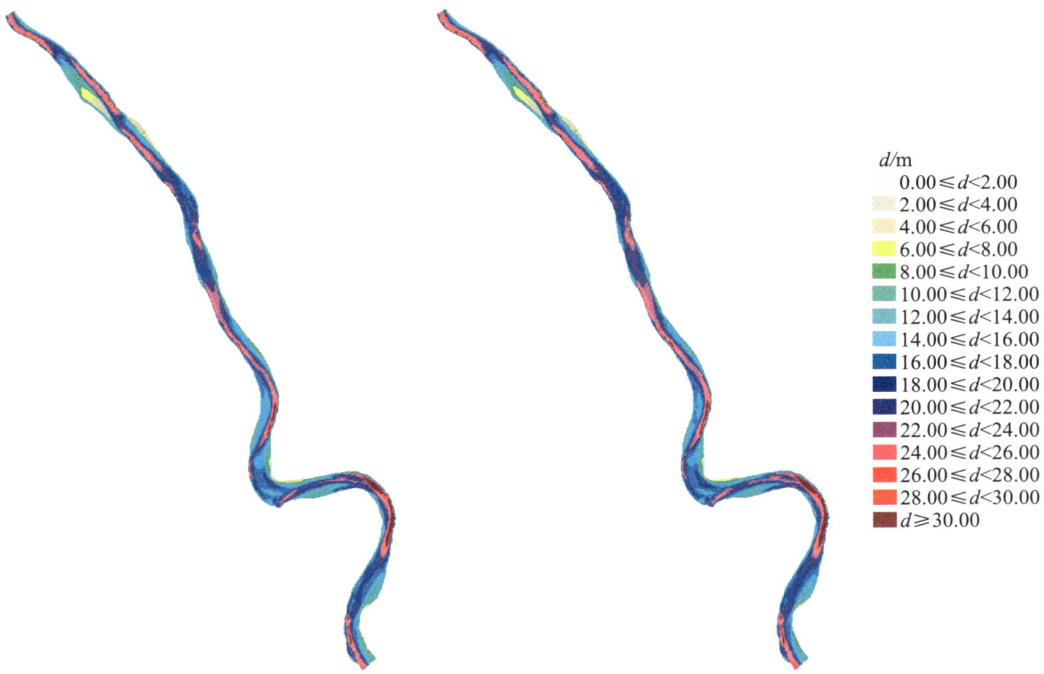

(g)33000m³/s 流量时水深分布　　(h)35000m³/s 流量时水深分布

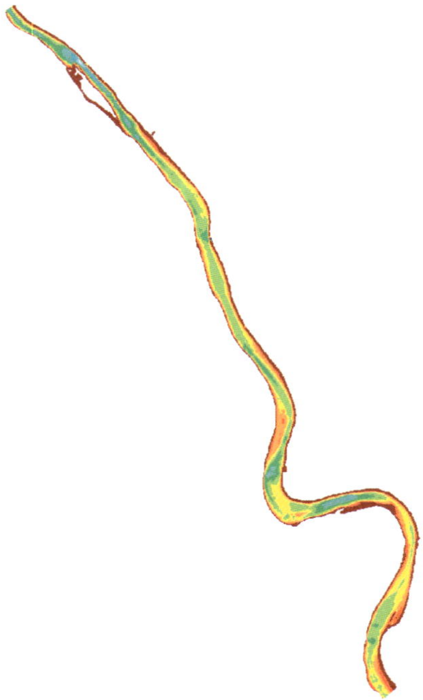

(i)3000m³/s 流量时流速分布

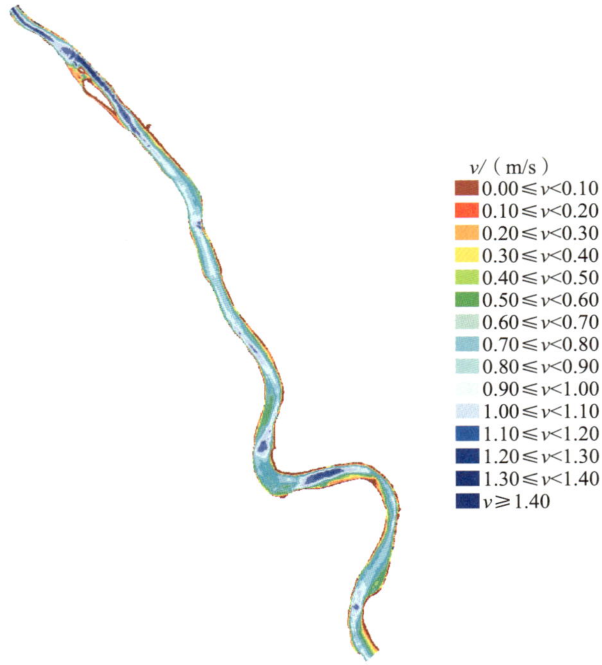

(j)8000m³/s 流量时流速分布

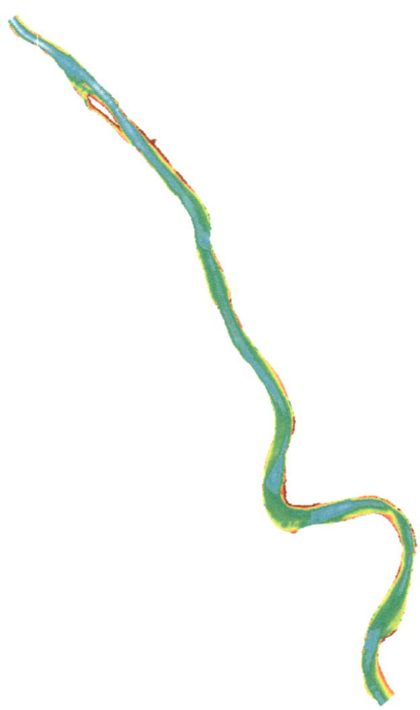

(k)13000m³/s 流量时流速分布

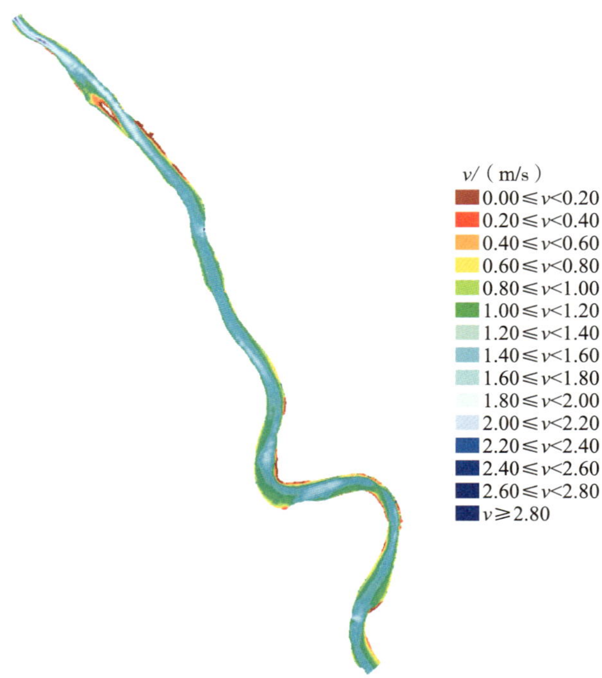

(l)18000m³/s 流量时流速分布

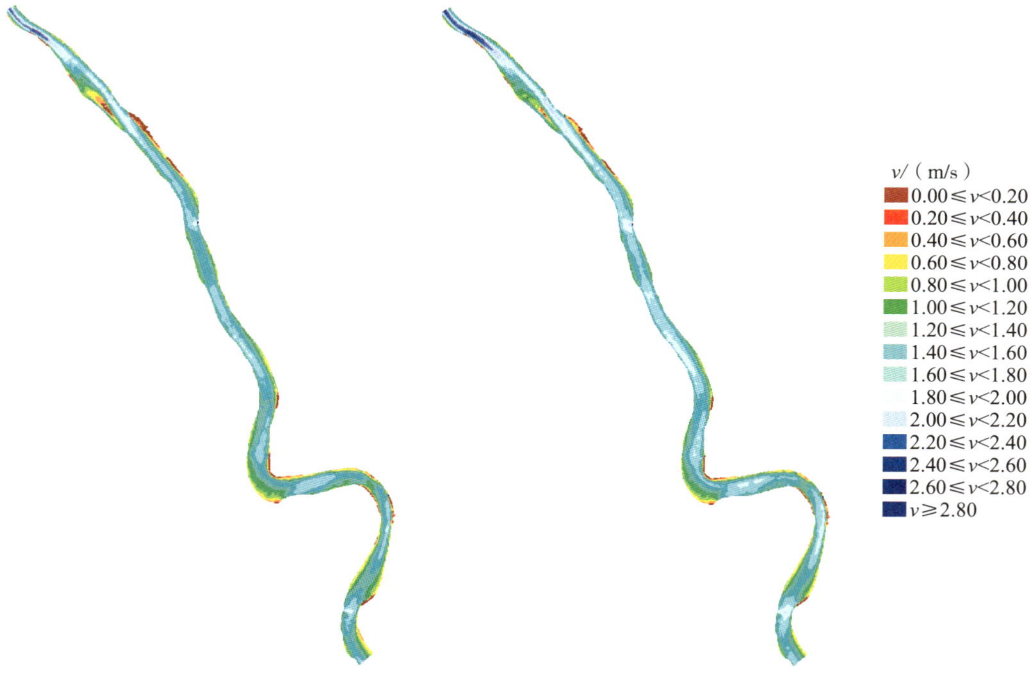

(m)23000m³/s 流量时流速分布　　(n)28000m³/s 流量时流速分布

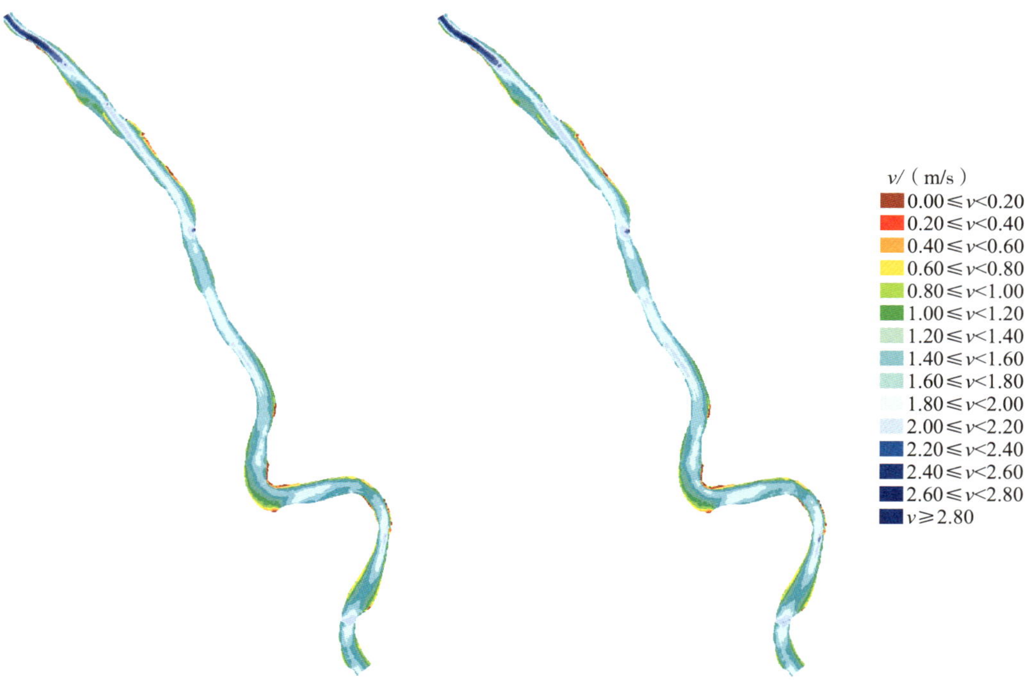

(o)33000m³/s 流量时流速分布　　(p)35000m³/s 流量时流速分布

图 6.4-7　代表性模拟工况下水深、流量分布

6.4.3 栖息地模拟评价

6.4.3.1 评价模型

栖息地模型是建立在加权可利用面积(WUA)概念的基础上。以水动力学模型的构建为基础,结合研究鱼类特定生命阶段的栖息地适宜性指数曲线,构建鱼类栖息地模型。栖息地模型主要是对研究区域内目标物种的栖息地环境进行模拟,得出适宜性指标。

栖息地模拟的原理是河道内流量增加法(IFIM)的核心思想。具体的内容是,利用"四大家鱼"在研究区域内的适宜性指数曲线,根据影响因子(包括流速、水深、温度等)的流域分布特征,按照选定的计算方法得到组合适宜性指数;再通过对每个网格面积和综合适宜性指标乘积的结果求和,确定计算 WUA 的值和水力栖息地指数(HHS)的结果,从而得到"四大家鱼"在不同影响因子下对应的栖息地适宜性指标。

WUA 表示研究河段内的微生境适宜性。共有 3 种计算方法可得到其结果,分别是乘积法、算术平均法、几何平均法。每种计算方法对应组合适宜性指数(CSI)的不同计算方式。乘积法就是将各个影响因子对应的适宜性指数相乘得到组合适宜性指数的结果,几何平均法就是对各个影响因子对应的适宜性指数做几何平均得到组合适宜性指数的结果。不同计算方法得到的值会有所差别,为了对模拟结果进行更加合理可靠的评价,需要针对每种工况分别输出 3 种 WUA 的计算结果,最后进行结果比较,筛选出最优计算方法所对应的 WUA。关于 WUA 的计算结果可以通过 CASiMiR-Fish2D 和 R 语言编程计算得到,只需要将结果记录下来即可。

WUA 的计算方法如下:

$$\mathrm{WUA}=\sum_{i=1}^{n}\mathrm{CSI}(V_i,D_i,C_i)\times A_i$$

式中,i——划分的单元数;

CSI——每个单元影响因子的组合适宜性值;

V_i、D_i、T_i——第 i 单元的流速、水深、水温适应指数;

A_i——i 单元的水平面积。

其中组合适宜性指数的 3 种算法:

乘积法:

$$\mathrm{CSI}_i=(V_i\times D_i\times T_i)^{1/3}$$

算术平均法:

$$\mathrm{CSI}_i=1/3(V_i+D_i+T_i)$$

几何平均法：

$$\mathrm{CSI}_i = V_i \times D_i \times T_i$$

3 种组合适宜性指数的算法，分别对应 3 种 WUA 的结果。

HHS 表示的是 WUA 和湿网格面积的比值。其中，湿网格面积就是所有水深大于 0.1 的网格面积之和。由于无法在软件中直接进行 HHS 的计算，因此结合 HHS 的计算要求，可以通过输出相关数据来得到 HHS 的值。首先需要输出每种模拟工况下各节点的水深和网格面积分布，来进行湿网格面积的计算，具体方法是将水深大于 0.1m 的网格面积求和，即可得到对应工况的湿网格面积；然后对 WUA 和湿网格面积做商就可以得到对应模拟工况的 HHS 结果。HHS 取值的大小落在 0～1 的范围内，取值越大，表示河道内“四大家鱼”生存的适宜性越好，反之，河道环境越不利于“四大家鱼”的生存繁衍。

$$\mathrm{HHS} = \mathrm{WUA} \div \text{湿网格面积}$$

6.4.3.2　模拟结果分析

根据“四大家鱼”温度适宜性曲线图可确定每个温度对应的适宜性指数值(表 6.4-1)。对温度从 18～27℃每个温度对应的栖息地适宜性与流量的关系，选择了 20℃(HSIt＝0.6)、25℃(HSIt＝0.83)和 21～24℃(HSIt＝1)3 个情景的模拟结果(表 6.4-1)。

表 6.4-1　　不同温度对应的适宜性指数值

温度	18	19	20	21	22	23	24	25	26	27
HSIt	0	0.30	0.60	1.00	1.00	1.00	1.00	0.83	0.67	0.50

(1)21～24℃栖息地模拟结果

产卵盛期水温为 21～24℃，在这个温度下对应的适宜性指数为 1。选取了 3000～35000m^3/s 的 6 个流量得出的栖息地适宜性结果进行分析(图 6.4-8 和图 6.4-9)。

当流量在 10000～15000m^3/s 时 WUA 达到最大值，适宜栖息地面积最大。观察当流量为 10000m^3/s 时栖息地适宜性分布，综合适宜性指数大部分河段都大于 0.9，适宜性较好。随着流量增大，适宜性减弱，流量在 35000m^3/s 时最小。其中乘积法得到适宜性分布最差，算术平均法和几何平均法得到结果类似。

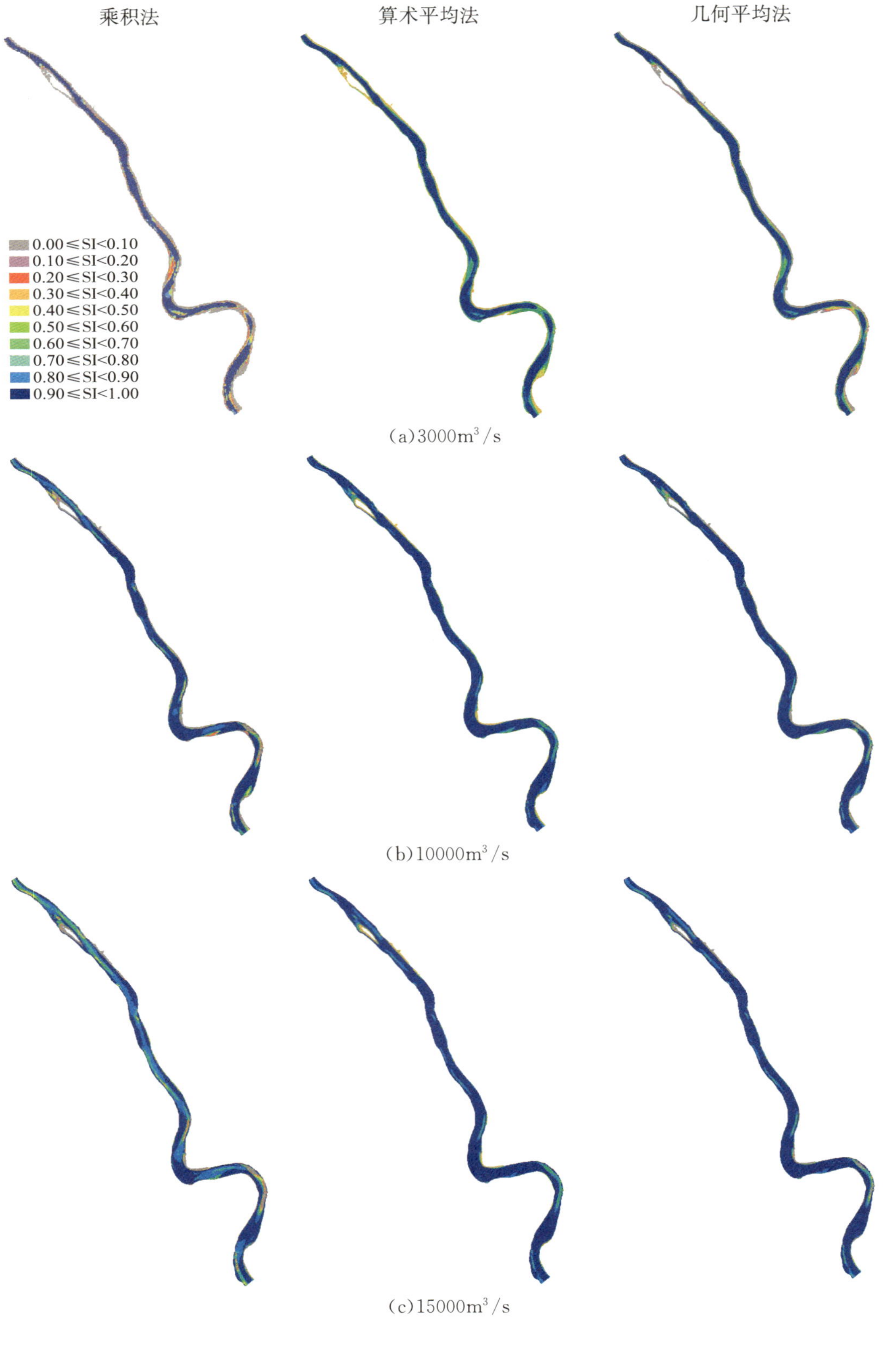

(a) $3000m^3/s$

(b) $10000m^3/s$

(c) $15000m^3/s$

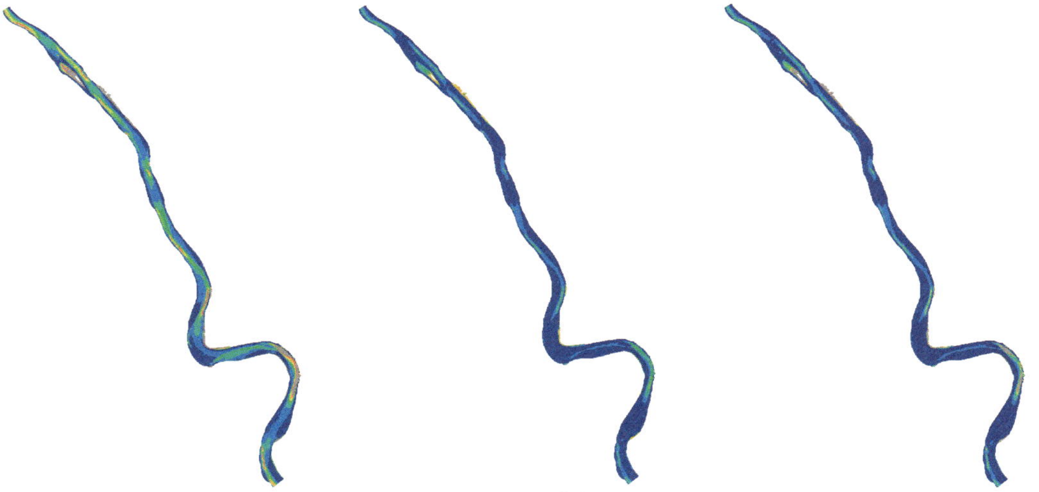

(d)20000m^3/s

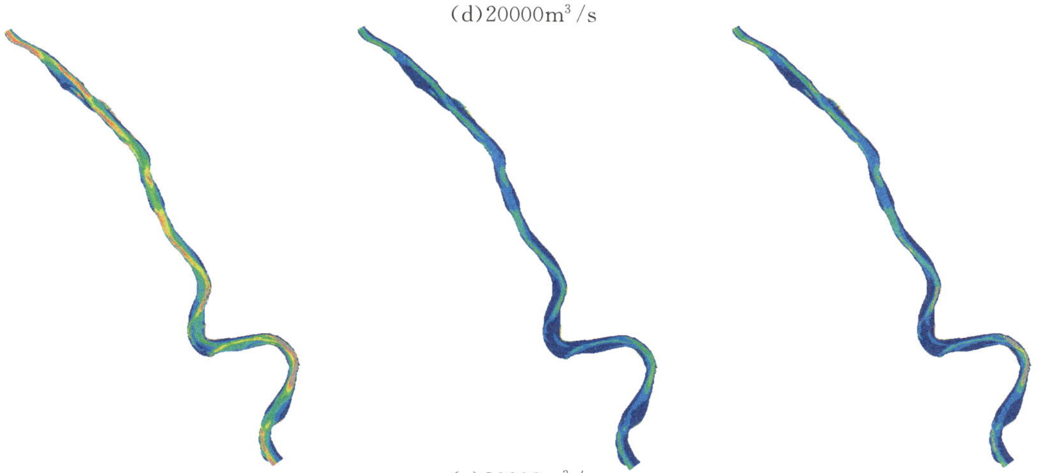

(e)30000m^3/s

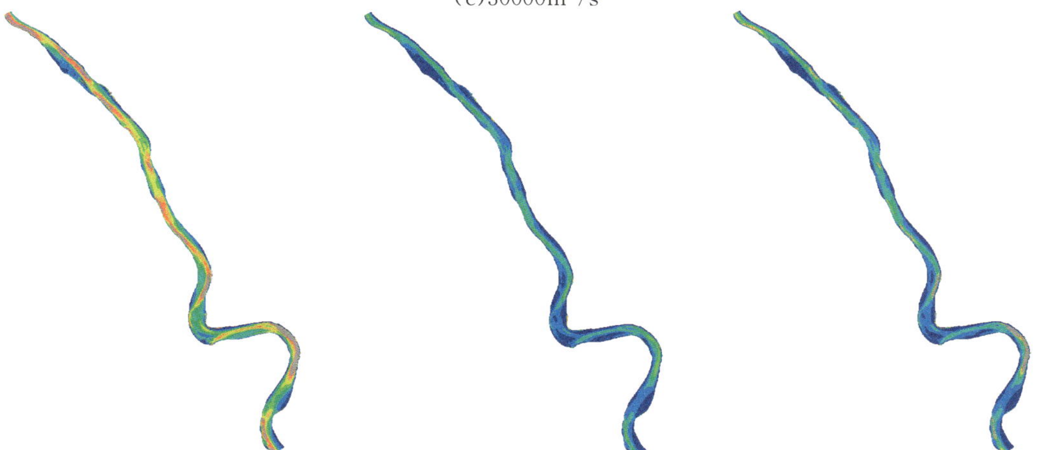

(f)35000m^3/s

图 6.4-8　栖息地适宜性结果对比(21～24℃)

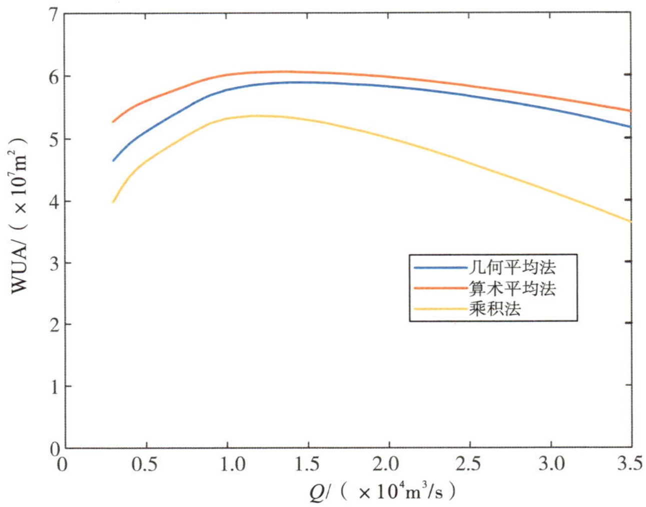

图 6.4-9　21～24℃流量与 WUA 关系

(2)20℃栖息地模拟结果

20℃对应适宜性指数为 0.6，选取了 3000～35000m^3/s 的 6 个流量得出的栖息地适宜性结果进行分析(图 6.4-10 和图 6.4-11)。

当流量在 10000～15000m^3/s 时 WUA 达到最大值，适宜栖息地面积最大。其中乘积法所得关系曲线与算术平均法和几何平均法差别较大，但是曲线趋势一致。观察当流量为 10000m^3/s 时栖息地适宜性分布，乘积法所得结果大部分河段综合栖息地指数为 0.5，算术平均法和几何平均法中大部分河段综合栖息地指数为 0.8。随着流量增大，适宜性减弱，流量在 35000m^3/s 时最小，尤其是中间河段流速过大，乘积法所得综合适宜性指数只有 0.2。

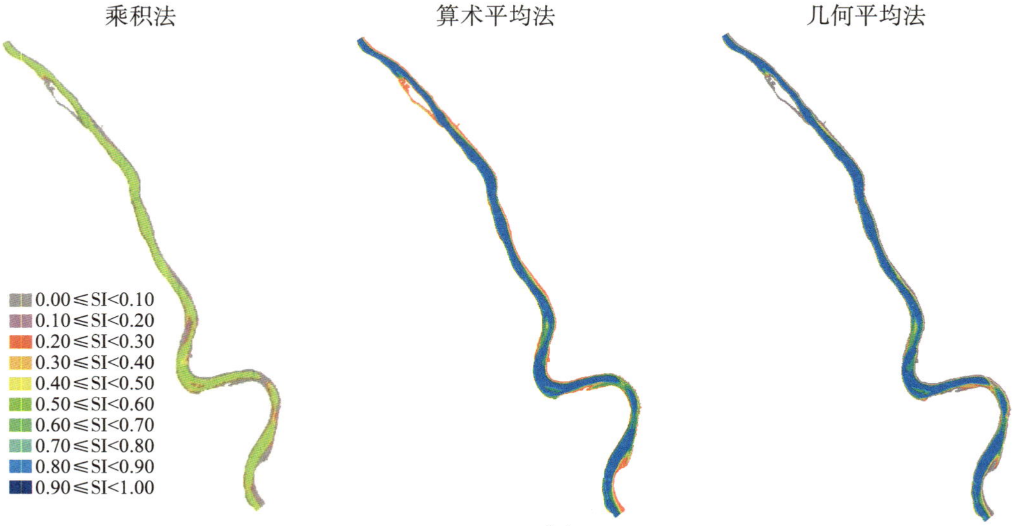

(a)3000m^3/s

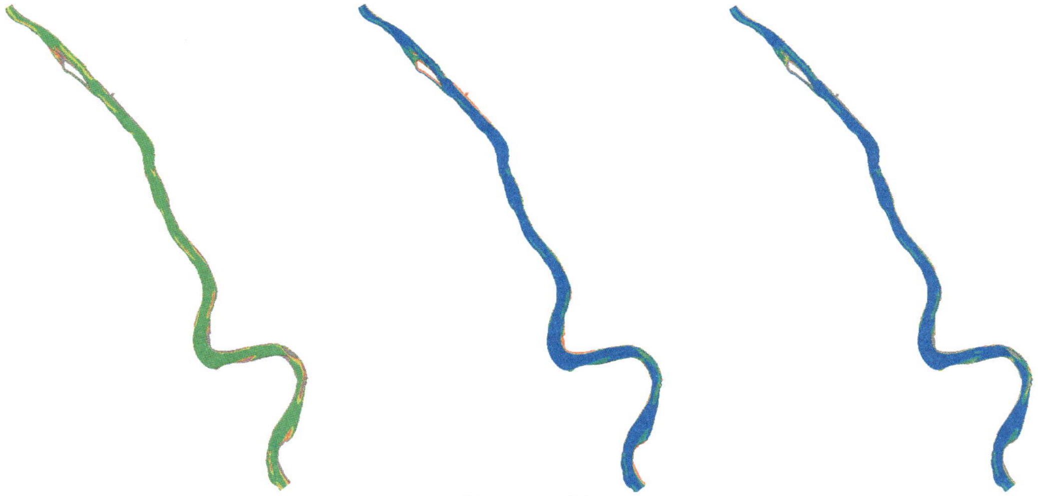

(b) 10000m^3/s

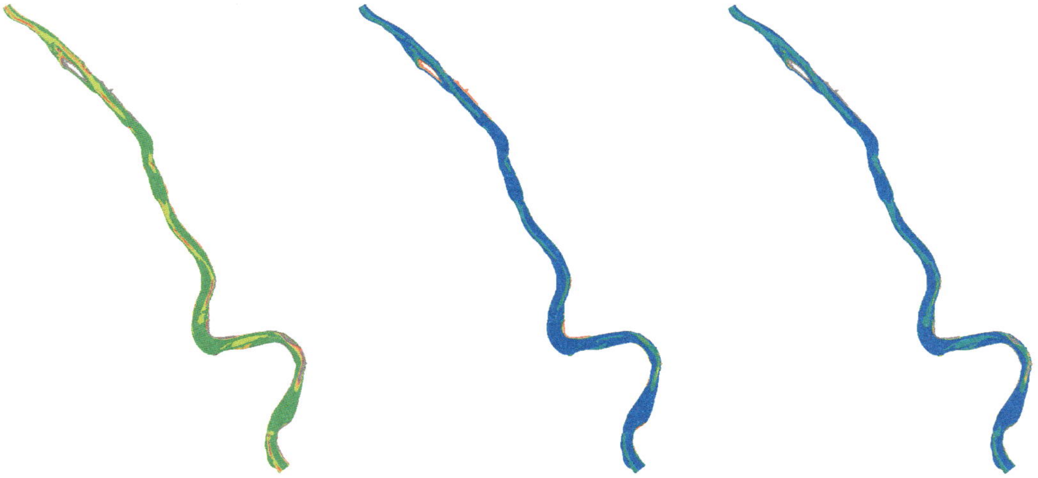

(c) 15000m^3/s

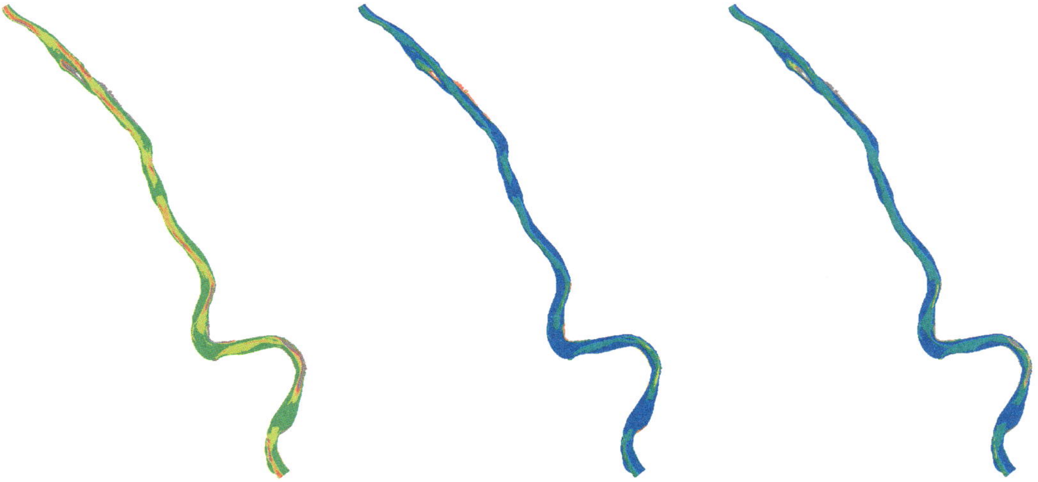

(d) 20000m^3/s

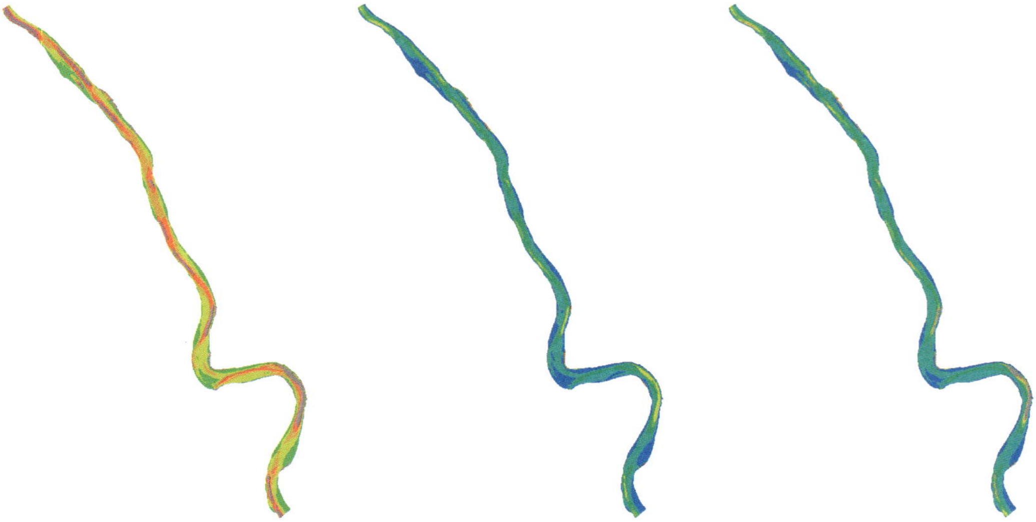

(e)30000m³/s

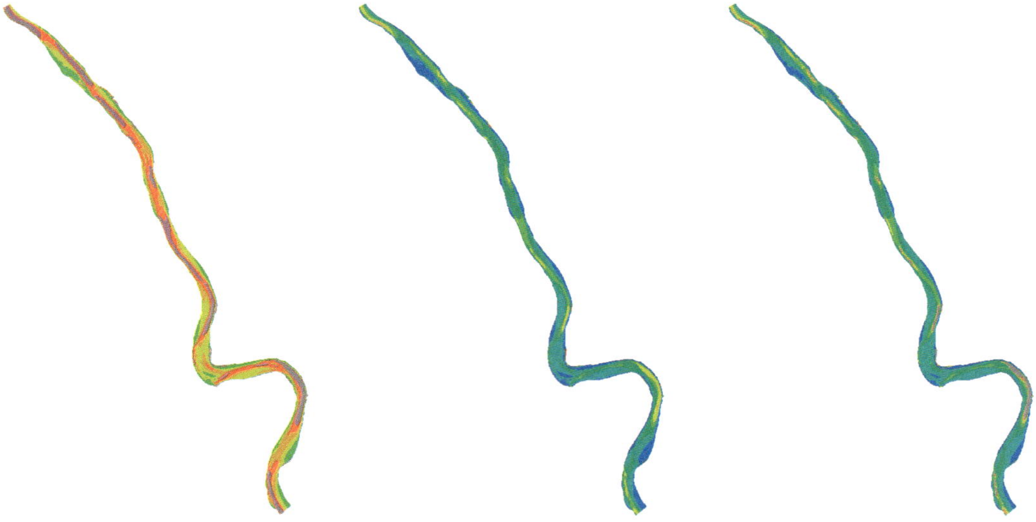

(f)35000m³/s

图 6.4-10　栖息地适宜性结果对比(20℃)

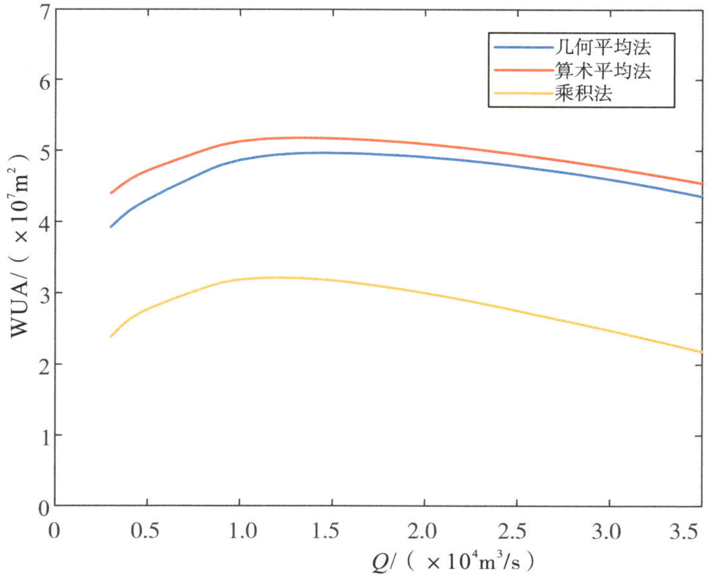

图 6.4-11 20℃流量与 WUA 关系

(3)25℃栖息地模拟结果

25℃对应适宜性指数为 0.83。选取了 3000～35000m^3/s 的 6 个流量得出的栖息地适宜性结果进行分析(图 6.4-12 和图 6.4-13)。

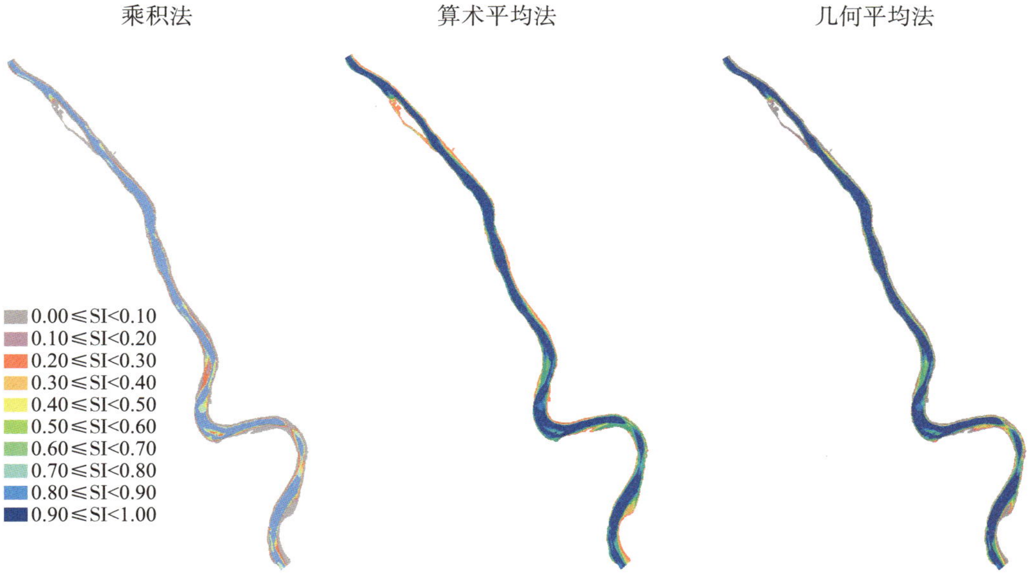

(a)3000m^3/s

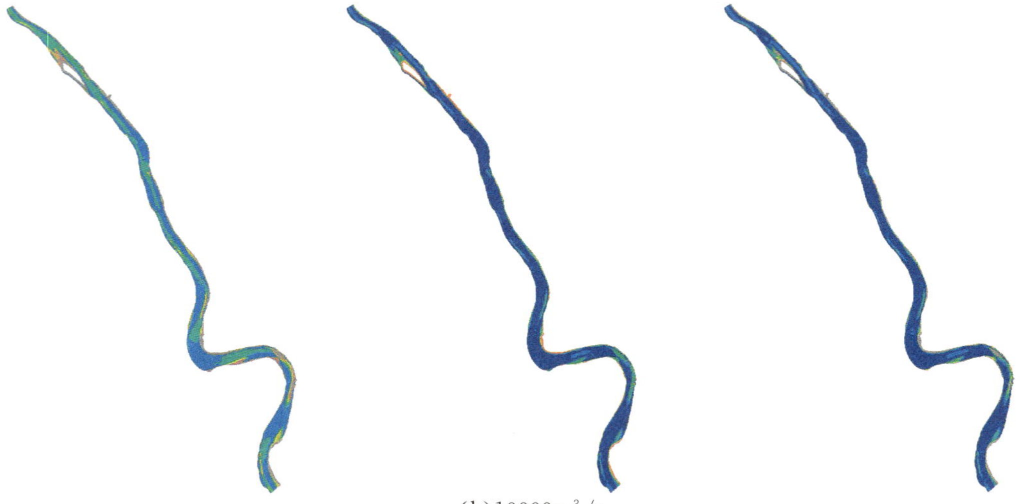

(b)10000m³/s

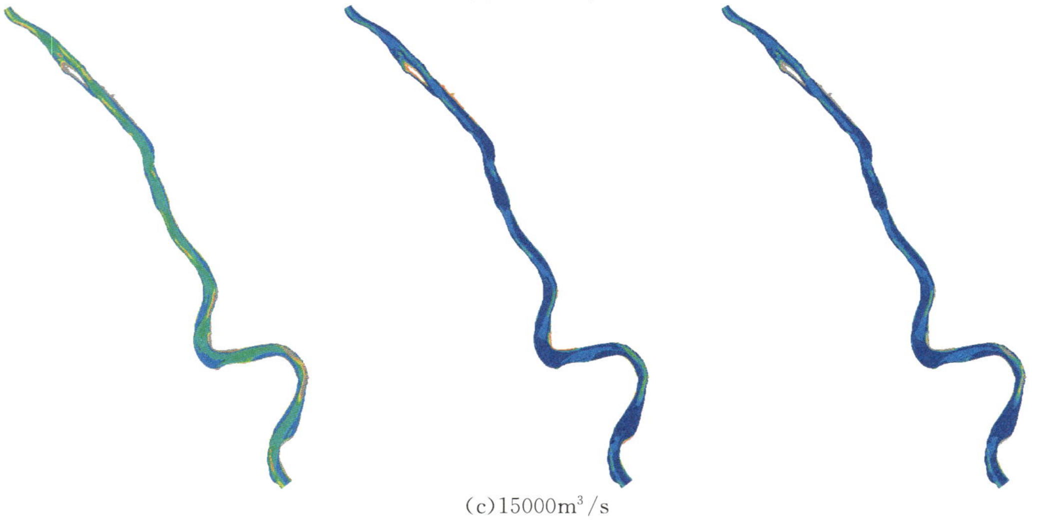

(c)15000m³/s

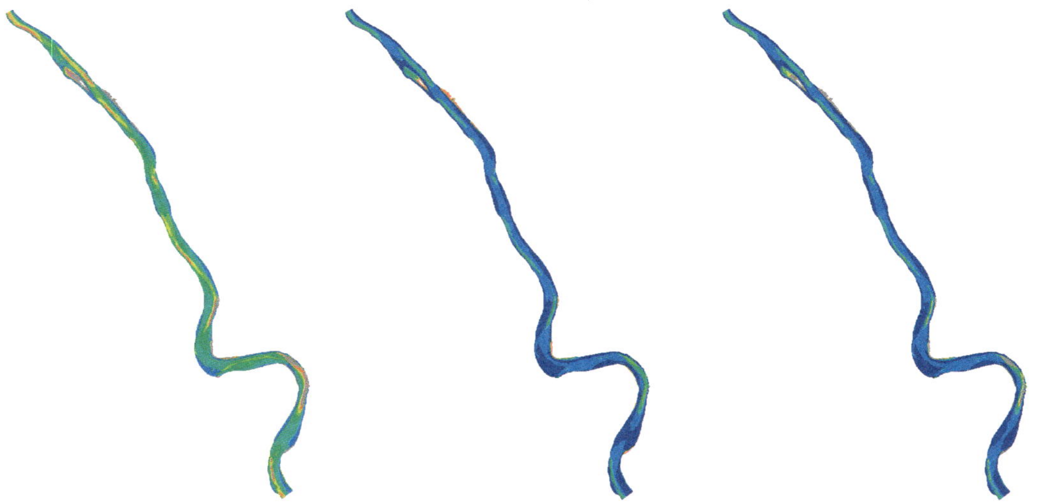

(d)20000m³/s

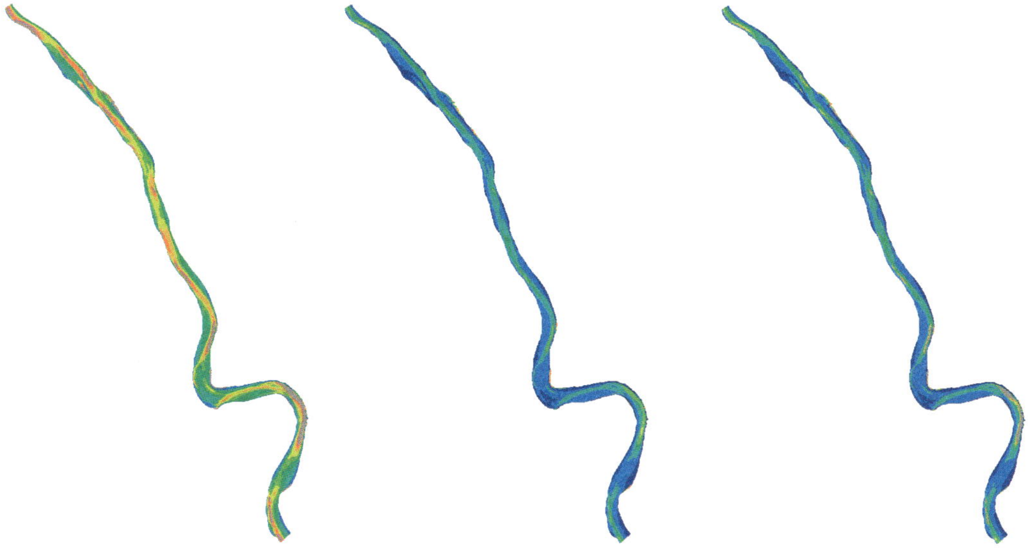

(e)30000m³/s

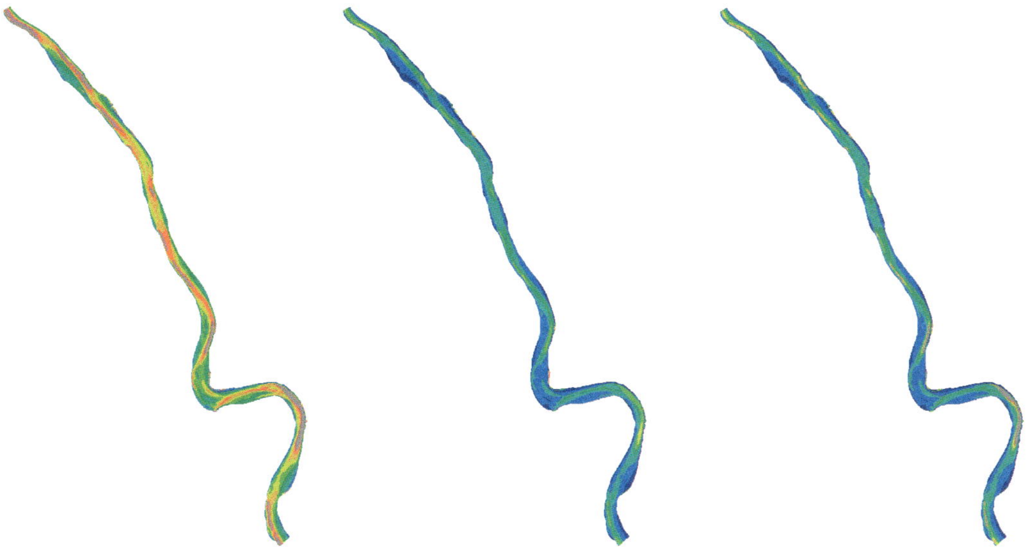

(f)35000m³/s

图 6.4-12 栖息地适宜性结果对比(25℃)

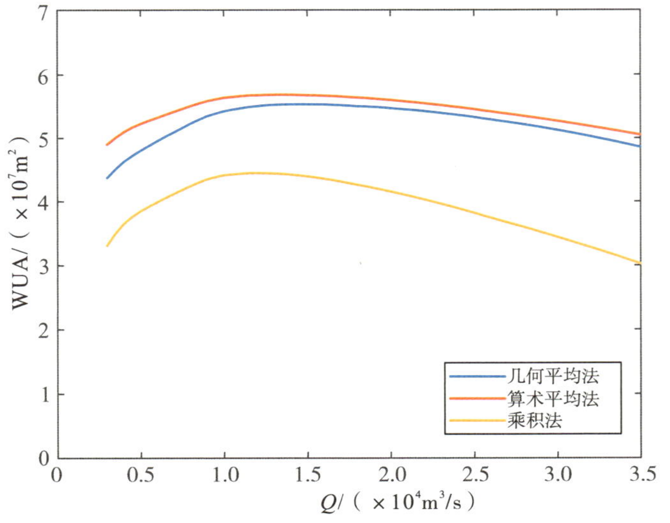

图 6.4-13　25℃流量与 WUA 关系

当流量在 10000～15000m^3/s 时 WUA 达到最大值，适宜栖息地面积最大。观察当流量为 10000m^3/s 时栖息地适宜性分布，乘积法所得结果大部分河段中央综合栖息地指数为 0.7，河岸两侧稍大，为 0.8。算术平均法和几何平均法中大部分河段综合栖息地指数大于 0.9。随着流量增大，适宜性减弱，流量在 35000m^3/s 时适宜性最弱。

(4)不同温度下 WUA 与流量关系

分别利用乘积法、算术平均法、几何平均法计算适宜栖息地面积，得到 WUA 与流量(Q)的二维关系曲线图(图 6.4-14 至图 6.4-16)，以及 WUA 与流量(Q)与水温(t)的三维关系曲面图(图 6.4-17 至图 6.4-19)，对结果进行分析。

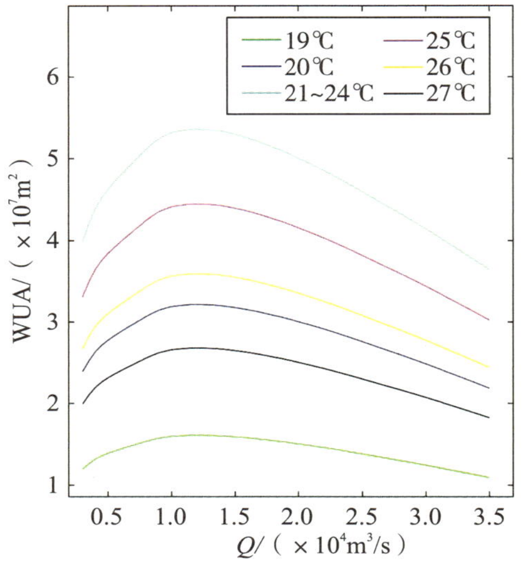

图 6.4-14　乘积法 WUA 和流量关系曲线

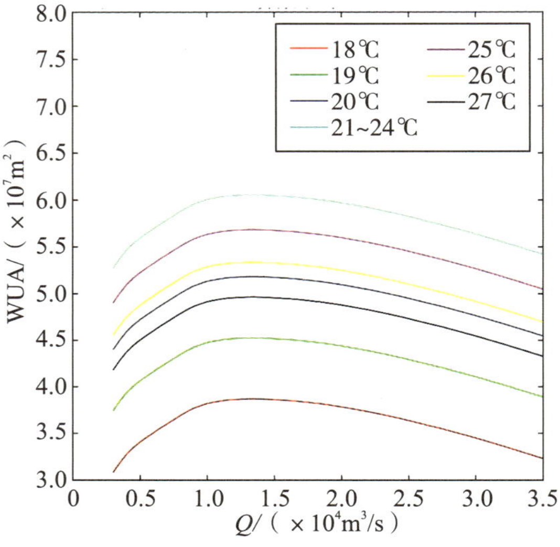

图 6.4-15　算术平均法 WUA 和流量关系曲线

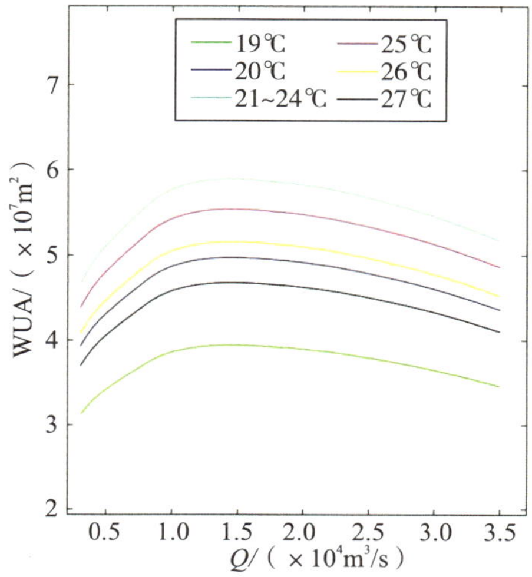

图 6.4-16 几何平均法 WUA 和流量关系曲线

从 WUA 和流量关系曲线可以看出，当 18℃时 WUA 最小，其次是当 19℃、27℃、20℃、26℃、25℃，21～24℃时计算得到的 WUA 值是最大的。这个大小顺序与温度对应的栖息地适宜性指数大小顺序相同。

每个温度对应的 WUA 和流量关系曲线趋势基本一致，都是在流量为 10000～15000 时 WUA 值达到最大。乘积法得到的结果差别最大，算术平均法和几何平均法得到的结果比较相似。几何平均法均在流量为 14500m^3/s 时 WUA 达到最大值，算术平均法均在流量为 13500m^3/s 时 WUA 达到最大值，乘积法均在流量为 12000m^3/s 时 WUA 达到最大值。

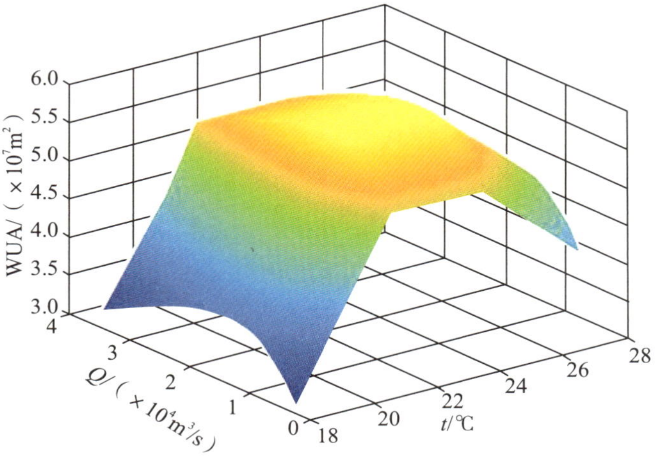

图 6.4-17 算术平均法 WUA 关于 t 和 Q 的三维图像

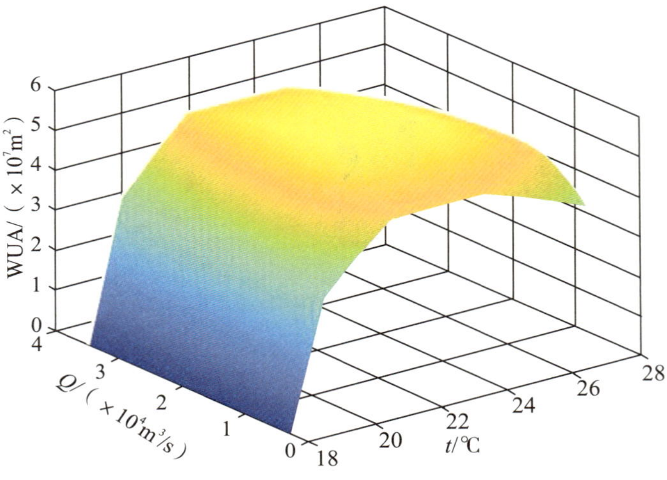

图 6.4-18　几何平均法 WUA 关于 t 和 Q 的三维图像

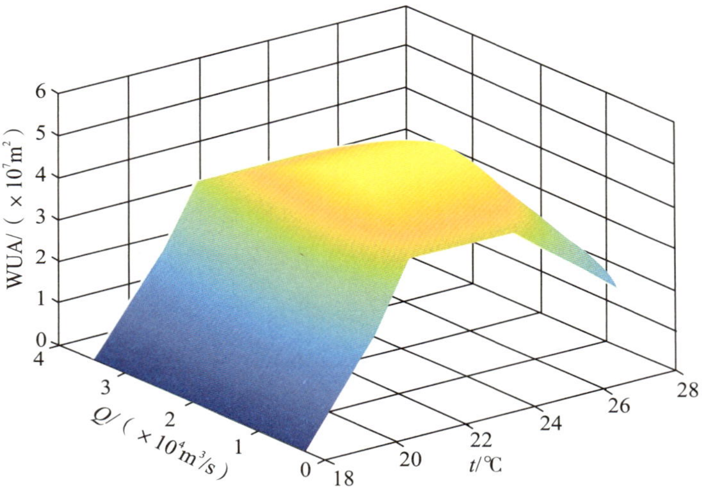

图 6.4-19　乘积法 WUA 关于 t 和 Q 的三维图像

第7章

应急调度关键技术

对于水污染事件，建设控制性水利工程坝下游城市江段水质应急调度模型，并提供对应的流域突发水污染功能模块，可实现根据突发水污染事故的情形，按照水库不同的泄水方案，动态模拟事故污染团、污染物的迁移转化，并分析其迁移规律、影响范围，评估水工程调度效果。

7.1 建设范围

根据目前长江流域水质预测预报基础工作的就绪度，结合突发水污染事故应急调度重点在坝下游邻近江段的特点，水质应急调度模型的建设范围包括通用解析解模型、长江宜昌—湖口江段一维模型、汉江中下游一维模型、汉江丹江口大坝—王甫洲江段二维模型。

7.2 模型输入输出参数

模型的输入参数主要包括计算开始时间、计算结束时间、上游水动力边界条件（水工程调度方案）、上游水质边界条件、下游水位边界条件、区间支流汇入流量、突发污染事故发生位置、突发污染事故污染负荷、突发污染事故持续时间、糙率、污染物扩散系数、污染物衰减系数、计算区域背景浓度、计算区域初始水位、计算区域初始流场等参数。模型输入数据见表 7.2-1。

表 7.2-1　　模型输入数据

模型结构化输入数据	说明
方案编号	
上游水动力边界条件	单位：m^3/s
下游水位边界条件	单位：m
上游水质边界条件	单位：mg/L
区间支流汇入流量	单位：m^3/s，列：支流名称

续表

模型结构化输入数据	说明
计算开始时间	来水过程的起始时间
计算结束时间	来水过程的结束时间
输出时间步长	单位:h
突发污染事故发生位置	
突发污染事故污染负荷	单位:t(瞬时排放);mg/L(持续排放)
突发污染事故持续时间	单位:h
糙率	
污染物扩散系数	单位:m^2/s
污染物衰减系数	单位:/s
计算区域背景浓度	单位:mg/L
计算区域初始水位	单位:m
计算区域初始流场	单位:m/s
主要水文站实测流量	单位:m^3/s,列:水文站名称
主要水文站实测水位	单位:m,列:水文站名称
主要水质监测站实测污染物浓度	单位:mg/L,列:水质监测站名称

模型的输出参数主要包括计算区域的水位、流量、污染物浓度分布和动态变化情况，以及典型断面的流量、水位、污染物浓度随时间动态变化过程。模型输出数据见表 7.2-2。

表 7.2-2　模型输出数据

模型结构化输出数据	说明
方案编号	
主要水文站计算流量	单位:m^3/s,列:水文站名称
主要水文站计算水位	单位:m,列:水文站名称
主要水质监测站污染物计算浓度	单位:mg/L,列:水质监测站名称
计算区域的水位变化过程	单位:m
计算区域的流量变化过程	单位:m^3/s
计算区域的污染物浓度变化过程	单位:mg/L
典型断面的水位变化过程	单位:m
典型断面的流量变化过程	单位:m^3/s
典型断面的污染物浓度变化过程	单位:mg/L

7.3　一维水质应急调度模型原理

7.3.1　模型控制方程

水流运动方程采用通用的一维非恒定流控制方程组，即圣维南方程组。污染传输扩散方程采用线性衰减的对流扩散方程。

水流连续性方程为：

$$\frac{\partial Q}{\partial x}+B\frac{\partial Z}{\partial t}=q_L \tag{7.3-1}$$

水流运动方程为：

$$\frac{\partial Q}{\partial t}+\frac{\partial(\beta UQ)}{\partial x}+gA\left(\frac{\partial Z}{\partial x}+\frac{Q|Q|}{C_0^2A^2R}\right)=0 \tag{7.3-2}$$

污染物传输扩散方程为：

$$\frac{\partial AC}{\partial t}+\frac{\partial QC}{\partial x}=\frac{\partial}{\partial x}\left(EA\frac{\partial C}{\partial x}\right)-KAC+q_LC_L \tag{7.3-3}$$

$$B=\frac{\mathrm{d}A}{\mathrm{d}h}$$

$$h=Z-Z_0$$

$$U=\frac{Q}{A}$$

式中，Q——流量；

A——过水断面面积；

Z——水位；

Z_0——河床平均高程；

q_L——单宽旁侧入流；

h——断面平均水深；

x——沿河长方向的空间变量；

t——时间变量；

g——重力加速度；

β——动量修正系数；

C_0——谢才系数，$C_0=\frac{1}{n}R^{1/6}$，其中 n 为曼宁糙率系数；

R——水力半径；

C——衰减型污染物浓度；

E——纵向弥散系数；

K——衰减系数；

C_L——旁侧入流(或点源的浓度)；

B——水面宽度；

U——断面平均流速。

7.3.2 方程离散格式

水流运动方程的离散格式采用 Preissmann 四点隐式差分格式(图 7.3-1)。函数 θ 及其时间和空间导数的离散公式为：

$$f=\frac{f_{j+1}^{n}+f_{j}^{2}}{2} \tag{7.3-4}$$

$$\frac{\partial f}{\partial t}=\frac{f_{j+1}^{n+1}-f_{j+1}^{n}+f_{j}^{n+1}-f_{j}^{n}}{2} \tag{7.3-5}$$

$$\frac{\partial f}{\partial x}=\theta\frac{f_{j+1}^{n+1}-f_{j}^{n+1}}{\Delta x}+(1-\theta)\frac{f_{j+1}^{n}-f_{j}^{n}}{\Delta x} \tag{7.3-6}$$

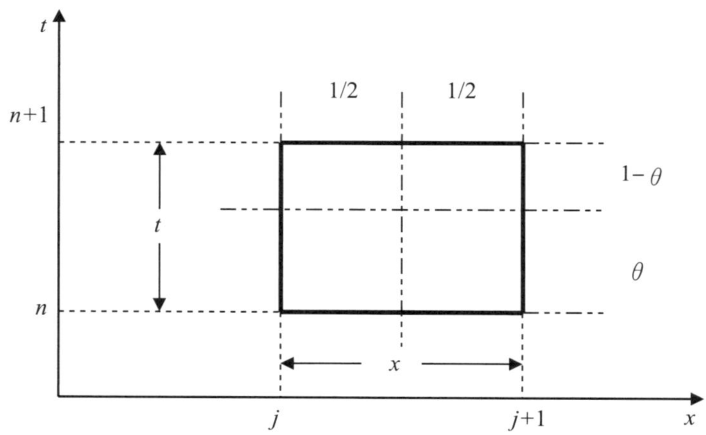

图 7.3-1 Preissmann 差分格式

得到水流运动方程的差分表达式：

$$-Q_{j}^{n+1}+C_{j}Z_{j}^{n+1}+Q_{j+1}^{n+1}+C_{j}Z_{j+1}^{n+1}=D_{j} \tag{7.3-7}$$

$$E_{j}Q_{j}^{n+1}-F_{j}Z_{j}^{n+1}+G_{j}Q_{j+1}^{n+1}+F_{j}Z_{j+1}^{n+1}=O_{j} \tag{7.3-8}$$

$$C_{j}=\frac{1}{\theta}\frac{\Delta x}{2\Delta t}\frac{B_{j+1}^{n}+B_{j}^{n}}{2}$$

$$D_{j}=\frac{1}{\theta}\frac{\Delta x}{2\Delta t}\frac{B_{j+1}^{n}+B_{j}^{n}}{2}(Z_{j}^{n}+Z_{j}^{n})-\frac{1-\theta}{\theta}(Q_{j+1}^{n}-Q_{j}^{n})$$

$$E_j=\frac{1}{\theta}\frac{\Delta x}{2\Delta t}-\beta_j u_j^n+\frac{1}{\theta}\frac{g}{2}\frac{\Delta x n_j^2|u_j^n|}{(R_j^n)^{4/3}}$$

$$F_j=g\frac{A_{j+1}+A_j}{2}$$

$$G_j=\frac{1}{\theta}\frac{\Delta x}{2\Delta t}-\beta_{j+1}u_{j+1}^n+\frac{1}{\theta}\frac{g}{2}\frac{\Delta x n_{j+1}^2|u_{j+1}^n|}{(R_{j+1}^n)^{4/3}}$$

$$O_j=\frac{1}{\theta}\frac{\Delta x}{2\Delta t}(Q_{j+1}^n+Q_j^n)-\frac{1-\theta}{\theta}(\beta_{j+1}u_{j+1}^n Q_{j+1}^n-\beta_j u_j^n Q_j^n)-\frac{1-\theta}{\theta}g\frac{A_{j+1}^n+A_j^n}{2}(Z_{j+1}^n-Z_j^n)$$

带上标 n 的是未知量的初始值或者上一时间层的计算值。对计算河道的每个微段均可以写出上述差分方程，因此被称为微段方程，共可写出 $2n-2$ 个方程，n 为河道断面数。由于每个断面上有水位和流量两个未知数，因此变量总数为 $2n$，结合两个边界条件，方程组是闭合的。

污染物输移方程采用显式迎风有限差分格式进行离散，这种离散方法能有效保证水质模型的稳定性。污染物输移方程差分格式见图 7.3-2。

$$\overline{A}\frac{C_j^{n+1}-C_j^n}{\Delta t}+\overline{Q}\frac{(C_j^n-C_{j-1}^n)}{\Delta x_j}=\overline{EA}\frac{(C_{j+1}^{n+1}-2C_j^{n+1}+C_{j-1}^{n+1})}{\Delta x^2}-\frac{1}{2}\overline{K}(C_j^{n+1}+C_{j-1}^n)+q_{L_j}C_{L_j} \tag{7.3-9}$$

式中，$\overline{A}$——同一断面相邻时刻平均过水面积；

$\overline{Q}$——同一时刻相邻断面平均流量；

$\overline{E}$——同一时刻相邻断面平均纵向弥散系数；

$\overline{R}$——相邻时刻相邻断面平均衰减系数。

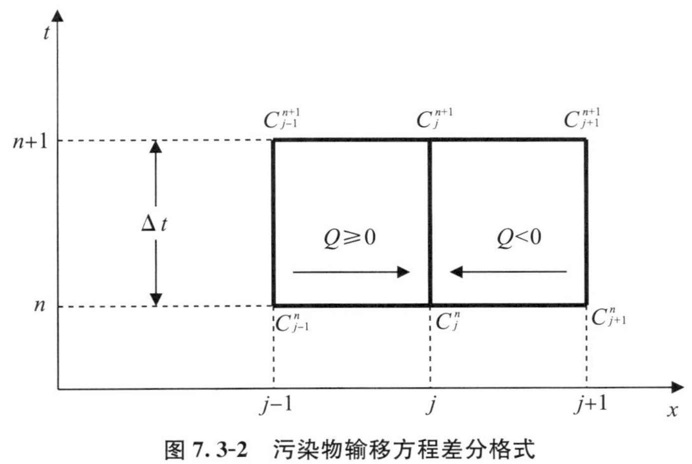

图 7.3-2　污染物输移方程差分格式

7.3.3 方程的求解方法

(1)水动力离散方程组的求解

边界处均有水位站或水文站,其实测资料可作为水动力计算的边界条件,边界条件可以是水位过程、流量过程或水位流量关系过程,用边点公式统一写为:

$$A_{L_1}Z_{L_1}+B_{L_1}Q_{L_1}=H_{L_1} \tag{7.3-10}$$

对于内部节点,引入斯托克假定,通常被称为节点方程。

连续方程:

$$\sum_{i=1}^{m}Q_{\text{in}}-\sum_{i=1}^{m}Q_{\text{out}}-Q_s=0 \tag{7.3-11}$$

能量方程:

$$Z_i=Z_j=Z_{\text{汊点}}\quad(i,j=1\cdots m,m\text{ 为河段总数}) \tag{7.3-12}$$

对于外河道而言,由于水文站的测量数据不同,可建立以下3种"追赶法"求解方程式。

①水位边界条件有如下追赶方程:

$$Z_{L_1}=P_{L_1}-V_{L_1}Q_{L_1}^{n+1}(P_{L_1}=Z_{L_1}(t),V_{L_1}=0),\begin{cases}Q_j^{n+1}=S_{j+1}-T_{j+1}Q_{j+1}^{n+1}\\Z_{j+1}=P_{j+1}-V_{j+1}Q_{j+1}^{n+1}\end{cases}(j=L_1,\cdots,L_2-1) \tag{7.3-13}$$

式中

$$S_{j+1}=\frac{C_jY_2-F_jY_1}{F_jY_3+C_jY_4}$$

$$T_{j+1}=\frac{G_jC_j-F_j}{F_jY_3+C_jY_4}$$

$$P_{j+1}=\frac{Y_1+Y_3S_{j+1}}{C_j}$$

$$V_{j+1}=\frac{Y_3T_{j+1}+1}{C_j}$$

$$Y_1=D_j-C_jP_j$$

$$Y_2=O_j+F_jP_j$$

$$Y_3=1+C_jV_j$$

$$Y_4=E_j+F_jV_j$$

②流量边界条件有如下追赶方程:

$$Q_{L_1}^{n+1}=P_{L_1}-V_{L_1}Z_{L_1}^{n+1}(P_{L_1}=Q_{L_1}(t),V_{L_1}=0),\begin{cases}Z_j^{n+1}=S_{j+1}-T_{j+1}Z_{j+1}^{n+1}\\Q_{j+1}^{n+1}=P_{j+1}-V_{j+1}Z_{j+1}^{n+1}\end{cases}(j=L_1,\cdots,L_2-1) \tag{7.3-14}$$

式中

$$S_{j+1}=\frac{G_jY_3-Y_4}{Y_1G_j+Y_2}$$

$$T_{j+1}=\frac{G_jC_j-F_j}{Y_1G_j+Y_2}$$

$$P_{j+1}=Y_3-Y_1S_{j+1}$$

$$V_{j+1}=C_j-Y_1T_{j+1}$$

$$Y_1=V_j+C_j$$

$$Y_2=F_j+E_jV_j$$

$$Y_3=D_j+P_j$$

$$Y_4=O_j-E_jP_j$$

③水流流量关系边界条件的处理：若外河道首断面给的边界条件为水位流量关系 $Q_{L_1}=f(Z_{L_1})$，可将其处理为 $Q_{L_1}^{n+1}=P_{L_1}-V_{L_1}Z_{L_1}^{n+1}$，然后与流量边界条件一样建立追赶模式。式中，$P_{L_1}=f(Z_{L_1}^0)-f'(Z_{L_1}^0)Z_{L_1}^0$，$V_{L_1}=-f'(Z_{L_1}^0)$。

对于内河道而言，由于首末断面均不存在已知条件，其追赶模式为：

$$Q_j^{n+1}=\alpha_j+\beta_jZ_j^{n+1}+\gamma_jZ_{L_2}^{n+1}\quad(j=L_2-1,\cdots L_1)\tag{7.3-15}$$

$$Q_j^{n+1}=\xi_j+\xi_jZ_j^{n+1}+\eta_iZ_{L_1}^{n+1}\quad(i=L_1,\cdots L_2-1)\tag{7.3-16}$$

式中

$$\alpha_{L_2-1}=\frac{O_{L_2-1}-G_{L_2-1}D_{L_2-1}}{E_{L_2-1}+G_{L_2-1}}$$

$$\alpha_j=\frac{Y_1(O_j-G_j\alpha_{j+1})-Y_2(D_j-\alpha_{j+1})}{Y_1E_j+Y_2}\quad(j=L_2-2,\cdots L_1)$$

$$\beta_{L_2-1}=\frac{C_{L_2-1}G_{L_2-1}+F_{L_2-1}}{G_{L_2-1}+E_{L_2-1}}$$

$$\beta_j=\frac{Y_2C_j+Y_1F_j}{Y_1E_j+Y_2}\quad(j=L_2-2,\cdots,L_1)$$

$$\gamma_{L_2-1}=\frac{C_{L_2-1}G_{L_2-1}+F_{L_2-1}}{E_{L_2-1}+G_{L_2-1}}$$

$$\gamma_j=\frac{\gamma_{j+1}(Y_2-Y_1G_j)}{Y_1E_j}\quad(j=L_2-2,\cdots,L_1)$$

$$Y_1=C_j+\beta_{j+1},Y_2=G_j\beta_{j+1}+F_j\quad(j=L_2-2,\cdots,L_1)$$

$$\xi_{L_1+1}=\frac{E_{L_1}D_{L_1}+H_{L_1}}{E_{L_1}+G_{L_1}}$$

$$\xi_j=\frac{Y_2(D_{j-1}+\xi_{j-1})-Y_1(O_{j-1}-E_{j-1}\xi_{j-1})}{Y_2-Y_1G_{j-1}}\quad(j=L_1+2,\cdots,L_2)$$

$$\xi_{L_1+1}=\frac{C_{L_1}E_{L_1}+F_{L_1}}{E_{L_1}+G_{L_1}}$$

$$\xi_j=\frac{Y_1F_{j-1}-Y_2C_{j-1}}{Y_2-Y_1G_{j-1}}\quad(j=L_1+2,\cdots,L_2)$$

$$\eta_{L_1+1}=\frac{F_{L_1}-C_{L_1}E_{L_1}}{E_{L_1}+G_{L_1}}$$

$$\eta_j=\frac{\eta_{j-1}(Y_2+Y_1E_{j-1})}{Y_2-Y_1G_{j-1}}\quad(j=L_1+2,\cdots,L_2)$$

$$Y_1=C_{j-1}-\zeta_{j-1}\quad(j=L_1+2,\cdots,L_2)$$

$$Y_2=E_{j-1}\zeta_{j-1}-F_{j-1}\quad(j=L_1+1,\cdots,L_2)$$

通过追赶法，对于外河道而言，无论是哪种边界类型，外河段末断面的流量 Q_{L_2} 都可以表达为末断面水位 Z_{L_2} 的函数，即

$$Q_{L_2}^{n+1}=f(Z_{L_2}^{n+1})\tag{7.3-17}$$

对于河道首末断面而言，由式(7.3-15)和式(7.3-16)得到断面流量关于断面水位的函数关系：

$$Q_{L_1}^{n+1}=\alpha_{L_1}+\beta_{L_1}Z_{L_1}^{n+1}+\gamma_{L_1}Z_{L_2}^{n+1}\tag{7.3-18}$$

$$Q_{L_2}^{n+1}=\xi_{L_2}+\zeta_{L_2}Z_{L_2}^{n+1}+\eta_{L_2}Z_{L_2}^{n+1}\tag{7.3-19}$$

式(7.3-18)、式(7.3-19)与微段和节点无关，仅与河道有关，因此被称为河道方程。将式(7.3-18)、式(7.3-19)代入式(7.3-12)中，形成一个关于汊点水位的方程组，即式(7.3-20)。

$$AZ=R\tag{7.3-20}$$

式中

$$A=\begin{bmatrix}a_{11} & a_{12} & \cdots & a_{1m}\\ \vdots & \vdots & \vdots & \vdots\\ a_{m1} & a_{m2} & \cdots & a_{mm}\end{bmatrix}$$

$$Z=[z_1,z_2,\cdots,z_m]^{\mathrm{T}}$$

$$R=[r_1,r_2,\cdots,r_m]^{\mathrm{T}}$$

利用 Gauss_Seidel 迭代法求解节点方程得到内河道首末断面的水位和外河道末断面的水位，再回代可求解各断面的水位和流量，其中内河道的回代关系由式(7.3-18)和式(7.3-19)可得：

$$Z_j^{n+1}=\frac{\xi_j-\alpha_j+\eta_j Z_{L_1}^{n+1}-\gamma_j Z_{L_2}^{n+1}}{\beta_j-\zeta_j},Q_j^{n+1}=\alpha_j+\beta_j Z_j^{n+1}+\gamma_j Z_{L_2}^{n+1} \tag{7.3-21}$$

(2)污染物数值模型的求解方法

由式(7.3-11)整理得到：

$$AA_j C_{j-1}^{n+1}+BB_j C_j^{n+1}+CC_j C_{j+1}^{n+1}=DD_j \tag{7.3-22}$$

式中

$$AA_j=-\frac{E_j}{\Delta x_j^2}$$

$$BB_j=\frac{KA_j}{2}+\frac{2EA_j}{\Delta x_j^2}+\frac{A_j}{\Delta t}$$

$$CC_j=-\frac{EA_j}{\Delta x_j^2}$$

$$DD_j=\left(\frac{A_j}{\Delta t}-\frac{Q_j}{\Delta x_j}\right)C_j^n+\left(\frac{Q_j}{\Delta x_j}-\frac{KA_j}{2}\right)C_{j-1}^n+q_{L_j}C_{L_j}$$

当 $j=2$ 时，代入上游边界条件 C_1^{N+1}，则方程改写为：

$$BB_2 C_2^{n+1}+CC_2 C_3^{n+1}=DD'_2$$

$$DD'_2=DD_2-AA_2 C_1^{j+1}$$

当 $j=3,\cdots,N-1$ 时，有：

$$AA_j C_{j-1}^{n+1}+BB_j C_j^{n+1}+CC_j C_{j+1}^{n+1}=DD_j$$

当 $j=N$ 时，用传递边界作为下游的边界条件：

$$C_{N+1}^{n+1}=2C_N^{j+1}-C_{N-1}^{j+1}$$

则第 N 个方程为：

$$AA'_N C_{j-1}^{n+1}+BB'_N C_N^{n+1}=DD_N$$

$$AA'_N=AA_N-CC_N$$

$$BB'_N=BB_N+2CC_N$$

于是形成了一个由 $N-1$ 个方程组成的三对角矩阵。该对角矩阵可采用托马斯法(追赶法)求解。

当 $j=2$ 时：

$$C_2^{n+1}=\frac{DD'_2}{BB_2}-\frac{CC_2}{BB_2}C_3^{n+1}=GG_2-WW_2 C_3^{n+1}$$

当 $j=3,\cdots,N-1$ 时：

$$C_j^{n+1}=\frac{DD_j-AA_j GG_{j-1}}{BB_j-AA_j WW_{j-1}}-\frac{CC_j}{BB_j-AA_j WW_{j-1}}C_{j+1}^{n+1}=GG_j-WW_j C_{j+1}^{n+1}$$

当 $j=N$ 时：

$$C_N^{n+1}=\frac{DD_N-AA'_N GG_{j-1}}{BB'_N-AA'_N WW_{j-1}}=GG_N$$

可以看出，对于 $n+1$ 时间层，因为 AA_j,BB_j,CC_j,DD_j 已知，可由 GG_j,WW_j 计算公式自 $j=1$ 至 $j=N$ 顺序计算出 $GG_1,WW_1,\cdots,GG_N$，再反过来自 $j=N$ 至 $j=1$ 逆序求得 C_N^{n+1}，C_{N-1}^{n+1}，C_2^{n+1}。隐式差分格式在理论上是无条件稳定的。

一维水质应急调度模型的计算流程见图 7.3-3。

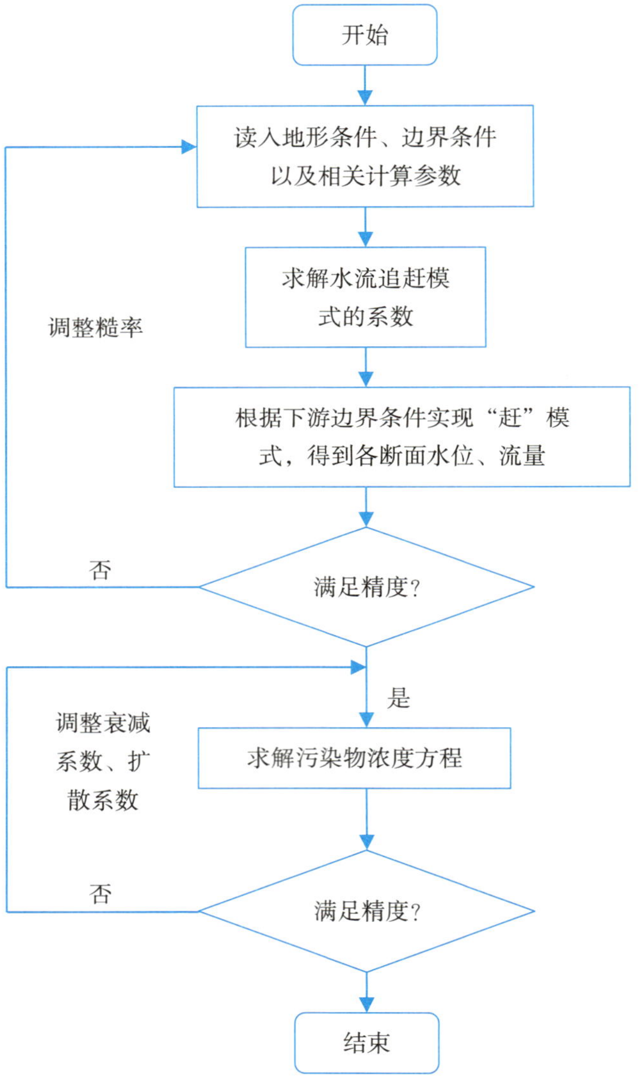

图 7.3-3　一维水质应急调度模型的计算流程

7.4 二维水质应急调度模型原理

7.4.1 模型控制方程

(1)平面二维水动力方程

根据静水压力分布假设,忽略水流要素沿垂线方向的变化,结合水面、地形等边界条件,将纳维—斯托克斯方程沿垂线方向进行积分并简化,提出了描述具有自由表面浅水流动的平面二维浅水方程。以水位变量代替水深变量构成的和谐二维浅水方程表达式在数学上自动平衡了通量和地形源项,因此在涉及干湿交替的应用中可自动满足静水和谐条件。和谐二维浅水方程表达形式如下:

$$\frac{\partial U}{\partial t}+\frac{\partial F}{\partial x}+\frac{\partial G}{\partial y}=S, S=S_b+S_f+S_t \tag{7.4-1}$$

$$U=\begin{bmatrix}\eta\\ q_x\\ q_y\end{bmatrix}, F=\begin{bmatrix}q_x\\ uq_x+g(\eta^2-2\eta z_b)/2\\ uq_y\end{bmatrix}, G=\begin{bmatrix}q_y\\ vq_x\\ vq_y+g(\eta^2-2\eta z_b)/2\end{bmatrix} \tag{7.4-2}$$

$$S_b=\begin{bmatrix}0\\ g\eta S_{bx}\\ g\eta S_{by}\end{bmatrix}, S_f=\begin{bmatrix}0\\ -ghS_{fx}\\ g\eta S_{fy}\end{bmatrix}, S_t=\begin{bmatrix}0\\ \partial(hT_{xx})/\partial x+\partial(hT_{xy})/\partial y\\ \partial(hT_{yx})/\partial x+\partial(hT_{yy})/\partial y\end{bmatrix} \tag{7.4-3}$$

式中,U——守恒向量;

F、G——x、y 方向的对流通量向量;

g——重力加速度;

h——水深;

z_b——河床地形高程;

η——水位,$\eta=h+z_b$;

u、v——x、y 方向上的流速分量;

q_x——x 方向上的单宽流量,$q_x=hu$;

q_y——y 方向上的单宽流量,$q_y=hv$;

S_b——地形源项向量;

S_f——摩阻源项向量;

S_t——紊流涡黏项向量。

式(7.4-3)中，S_{bx}、S_{by} 分别表示 x、y 方向的地形斜率：

$$S_{bx}=-\frac{\partial z_b}{\partial x},S_{by}=-\frac{\partial z_b}{\partial y} \tag{7.4-4}$$

式(7.4-3)中，S_{fx}、S_{fy} 分别表示 x、y 方向的摩阻斜率。由于浅水流动的水流阻力与地形地貌、植被覆盖等地表下垫面情况和水流要素有关，因此可通过室内试验和野外观测建立相应的公式，数值计算中常用曼宁经验公式计算摩阻斜率：

$$S_{fx}=\frac{n^2u\sqrt{u^2+v^2}}{h^{4/3}},S_{fy}=\frac{n^2v\sqrt{u^2+v^2}}{h^{4/3}} \tag{7.4-5}$$

式(7.4-3)中，T_{xx}、T_{xy}、T_{yx}、T_{yy} 分别表示水深平均雷诺应力：

$$T_{xx}=2\upsilon_t\frac{\partial u}{\partial x},T_{xy}=T_{xy}=\upsilon_t\left(\frac{\partial u}{\partial y}+\frac{\partial v}{\partial x}\right),T_{yy}=2\upsilon_t\frac{\partial v}{\partial y} \tag{7.4-6}$$

式中，υ_t——紊流涡黏系数。不同的紊流模型中紊流涡黏系数的取值和公式有所不同，常见的有取常数值、$k-\varepsilon$ 紊流模型和代数封闭模式。考虑到计算精度的要求，可采用如下代数封闭模式计算紊流涡黏系数：

$$\upsilon_t=\alpha\kappa u_* h \tag{7.4-7}$$

式中，α——比例系数，取 0.2；

κ——冯卡门常数，取 0.4；

u_*——摩阻流速，计算式如下：

$$u_*=\sqrt{\frac{gn^2(u^2+v^2)}{h^{1/3}}} \tag{7.4-8}$$

(2)二维水质方程

描述水质变量迁移转化的控制方程为二维浅水对流扩散方程，其守恒形式如下：

$$\frac{\partial hc}{\partial t}+\frac{\partial huc}{\partial x}+\frac{\partial hvc}{\partial y}=\frac{\partial}{\partial x}\left(D_xh\frac{\partial c}{\partial x}\right)+\frac{\partial}{\partial y}\left(D_yh\frac{\partial c}{\partial y}\right)+hS_k+S_d \tag{7.4-9}$$

式中，c——水质变量浓度；

S_d——水质源汇项；

S_k——与水质浓度相关的生化反应源项，不同水质变量对应不同的对流扩散方程。

(3)二维浅水水动力水质耦合方程组

由于浅水河流、湖泊的水质模拟影响因素众多，如水温、风应力、地转柯氏力，以及各水质变量之间的相互作用，因此在与水动力变量同步求解时，控制方程需要增加相应的源项，由此得到二维浅水水动力水质模型的控制方程，其形式如下：

$$\frac{\partial U}{\partial t}+\frac{\partial F}{\partial x}+\frac{\partial G}{\partial y}=\frac{\partial F_d}{\partial x}+\frac{\partial G_d}{\partial y}+S,S=S_b+S_f+S_t+S_w+S_c+S_k+S_d \tag{7.4-10}$$

式中，U——守恒向量；

F、G——x、y 方向的对流通量向量；

S_b——地形源项向量；

S_f——摩阻源项向量；

S_t——紊流涡黏项向量；

S_w——风应力向量；

S_c——地转柯氏力向量；

F_d、G_d——x、y 方向的扩散通量向量，计算式如下：

$$F_d=\begin{bmatrix}0\\0\\0\\hD_x\partial c/\partial x\end{bmatrix},G_d=\begin{bmatrix}0\\0\\0\\hD_y\partial c/\partial y\end{bmatrix} \tag{7.4-11}$$

式中，D_x、D_y——水质变量在 x、y 方向的紊动扩散系数。

S_w 计算式如下：

$$S_w=\begin{bmatrix}0\\\tau_{wx}/\rho\\\tau_{wy}/\rho\\0\end{bmatrix} \tag{7.4-12}$$

$$\tau_{wx}=\rho_a c_d u_w\sqrt{u_w^2+v_w^2},\tau_{wy}=\rho_a c_d v_w\sqrt{u_w^2+v_w^2} \tag{7.4-13}$$

式中，ρ_a——空气密度，在 20℃标准大气压下，空气密度近似为 $\rho_a=1.205\mathrm{kg/m^3}$；

ρ——水体密度，可近似取值 $\rho=1.0\times10^3\mathrm{kg/m^3}$；

u_w 和 v_w——湖面上方 10m 处 x 和 y 方向的风速分量；

c_d——风应力拖曳系数，可取 $c_d=1.255\times10^{-3}$。

S_c 计算式如下：

$$S_c=\begin{bmatrix}0\\fvh\\-fvh\\0\end{bmatrix} \tag{7.4-14}$$

$$f=2\Omega\sin\varphi \tag{7.4-15}$$

式中，Ω——地球平均自转角速度，可取值 $7.29\times10^{-5}\mathrm{rad/s}$；

φ——计算域的纬度，北半球为正，南半球为负。

7.4.2 数值计算方法

模型以有限体积 Godunov 格式作为框架，在空间和时间上分别采用具有二阶精度的 MUSCL(Monotone Upstream-Centered Schemes for Conservation Laws)线性重构方法和二阶龙格库塔(Runge-Kutta)方法离散和谐二维浅水方程，并结合具有 TVD(Total Variation Diminishing)特性的 Minmod 斜率限制器保证模型的数值稳定性，避免在间断处或大梯度解附近产生非物理的虚假振荡；运用 HLLC 近似黎曼算子计算对流通量，可以有效处理干湿界面问题并自动满足熵条件；由于模型以和谐二维浅水方程作为控制方程，因此直接采用中心差分计算紊流涡黏项和地形源项即可保证格式的静水和谐性；考虑到在强不规则地形条件下摩阻源项可能引起的刚性问题，采用半隐式格式离散摩阻源项，既能有效减小流速值且不改变流速分量方向，还能避免小水深引起的非物理大流速问题，有利于保证计算的稳定性；给出了常见边界条件的数值方法，如固壁边界、自由出流开边界、流量边界、水位边界等；通过 CFL(Courant-Friedrichs-Lewy)稳定条件给出了显式数学模型的自适应时间步长。

(1)有限体积 Godunov 格式

对任意控制体 Ω，采用有限体积 Godunov 格式对控制方程进行积分得：

$$\frac{\partial}{\partial t}\int_{\Omega} U \mathrm{d}\Omega + \frac{\partial}{\partial t}\int_{\Omega}\left(\frac{\partial F}{\partial x}+\frac{\partial G}{\partial y}\right)\mathrm{d}\Omega = \int_{\Omega} S \mathrm{d}\Omega \tag{7.4-16}$$

对式(7.4-16)运用格林公式，将对流通量梯度项由控制体的面积分转化为沿其边界的线积分，可得：

$$\frac{\partial}{\partial t}\int_{\Omega} U \mathrm{d}\Omega + \oint_{l} H \cdot n \mathrm{d}l = \int_{\Omega} S \mathrm{d}\Omega \tag{7.4-17}$$

式中，l——控制体 Ω 的边界；

n——边界 l 的外法向单位向量；

$\mathrm{d}\Omega$、$\mathrm{d}l$——面积微元和线微元；

H——对流通量张量，$H=[F,G]^{\mathrm{T}}$。

考虑笛卡尔直角坐标系的矩形网格(图 7.4-1)，式(7.4-17)中对流通量张量的线积分可进一步展开为：

$$\oint_{l} H \cdot n \mathrm{d}l = (F_E - F_W)\Delta y + (G_N - G_S)\Delta x \tag{7.4-18}$$

式中，Δx、Δy——网格在 x、y 方向的尺寸；

F_E、F_W、G_N、G_S——网格东、西、北、南界面 4 个方向的对流数值通量。

定义 $U_{i,j}$ 表示 U 在控制体 $\Omega_{i,j}$ 内的平均值：

$$U_{i,j}=\frac{1}{\Omega_{i,j}}\int_{\Omega_{i,j}}U\mathrm{d}\Omega=\frac{1}{\Delta x\Delta y}\int_{\Omega_{i,j}}U\mathrm{d}\Omega \tag{7.4-19}$$

和谐二维浅水方程的时间显式离散形式为：

$$U_{i,j}^{n+1}=U_{i,j}^{n}-\frac{\Delta t}{\Delta x}(F_E-F_W)-\frac{\Delta t}{\Delta y}(G_N-G_S)+\Delta tS_{i,j} \tag{7.4-20}$$

式中，上标 n——时间层；

下标 i 和 j——网格序号；

Δt——时间步长。

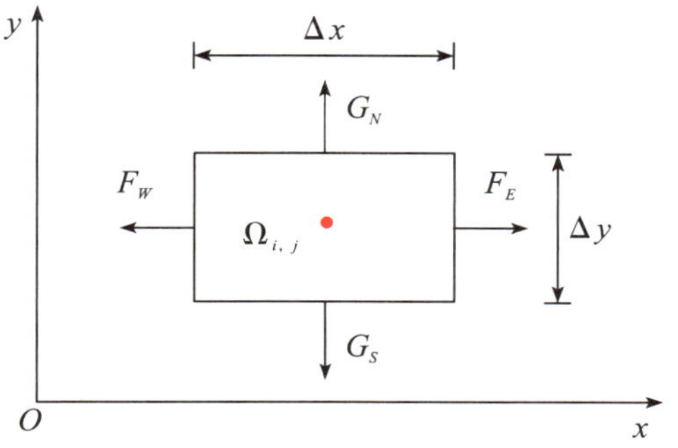

图 7.4-1　x-y 平面二维矩形控制体

(2)高分辨率格式构造

虽然 Godunov 迎风格式具有计算稳定和简单可行的优点，但是其在时空上仅为一阶精度，存在较大的数值耗散。对于水流数值模拟来说，一阶精度的计算格式基本能满足工程实际的应用。但是，对于污染物扩散研究而言，一阶格式较大的数值耗散可能会导致计算结果失真。因此采用二阶龙格库塔方法和 MUSCL 数据重构保证模型在时空上的二阶精度。

1)二阶龙格库塔方法

在浅水方程数值求解过程中，为了提高模型的时间精度，在时间上的离散可采用龙格库塔法。在数值分析中，求解常微分方程初值问题的显式单步法如下：

$$\begin{cases} y_{n+1} = y_n + h\sum_{i=1}^{N} c_i k_i \\ k_1 = f(t_n, y_n) \\ k_i = f(t_n + a_i h, y_n + h\sum_{j=1}^{i-1} b_{ij} k_j)\ (i = 2,3,\cdots,N) \\ a_i = \sum_{j=1}^{i-1} b_{ij} \\ N = 0,1,\cdots,M-1 \end{cases} \tag{7.4-21}$$

式(7.4-21)被称为显式龙格库塔法，其中正整数 N 被称为 $R—K$ 方法的级，所有 c_i、a_i、b_{ij} 都是待定常数。令 $N=2, c_1=c_2=0.5, a_2=1$，可得到一种常用的二级二阶 $R—K$ 方法，又被称为改进的 Euler 法，即是采用的二阶龙格库塔法，在和谐二维浅水方程的具体应用形式如下：

$$U_{i,j}^{n+1} = U_{i,j}^{n} + \frac{1}{2}\Delta t\left[K_{i,j}(U^n) + K_{i,j}(U^*)\right] \tag{7.4-22}$$

$$K_{i,j} = -\frac{F_{i+1/2,j} - F_{i-1/2,j}}{\Delta x} - \frac{G_{i,j+1/2} - G_{i,j-1/2}}{\Delta y} + S_{i,j}, U_{i,j}^{*} + \Delta t K_{i,j}(U^n) \tag{7.4-23}$$

式中，上标 n——时间层；

下标 i 和 j——网格序号；

Δt——计算时间步长；

Δx、Δy——网格 x、y 方向的尺寸；

$K_{i,j}$——龙格库塔系数；

U^*——水流变量计算中间值；

$F_{i+1/2,j}$、$F_{i-1/2,j}$、$G_{i,j+1/2}$、$G_{i,j-1/2}$——通过网格东、西、北、南 4 个界面的对流数值通量。

为了更新水流变量，在同一时间层内需要两次求解黎曼问题计算界面通量和离散源项。

2)数据重构及干湿界面处理

在浅水方程数值求解过程中，为了提高模型在空间上的精度，在构造界面处局部黎曼问题时，不再认为水流要素在计算域内呈分段常数阶梯分布，而是认为水流要素在计算域内呈分段线性函数分布，并结合 Minmod 斜率限制器重构界面左、右两侧的变量，从而根据界面左、右两侧重构变量计算通过界面的数值通量，实现格式在空间上的二阶精度并保证格式具有 TVD 特性。

以网格界面$(i+1/2,j)$为例(图 7.4-2),网格界面左侧变量的计算公式为:

$$
\begin{cases}
\bar{\eta}^{L}_{i+1/2,j}=\eta_{i,j}+\dfrac{\psi_{\eta}(r)}{2}(\eta_{i,j}-\eta_{i-1,j}) \\
\bar{h}^{L}_{i+1/2,j}=h_{i,j}+\dfrac{\psi_{h}(r)}{2}(h_{i,j}-h_{i-1,j}) \\
\bar{q}^{L}_{xi+1/2,j}=q_{xi,j}+\dfrac{\psi_{q_x}(r)}{2}(q_{xi,j}-q_{xi-1,j}) \\
\bar{q}^{L}_{yi+1/2,j}=q_{yi,j}+\dfrac{\psi_{q_y}(r)}{2}(q_{yi,j}-q_{yi-1,j}) \\
\bar{q}^{L}_{ci+1/2,j}=q_{ci,j}+\dfrac{\psi_{q_c}(r)}{2}(q_{ci,j}-q_{ci-1,j}) \\
\bar{z}^{L}_{bi+1/2,j}=\bar{\eta}^{L}_{i+1/2,j}-\bar{h}^{L}_{i+1/2,j}
\end{cases}
\tag{7.4-24}
$$

式中,$\psi(r)$——网格(i,j)处的斜率限制器。

$\psi(r)$的值与相邻网格$(i-1,j)$和$(i+1,j)$内的变量值有关,斜率限制器可以抑制间断点附近可能产生的非物理数值振荡,保证格式的稳定性。

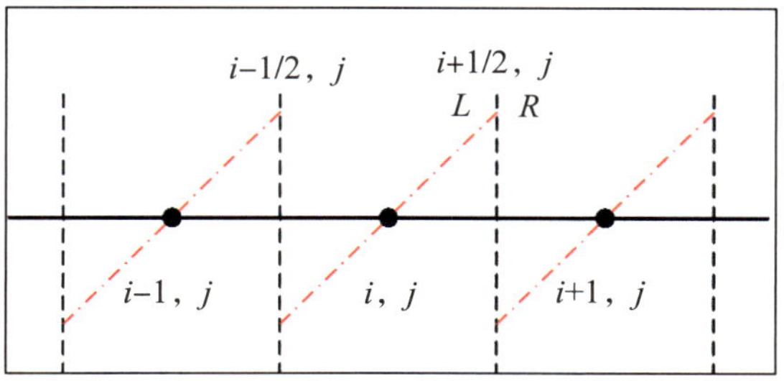

图 7.4-2　MUSCL 数据重构

在 MUSCL 格式中,研究学者提出了 Minmod、Double Minmod、Superbee、Van Albada、Van Leer 等各种满足 TVD 特性约束条件的斜率限制器形式,不同的限制器对数学模型精度的影响不同。为了避免出现虚假数值振荡,采用 Minmod 斜率限制器。

以水位变量重构的斜率限制器举例说明:

$$
\begin{cases}
\psi_{\eta}(r)=\max[0,\min(r,1)] \\
r=\dfrac{\eta_{i+1,j}-\eta_{i,j}}{\eta_{i,j}-\eta_{i-1,j}}
\end{cases}
\tag{7.4-25}
$$

式中,r——限制因子。

同理,网格界面右侧变量的计算公式为:

$$\begin{cases}\bar{\eta}^R_{i+1/2,j}=\eta_{i+1,j}-\dfrac{\psi_\eta(r)}{2}(\eta_{i+1,j}-\eta_{i,j})\\ \bar{h}^R_{i+1/2,j}=h_{i+1,j}+\dfrac{\psi_h(r)}{2}(h_{i+1,j}-h_{i,j})\\ \bar{q}^R_{xi+1/2,j}=q_{xi+1,j}+\dfrac{\psi_{q_x}(r)}{2}(q_{xi+1,j}-q_{xi,j})\\ \bar{q}^R_{yi+1/2,j}=q_{yi+1,j}+\dfrac{\psi_{q_y}(r)}{2}(q_{yi+1,j}-q_{yi,j})\\ \bar{q}^R_{ci+1/2,j}=q_{ci+1,j}+\dfrac{\psi_{q_c}(r)}{2}(q_{ci+1,j}-q_{ci,j})\\ \bar{z}^R_{bi+1/2,j}=\bar{\eta}^R_{i+1/2,j}-\bar{h}^R_{i+1/2,j}\end{cases} \tag{7.4-26}$$

网格界面左右两侧的流速、浓度计算式：

$$\begin{cases}\bar{u}^L_{i+1/2,j}=\dfrac{\bar{q}^L_{xi+1/2,j}}{\bar{h}^L_{i+1/2,j}},\bar{v}^L_{i+1/2,j}=\dfrac{\bar{q}^L_{yi+1/2,j}}{\bar{h}^L_{i+1/2,j}},\bar{c}^L_{i+1/2,j}=\dfrac{\bar{q}^L_{ci+1/2,j}}{\bar{h}^L_{i+1/2,j}}\\ \bar{u}^R_{i+1/2,j}=\dfrac{\bar{q}^R_{xi+1/2,j}}{\bar{h}^R_{i+1/2,j}},\bar{v}^R_{i+1/2,j}=\dfrac{\bar{q}^R_{yi+1/2,j}}{\bar{h}^R_{i+1/2,j}},\bar{c}^R_{i+1/2,j}=\dfrac{\bar{q}^R_{ci+1/2,j}}{\bar{h}^R_{i+1/2,j}}\end{cases} \tag{7.4-27}$$

式(7.4-27)适用于计算水深大于临界干水深的情况；当计算水深小于临界干水深时，流速与浓度重构量均为零。对于实际工程应用来说，临界干水深可取值为 10^{-3}m。为了模型的稳定性，上述的MUSCL线性重构只适用于不与干网格相邻的湿网格。对于与干网格相邻的湿网格界面重构值，直接令其为湿网格中心值，格式在干湿界面降为一阶精度。

通过线性插值，可获得东界面左、右两侧的地形重构值，为了保持地形的连续性，采用地形高程唯一值确定方法，东界面的地形值可定义为：

$$z_{bi+1/2,j}=\max(\bar{z}^L_{bi+1/2,j},\bar{z}^R_{bi+1/2,j}) \tag{7.4-28}$$

同时网格东界面左、右两侧水深重新计算：

$$h^L_{i+1/2,j}=\max(0,\bar{\eta}^L_{i+1/2,j}-z_{bi+1/2,j}),h^R_{i+1/2,j}=\max(0,\bar{\eta}^R_{i+1/2,j}-z_{bi+1/2,j}) \tag{7.4-29}$$

网格东界面两侧的黎曼状态变量相应调整为：

$$\begin{cases}\eta^L_{i+1/2,j}=h^L_{i+1/2,j}+z_{bi+1/2,j},\eta^R_{i+1/2,j}=h^R_{i+1/2,j}+z_{bi+1/2,j}\\ q^L_{xi+1/2,j}=\bar{u}^L_{i+1/2,j}h^L_{i+1/2,j},q^R_{xi+1/2,j}=\bar{u}^R_{i+1/2,j}h^R_{i+1/2,j}\\ q^L_{yi+1/2,j}=\bar{v}^L_{i+1/2,j}h^L_{i+1/2,j},q^R_{yi+1/2,j}=\bar{v}^R_{i+1/2,j}h^R_{i+1/2,j}\\ q^L_{ci+1/2,j}=\bar{c}^L_{i+1/2,j}h^L_{i+1/2,j},q^R_{ci+1/2,j}=\bar{c}^R_{i+1/2,j}h^R_{i+1/2,j}\end{cases} \tag{7.4-30}$$

上述线性重构即可保证水深不会出现负值的情况，由此求得网格东界面左、右两侧的重构变量值，形成局部黎曼问题，可通过黎曼算子计算得到相应的数值通量。当不存在干河床时，以上重构过程不会影响数值格式的静水和谐性；然而，当水流遇到干湿界面时，以上重构并不能保证计算格式的稳定性和水量守恒性。

7.4.3 模型计算流程

二维水质应急调度模型的计算流程见图 7.4-3。

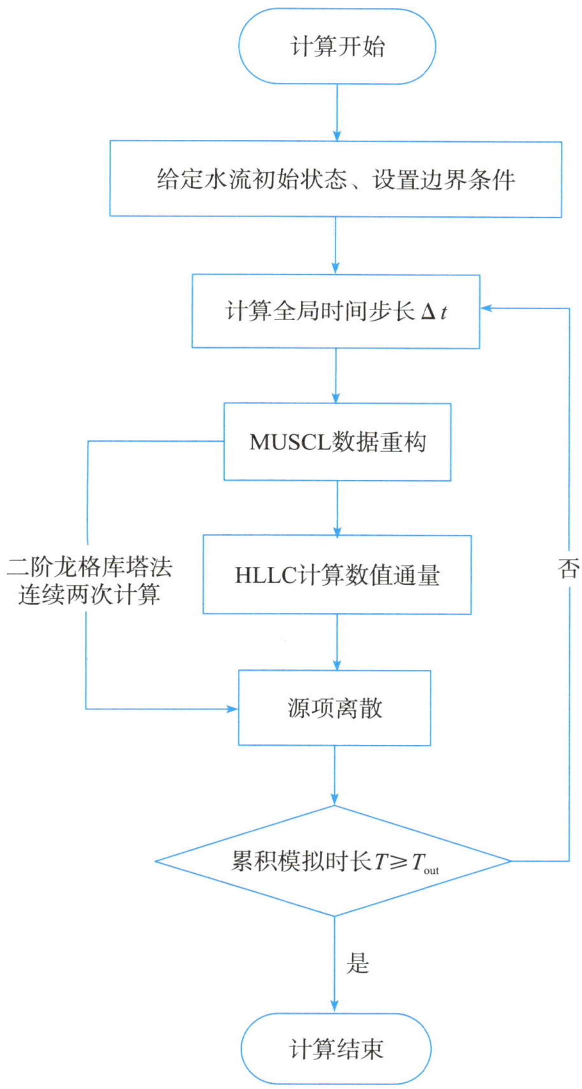

图 7.4-3 二维水质应急调度模型的计算流程

7.5 模型验证

采用三峡水库 2017 年实测水文、水质数据对模型进行验证,为突发水污染事件的快速模拟和预警提供模型基础。

(1)水动力模型测试结果

当水动力模型糙率取值为 0.033 时,寸滩、清溪场、万州水文站水位和流量计算结果与实测结果比较吻合。寸滩水文站水位验证结果见图 7.5-1,清溪场水文站水位验证结果见图 7.5-2,万州水文站水位验证结果见图 7.5-3,寸滩水文站流量验证结果见图 7.5-4。

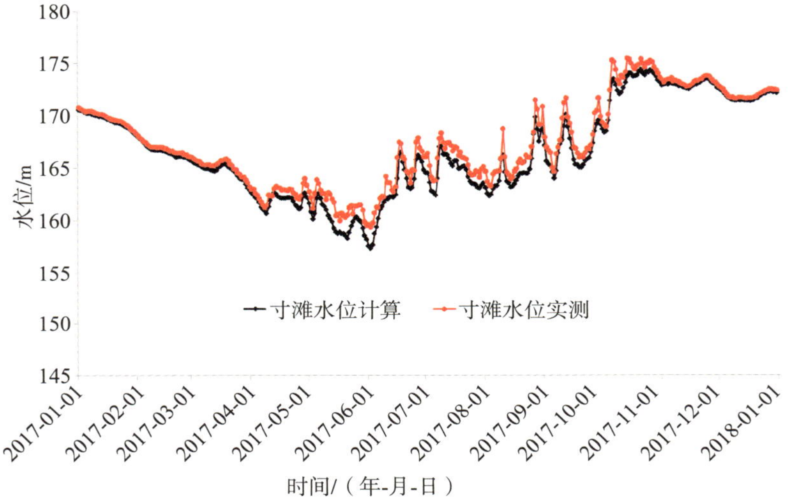

图 7.5-1 寸滩水文站水位验证结果

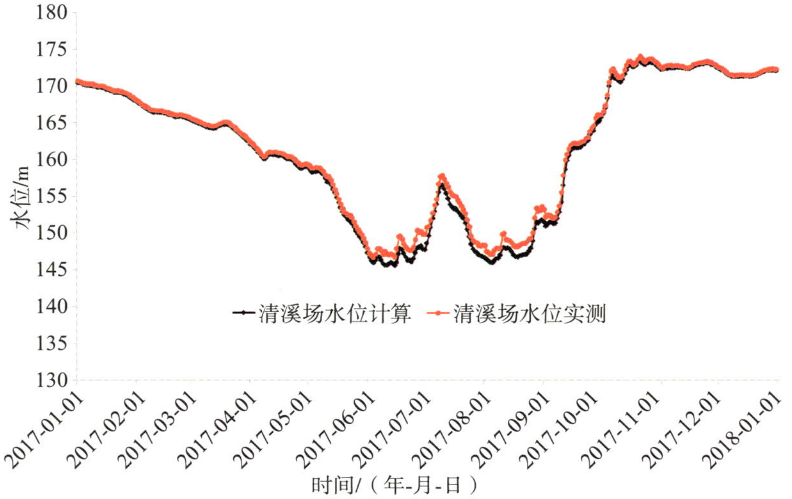

图 7.5-2 清溪场水文站水位验证结果

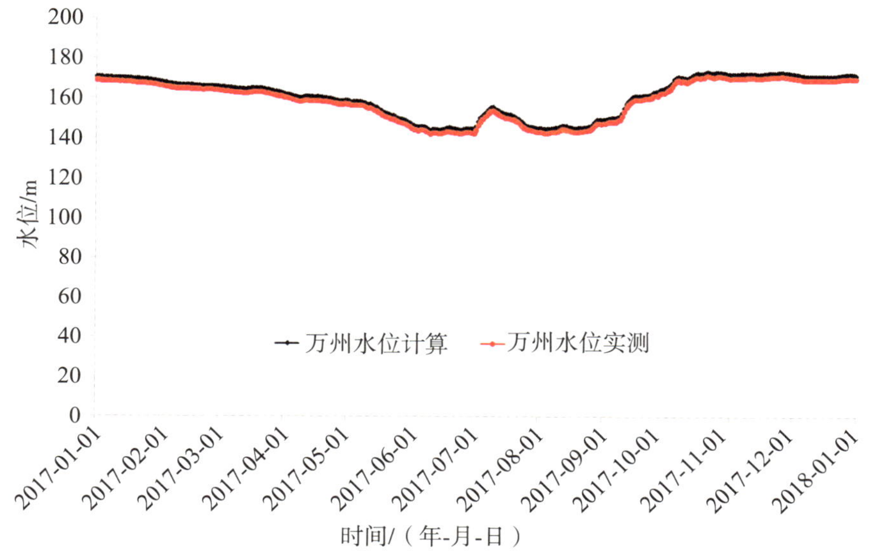

图 7.5-3 万州水文站水位验证结果

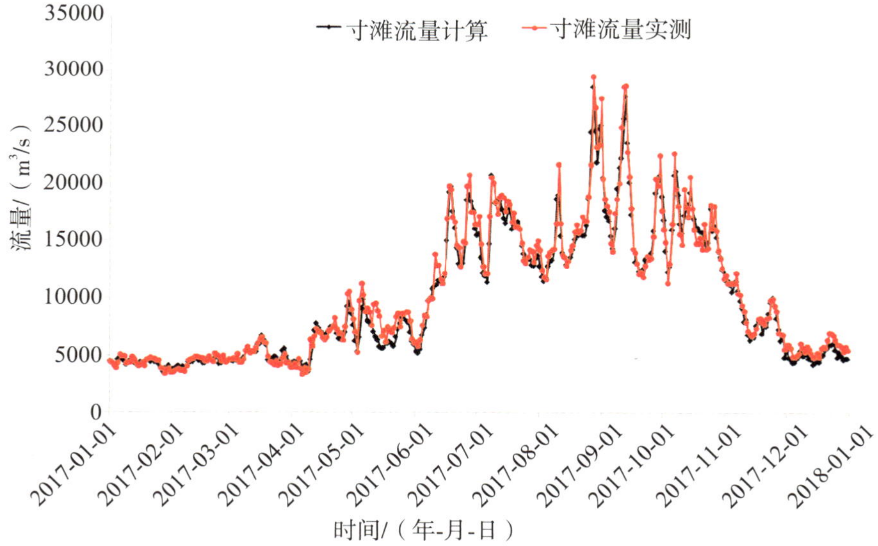

图 7.5-4 寸滩水文站流量验证结果

（2）水质模型测试结果

当水质模型综合衰减系数 K 取值为 0.08/d，扩散系数取值为 0.28 时，寸滩、清溪场、万州水文站氨氮浓度计算结果与实测结果比较吻合。寸滩氨氮浓度计算验证见图 7.5-5，清溪场氨氮浓度计算验证见图 7.5-6，万州氨氮浓度计算验证见图 7.5-7。

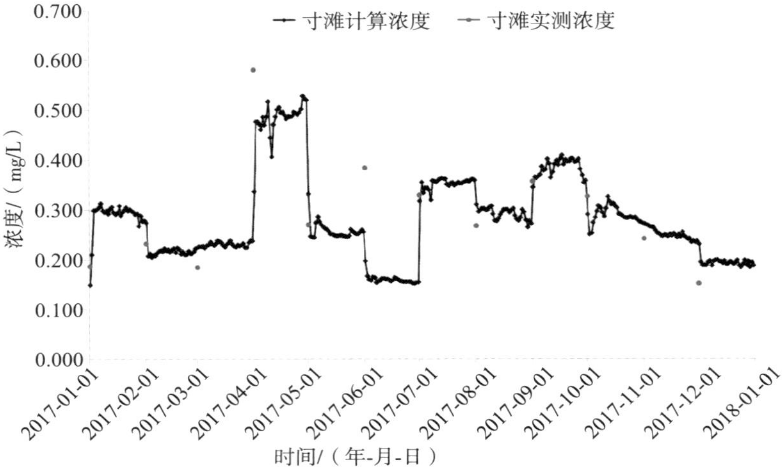

图 7.5-5　寸滩氨氮浓度计算验证

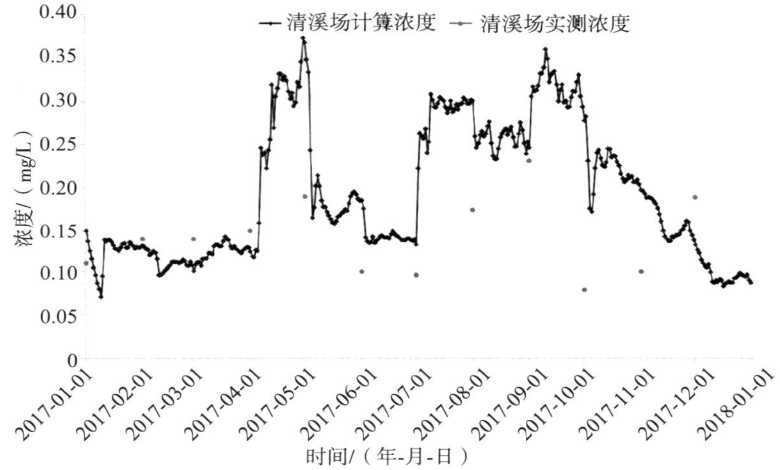

图 7.5-6　清溪场氨氮浓度计算验证

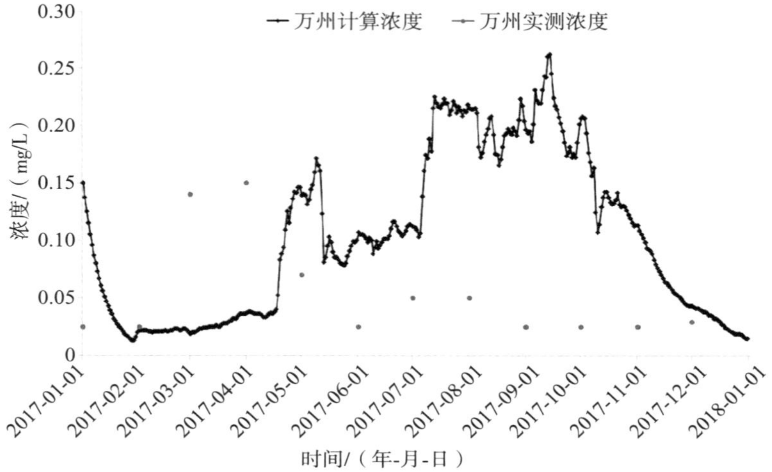

图 7.5-7　万州氨氮浓度计算验证

7.6　模型功能介绍

7.6.1　事件报告

事件报告用于登记添加、编辑、查看突发水污染事件报告。当出现突发水污染事件时，根据现场调查结果，在事件报告中上传相关的事故信息，包括突发水污染事件名称、事发地点、事发时间、污染物浓度、事故形成原因和发展过程等信息(图 7.6-1)。技术人员可通过查看事件报告迅速掌握突发水污染事件的相关信息，开始构建水质应急调度模型。

图 7.6-1　事件报告设置界面

7.6.2　水质预测演算

在水质应急管理过程中，为演算水质扩散变化过程提供不同来水条件下、不同排污水平条件下的水质信息预测预报。

(1)预测演算设置

选择参与计算的河段区间，系统将自动推送默认参与计算的水库对象、预测演算、开始时间、时段类型、时段个数等，并支持用户修改(图 7.6-2)。

图 7.6-2　水质预测演算方案设置界面

(2)计算边界参数及约束设置

根据计算任务中的用户选择，自动提取各类输入信息和模型参数，并支持用户修改，包括各河段区间的上边界流量过程、区间汇入控制站流量过程、下边界水位过程、各水质断面的实测水质指标等。用户可假设突发污染事故场景，在污染河段的上边界水质控制断面人工输入水污染指标，针对污染河段开展水质预测演算。水质预测演算参数设置界面见图 7.6-3。

图 7.6-3　水质预测演算参数设置界面

(3)交互展示

根据用户确认的各类边界约束条件，系统自动调用后台的数据、模型、应用等各类微服务进行计算，并将所有结果推送至界面进行图表关联展示(图 7.6-4)。支持回退到边界约束界面中修改计算条件后重新计算，也可以直接在成果界面下修改计算结果后进行交互模拟。

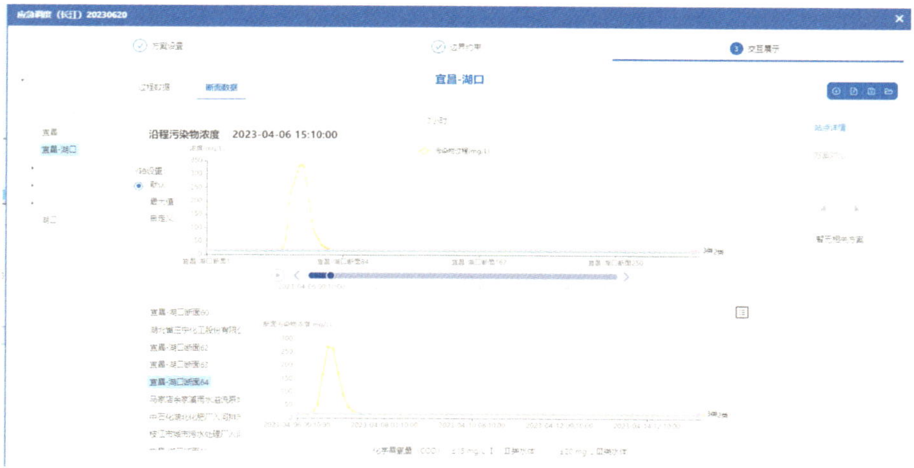

图 7.6-4　水质预测计算结果界面

7.6.3　调度模拟仿真

水质预测演算完成后，用户可调整水库的出库流量过程，更新相关河段区间的上、下边界过程条件，重新进行下游水质预报的一体化演算，更新图表展示结果，同时可进行不同调度方案之间效果的对比展示(图 7.6-5)。

图 7.6-5　不同调度方案计算成果展示界面

7.6.4　调度方案管理

提供水质预测演算和调度模拟仿真的成果的保存、查询、综合管理的功能。用户可以根据自定义条件选择应急调度方案，随时查看应急调度方案的计算成果。此外，对已有方案可以进行筛选、移除/删除、打开、收藏等操作。调度方案管理界面见图 7.6-6。

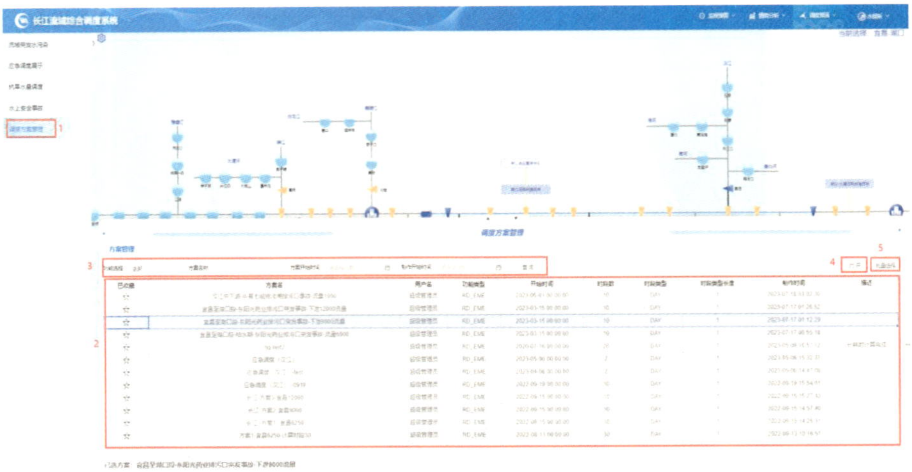

图 7.6-6　调度方案管理界面

7.6.5　调度方案三维复演

用户可以选择保存好的调度方案模拟结果，在三维场景下展示各方案的水质动态变化情况(图 7.6-7)。综合对比各调度方案的优劣，选定某一方案作为最终方案供决策部门参考(图 7.6-8)。

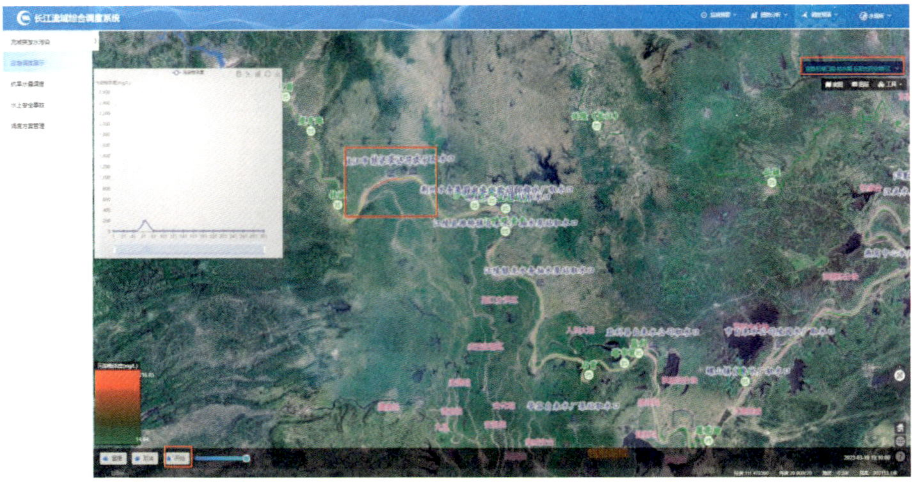

图 7.6-7　调度方案三维展示界面

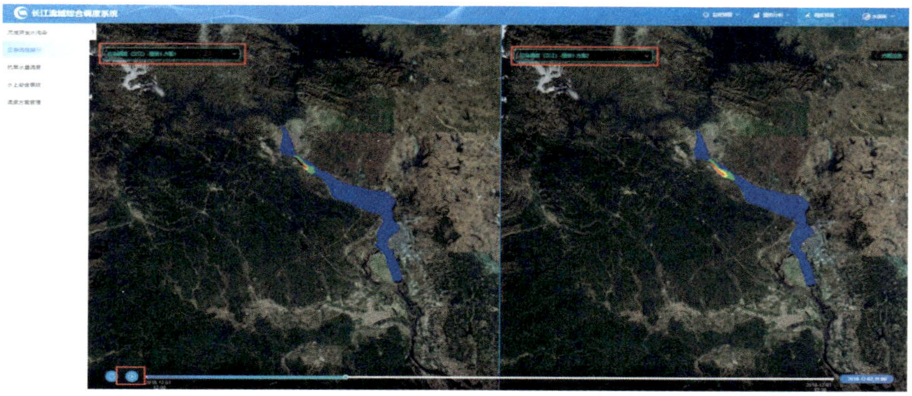

图 7.6-8　调度方案三维对比展示界面

7.7　应急调度模型集成方式

水质应急调度模型，面向 B/S 业务系统集成进行开发，并需要以子系统模块的形式集成至综合调度系统。子系统涉及数据、模型、支撑服务、交互界面的建设和相互调用。为强化各部分的集成能力和可维护性，各层均采用服务的方式进行封装和衔接。具体方式如下：

①子系统涉及的新建数据以独立运行维护的数据进行管理，相关业务利用数据接口服务进行数据访问；

②模型均以标准结构化方式封装建设为模型计算服务，统一规范模型输入、输出结构和服务调用方式；

③业务和交互运行服务均以标准结构化的方式提供功能服务数据支撑，利用动态数据适配接口向各种实际业务界面提供数据服务；

④功能页面设计实现时均按业务解耦的方式进行，减少页面间的强耦合和数据管理，业务运转依托系统服务支撑，以便以界面集成的方式为上层综合调度系统提供功能模块界面。

7.8　应急调度实例化

登录长江流域综合调度系统后，在右上角选择“调度预演”，点击“应急调度分析”，即可进入水质应急调度模块的主界面(图 7.8-1)。在左侧栏中的“流域突发水污染”中可选择 4 个水质应急调度模型(通用解析解模型、长江干流宜昌—湖口江段一维模型、汉江中下游一维模型、丹江口大坝—王甫洲江段二维模型)进行突发水污染事件的模拟计算并进行保存；在“应急调度展示”中可在三维地图上查看模拟计算成果；在“调度方案管理”中可查看并管理所有保存的模型案例。本节重点介绍 4 个水质应急调度模型的操作流程，并结合模拟案例进行操作展示。

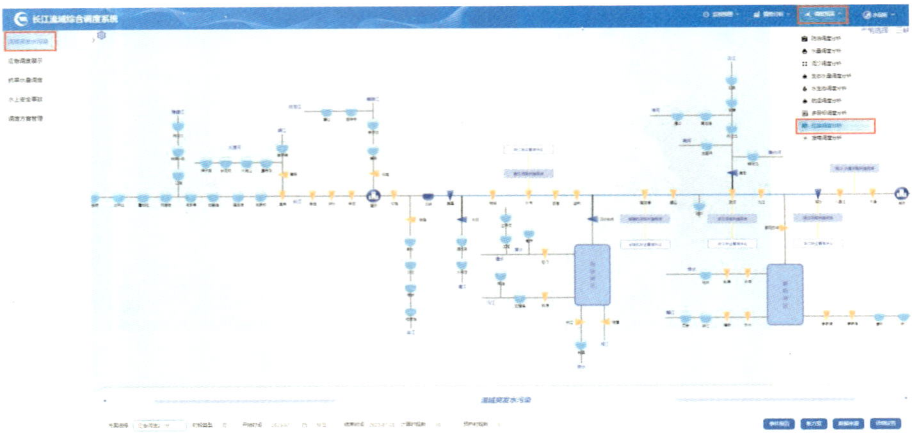

图 7.8-1　应急调度模型主界面

7.8.1　事件报告

当出现突发水污染事件时，接到报警后，相关工作人员赶赴现场调查，可以在应急调度分析模块的事件报告中上传相关的事故信息，技术人员可以通过查看事件报告快速确定突发水污染事件的相关信息，从而构建应急调度模型。

选择左侧栏中的流域突发水污染，在界面下方点击“事件报告”，即可打开功能界面（图 7.8-2）。在该界面中，点击上方可查看已保存的突发水污染事件报告的基本信息，同时可根据时间、状态筛选查询事件报告。鼠标选中某个事件报告后，在下方事件预览中可查看该事件报告的各项信息，在右上方点击打开可进入该事件的详细报告界面（图 7.8-3）。当出现新增突发水污染事件时，可在右上方点击添加，根据现场调查结果，新增事件报告。

图 7.8-2　事件报告功能界面

图 7.8-3　添加/打开事件报告详细界面

7.8.2　通用解析解模型

通用解析解模型可应用在任意河段，发生突发水污染事故时，可先构建解析解模型，快速判断污染事故的影响范围。选择左侧栏中的“流域突发水污染”，在界面下方点击“新方案”，在“模型选择”中选择“通用解析解模型”，点击“详细设置”，进入模型方案设置界面(图 7.8-4)。

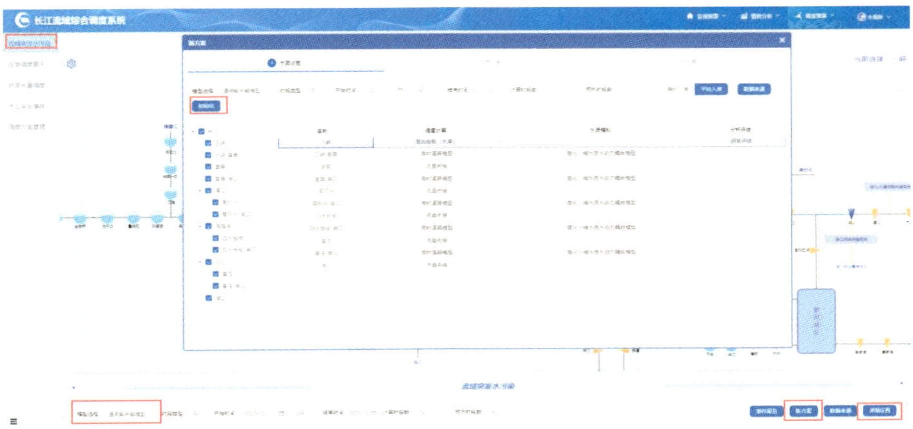

图 7.8-4　通用解析解模型界面

在“方案设置”界面，点击“初始化”，进入“边界约束”界面，在“新方案”窗口左侧栏中，选择“三峡—宜昌”，点击“模型参数”，进入通用解析解模型参数设置界面(图 7.8-5)。根据河流实际情况，设置河流流量、污染物背景浓度、事故排污口流量、排污浓度等计算参数，同时设置模型的计算步长和总里程数，设置完成后，点击右上角“计算”按钮，即可开始模型计算。

图 7.8-5　通用解析解模型参数设置界面

计算完成后，窗口将自动跳转至“交互展示”界面，在窗口左侧栏选择“三峡—宜昌”，点击“断面数据”即可查看通用解析解模型计算成果(图 7.8-6)。界面中的图展示河道中污染物浓度的沿程变化曲线，表按设置的计算步长展示事故点下游不同位置的污染物浓度值。由图 7.8-6 可知，示例方案中污染物浓度在事故点下游 5.1km 左右恢复至河道背景浓度，因此可着重考虑对事故点下游 5km 左右的河段进行应急处置。

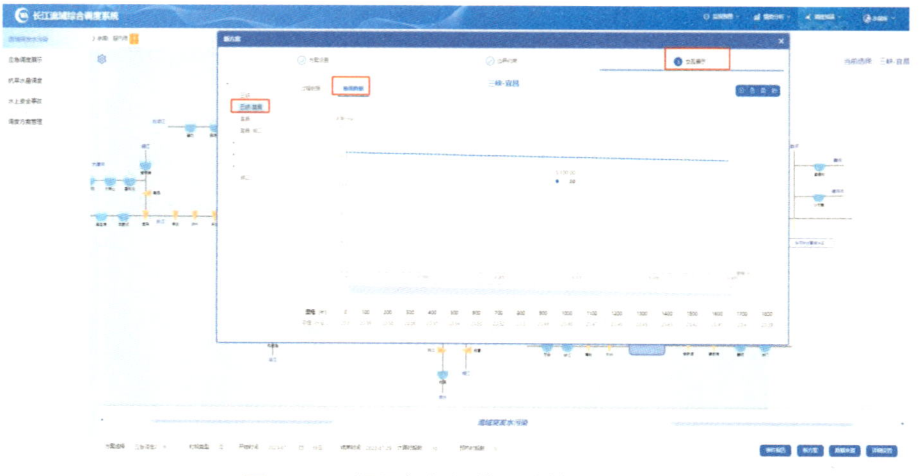

图 7.8-6　通用解析解模型计算成果界面

模型计算完成后，可根据需要将计算方案和模拟结果保存至“调度方案管理”平台中。在“交互展示”界面，点击右上角“保存”按钮，在弹出窗口中，设置方案名称，勾选“发布”，并点击“确定”，即可保存方案(图 7.8-7)。完成方案保存后，可随时在“调度方案管理”平台中查看计算参数和计算成果。

图 7.8-7 通用解析解模型计算成果保存界面

7.8.3 长江干流宜昌—湖口江段一维模型

长江干流宜昌—湖口江段一维模型为数值解模型。当长江干流宜昌—湖口江段出现突发水污染事件时，可调用该模型对污染物的时空迁移扩散过程进行较为全面的快速分析。本节以案例的形式对长江干流宜昌—湖口江段一维模型的操作流程进行介绍。

例如，在“宜昌东阳光药业 2 号入河排污口”位置出现突发水污染事件，相关工作人员赶赴现场调查，并提交事件报告：2023 年 3 月 15 日“宜昌东阳光药业 2 号入河排污口”发生事故，大量污水未经处理进入长江，导致事故点周边化学需氧量瞬时浓度达到 3000mg/L。以此构建一维水质应急调度模型模拟污染物的迁移扩散过程。

选择左侧栏中的“流域突发水污染”，在界面下方点击“新方案”，在“模型选择”中选择“长江干流宜昌—湖口江段一维模型”，点击“详细设置”，进入模型方案设置界面(图 7.8-8)。在弹出的窗口中，设置模型开始时间为 2023 年 3 月 15 日，根据需要在“计算时段数”中设置计算天数。在“新方案”窗口中的左侧栏去掉勾选“三峡”和“三峡—宜昌”，确定模拟范围为宜昌—湖口江段，参与计算的范围包括清江、洞庭湖、汉江。设置完成后，点击“初始化”对模型参数进行初始化。

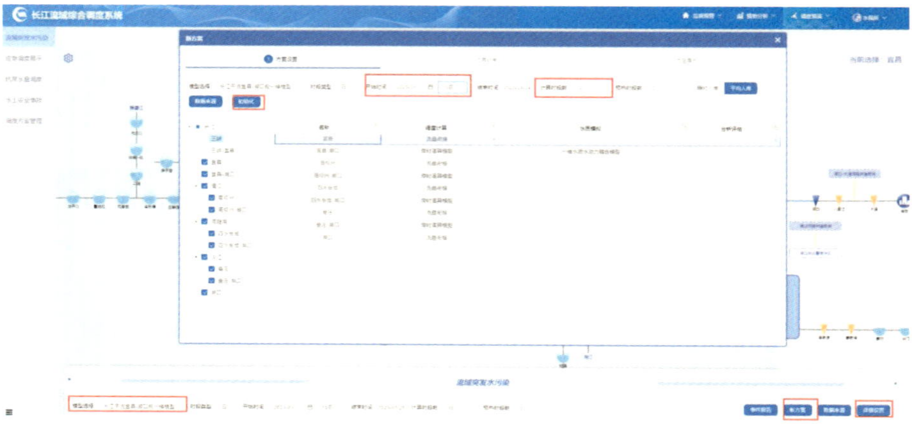

图 7.8-8　宜昌—湖口江段一维模型方案设置界面

初始化完成后，自动跳转至“边界约束”界面。在“新方案”窗口中，逐个点击左侧栏“宜昌”至“湖口”各选项可查看并修改模型的边界条件和支流条件（图 7.8-9 至图 7.8-17）。其中，在“宜昌”选项中设置模型的上边界流量；在“宜昌—湖口”选项中，设置模型的“上边界浓度”“上边界流量”“下边界水位”“下边界浓度”；在“清江—高坝洲”选项中设置清江的汇入流量，在“高坝洲—湖口”选项中设置清江的汇入浓度；在“洞庭湖—四水合成”选项中设置洞庭湖的汇入流量，在“四水合成—湖口”选项中设置洞庭湖的汇入浓度；在“汉江—皇庄”中设置汉江的汇入流量，在“皇庄—湖口”选项中设置汉江的汇入浓度；在“湖口”选项中设置模型的下边界水位。模型已接入水文站点实时监测数据，根据设置的计算时间自动传入模型，用户也可以自行修改，水质数据需要手动输入。需要特别注意的是，在手动输入参数时，需要点击表格第一列的下箭头，将预热数据一并输入进去。

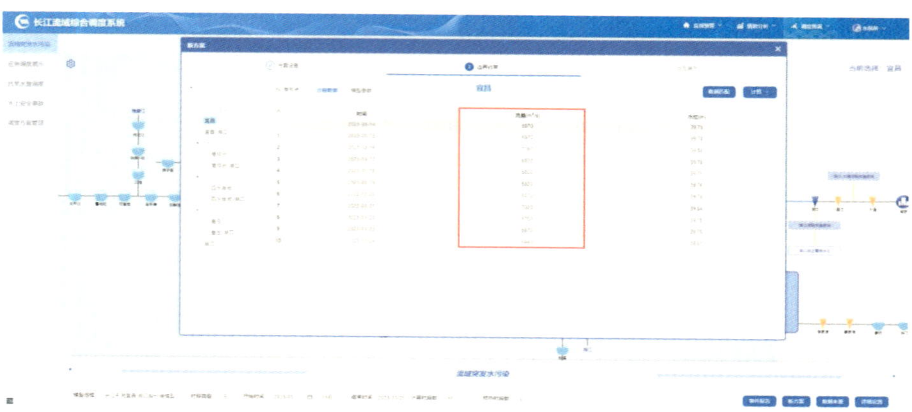

图 7.8-9　宜昌上边界流量设置界面

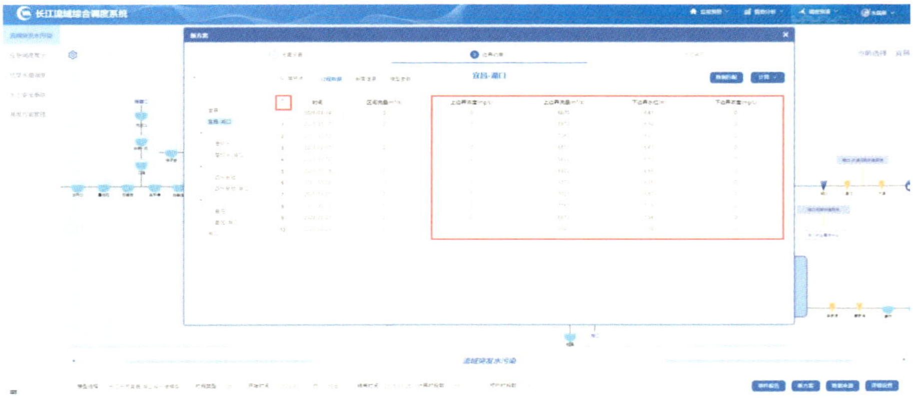

图 7.8-10　宜昌—湖口边界条件设置界面

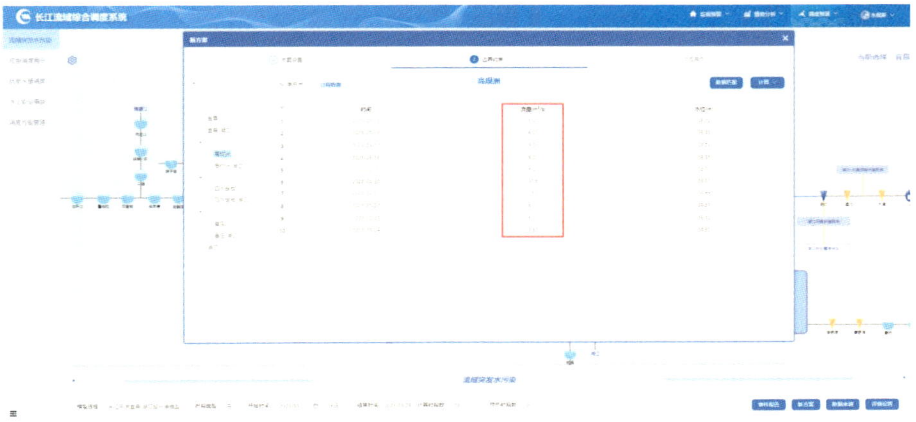

图 7.8-11　清江汇入流量设置界面

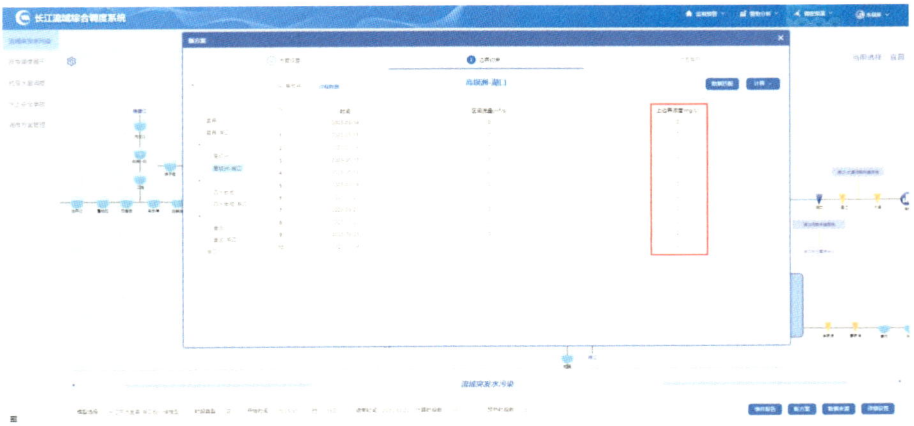

图 7.8-12　清江汇入水质设置界面

图 7.8-13　洞庭湖汇入流量设置界面

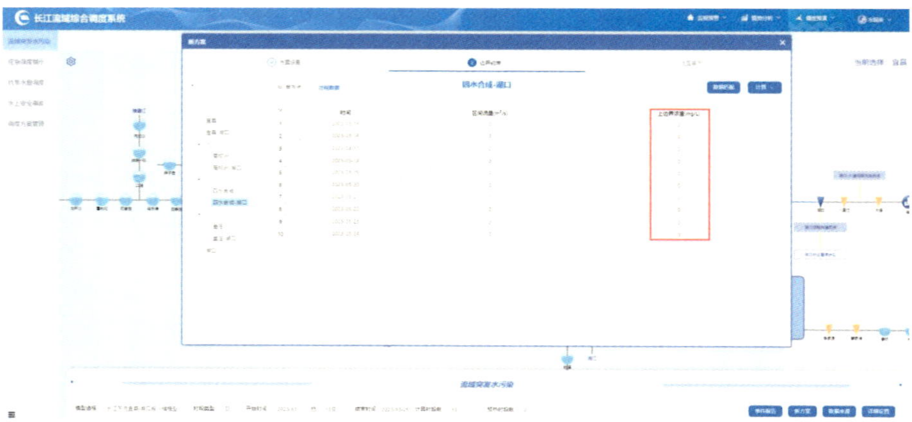

图 7.8-14　洞庭湖汇入水质设置界面

图 7.8-15　汉江汇入流量设置界面

图 7.8-16　汉江汇入水质设置界面

图 7.8-17　湖口下边界水位条件设置界面

设置完成边界条件后，点击左侧栏“宜昌—湖口”，在上侧菜单栏中选择“断面期初”，模型内置了 301 个大断面数据，可以逐一查看各断面在地图上的位置、断面形状等信息，同时江段中重要取水口、排污口的名称也被标注在对应位置的断面上（图 7.8-18）。

图 7.8-18　断面信息界面

在上侧菜单栏中选择“模型参数”，即可跳转至“模型设置”界面(图 7.8-19)。在“模型参数”中，需要设置河道糙率、动能系数、扩散系数、偏心格式系数、迭代步长分钟数，模型中已提供默认值，用户也可以根据需要进行修改；在“初始条件”中，初始流量和初始水质可以根据上边界条件的流量、水质初值进行设置，初始水深可以使用默认值或自行修改；在“污染物信息”中，根据突发水污染事件报告，填写污染物位置(可点开小地图进行选择)、污染物名称、排放类型、降解系数、排放浓度。排放类型分为瞬时排放和持续排放。对于翻船、翻车、排污口故障等短时间内大量污染物进入河道的情况可以选用瞬时排放类型；对于偷排等污染物长期排放的情况可以选用持续排放类型，选择持续排放类型时，需要在下方新出现的文本框中输入排放的流量。全部参数设置完成后，点击右上角“计算”，即可开始模型计算。

图 7.8-19 模型参数界面

模型计算完成后，将自动跳转至“交互展示”界面(图 7.8-20)。界面上部是污染物浓度的沿程变化图，动态展示了各时刻污染物浓度的沿程变化情况，可以选择不同时间步长进行展示。纵坐标有 3 种方式可选择，“默认坐标”纵坐标最大值为各时刻的最大浓度，可以灵活展示各时刻沿程浓度的变化趋势；“固定坐标”便于查看水质的沿程扩散降解过程；“自定义坐标”更能放大展示水质变化的细节。模型中还内置了对应污染物的水质标准线，便于对照判断水质超标情况。

在模型交互展示界面可查看每个断面各时刻浓度变化情况，点击右侧按钮可以切换为表格形式展示(图 7.8-20)。例如，“宜昌东阳光药业 2 号入河排污口”的下游“宜昌—湖口断面 70”位置有一取水口，可以预测事故发生约 13h 后，污染物将抵达该取水口，污染物最大浓度可达 200mg/L，对取水口影响将持续约 25h。根据模拟预测结果，该取水口可改变取水方案来规避突发水污染事件对取水的不利影响。

图 7.8-20 模型交互展示界面

模型计算完成后，可以根据需要将计算方案和模拟结果保存至“调度方案管理”平台中，保存方式与“通用解析解模型”相同。在“交互展示”界面，点击右上角“保存”按钮，在弹出窗口中，设置方案名称，勾选“发布”，并点击“确认”，即可保存方案。完成方案保存后，可以随时在“调度方案管理”平台中查看计算参数和计算成果。

发生事故后，如果三峡进行应急调度，也可以设置多种调度方案，改变三峡水库的下泄水量重新模拟。在“交互展示”界面右上方点击“新方案”按钮，在弹出窗口中点击“确认”，即可回到“方案设置”界面，修改方案参数重新计算(图 7.8-21)。

图 7.8-21 对比方案设置界面

计算完成后，同样将方案进行保存，即可对比不同方案的模拟结果。在“交互展示”

界面右侧选择"方案对比",勾选需要进行对比的方案,即可在图中查看不同方案的模拟成果。例如,"宜昌东阳光药业 2 号入河排污口"事故后,三峡水利枢纽进行应急调度,加大下泄流量,模拟三峡下泄 $9000m^3/s$ 和 $12000m^3/s$ 两种方案进行对比(图 7.8-22)。由图 7.8-22 可见,加大下泄流量后,污染物输移过程明显加快,最大浓度也有所下降。下游取水口在加大下泄流量后,污染团会提前抵达该断面,污染持续时间减少,最大浓度也有所降低。使用多方案模拟计算,能协助快速准确地找到效果最好的应急调度方案。

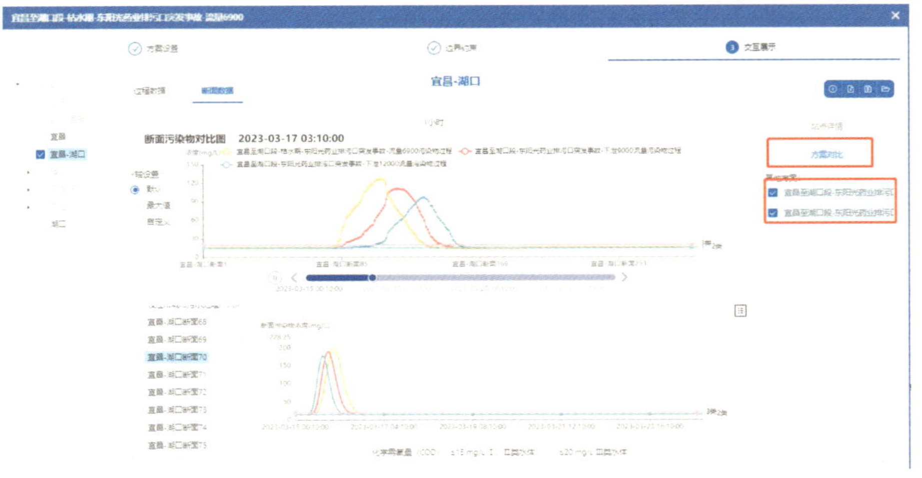

图 7.8-22　方案对比成果界面

7.8.4　汉江中下游一维模型

汉江中下游一维模型为数值解模型。当汉江中下游出现突发水污染事件时,可调用该模型对污染物时空迁移扩散过程进行较为全面的快速分析。该模型操作流程与长江干流宜昌—湖口江段一维模型基本一致。本节以案例的形式简要介绍汉江中下游一维模型的操作流程。

假定 2023 年 6 月 1 日汉江中下游江段牛首七组排污闸排污口发生事故,大量污水未经处理直排入河,河道化学需氧量瞬时浓度高达 800mg/L。在"流域突发水污染"中点击新方案,选择方案为"应急调度(汉江)",点击"详细设置"(图 7.8-23)。

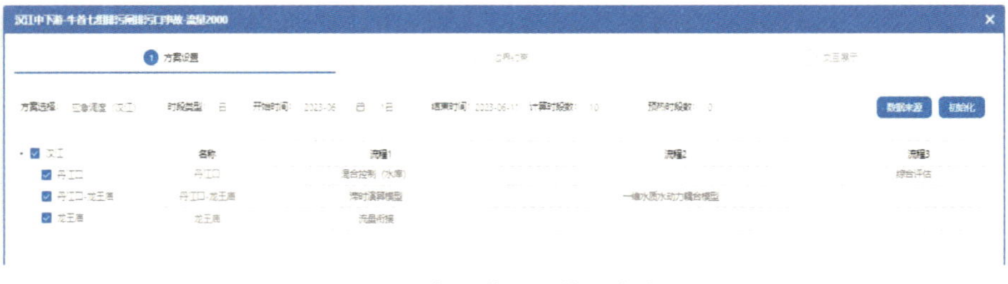

图 7.8-23　汉江中下游一维模型方案设置界面

点击“初始化”，进入“边界约束”界面，流量、水位已接入实时监测数据，也可以手动进行修改，同时修改上下边界浓度数据（图 7.8-24）。

图 7.8-24　汉江中下游一维模型边界约束界面

边界设置完成后，点击“断面期初”，可以查看汉江中下游各断面基本信息（图 7.8-25）。

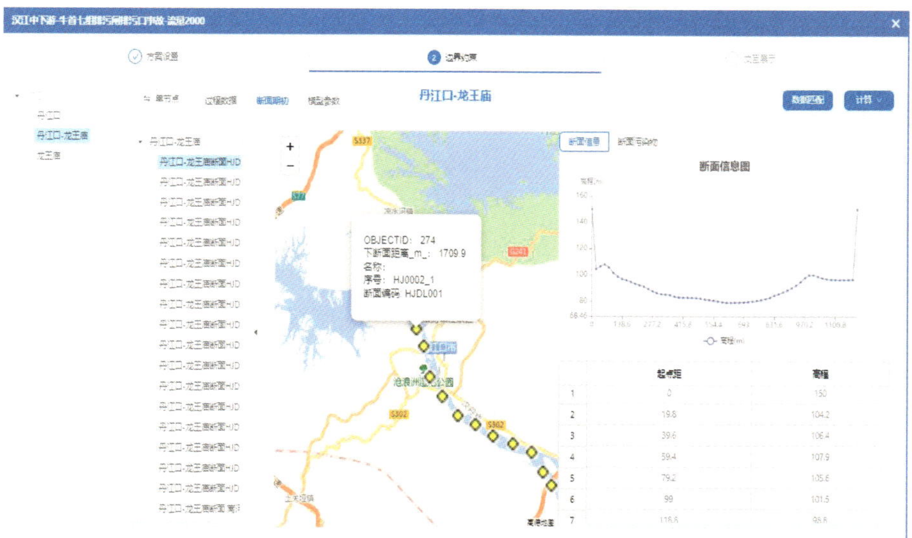

图 7.8-25　汉江中下游一维模型断面基本信息界面

点击“模型参数”，根据突发水污染事件情况设置对应的模型参数，点击“计算”，开始模拟（图 7.8-26）。

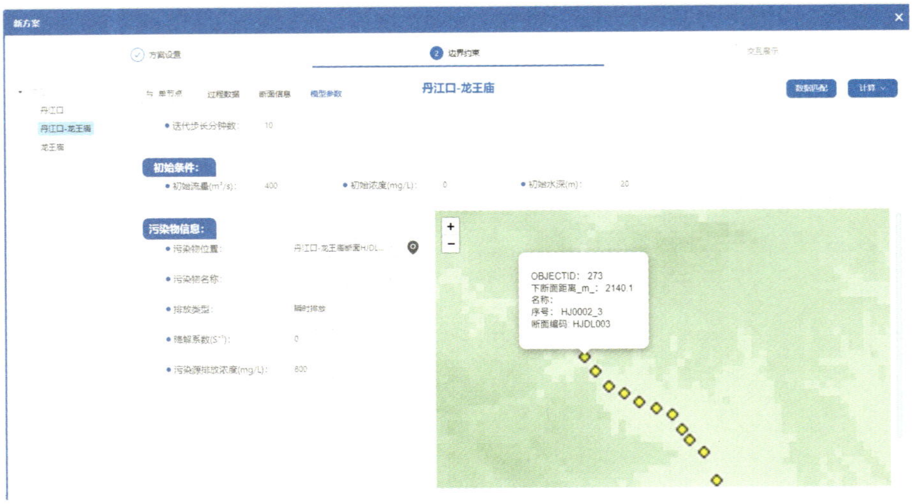

图 7.8-26　汉江中下游一维模型参数设置界面

计算完成后，将自动跳转至“交互展示”界面，可以查看污染物沿程变化过程和各断面污染物浓度随时间的变化情况(图 7.8-27)。点击界面右上角“保存”按钮即可将方案保存至“调度方案管理”平台中。

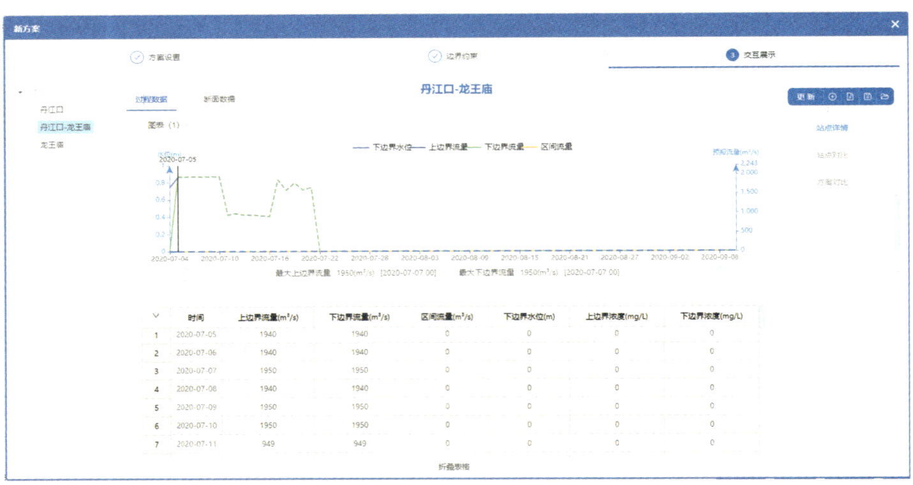

图 7.8-27　汉江中下游一维模型计算成果界面

在界面右上角点击"新方案"图标，即可新建一个相关联的对比方案，并自动跳转至对比方案的设置界面，通过修改各项边界条件重新计算，实现多方案对比功能。例如，可以通过加大上游丹江口水库下泄流量来进行应急调度，设置不同调度方案进行模拟对比(图 7.8-28)。由图 7.8-28 可知，加大下泄流量后，污染物输移过程明显加快，最大浓度也有所下降。下游取水口在加大下泄流量后，污染团会提前抵达该断面，污染持续时间减少，最大浓度也有所降低。使用多方案模拟计算，能协助快速准确地找到效果最好的应急调度方案。

图 7.8-28　汉江中下游一维模型方案对比界面

7.8.5　丹江口大坝—王甫洲江段二维模型

该模型计算设置流程与汉江中下游一维模型基本一致。本节以案例的形式简要介绍丹江口大坝—王甫洲江段二维模型的操作流程。

假定某企业非法排污，污水排放流量为 $5m^3/s$，化学需氧量浓度为 1000mg/L，持续排放 12h，此时丹江口水库下泄流量为 $600m^3/s$。为应对该突发水污染事件，决定增大丹江口水库下泄流量，设置下泄 $1000m^3/s$、$1500m^3/s$ 两种应急调度方案进行模拟。

在“流域突发水污染”中点击新方案，选择方案“应急调度(汉江)二维”，点击“详细设置”，设置模拟时间为 5d(图 7.8-29)。

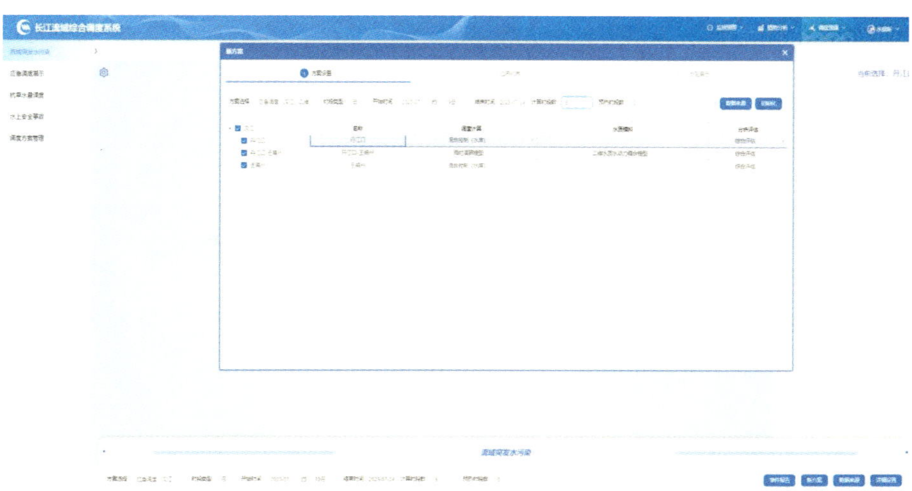

图 7.8-29　丹江口大坝—王甫洲江段二维模型方案设置界面

点击初始化，进入“边界约束”界面，流量已接入实时监测数据，也可以手动进行修改，同时修改上边界浓度数据(图 7.8-30)。

图 7.8-30　丹江口大坝—王甫洲江段二维模型方案设置界面

点击“模型参数”，根据突发水污染事件情况设置对应的模型参数，其中当下泄流量为 600m³/s 和 1000m³/s 时，王甫洲泄洪闸关闭；当下泄流量为 1500m³/s 时，王甫洲泄洪闸开启。设置完成后点击“计算”，开始模拟(图 7.8-31)。

图 7.8-31　丹江口大坝—王甫洲江段二维模型参数设置界面

二维模型计算完成后，计算结果将自动推送到“应急调度展示”界面中进行展示，该展示界面的操作流程见 7.8.7 节。

7.8.6　调度方案管理

在“调度方案管理”平台中，用户可查看以往保存好的模型方案计算成果并进行多方案效果对比。在"应急调度分析"子系统首页，在左侧任务栏点击"调度方案管理"，进入"调度方案管理"主界面(图 7.8-32)。在主界面中下部可以查看已保存的所有计算方案基本信息，在计算方案上方工具栏可以进行方案查询，根据模型类型、方案名称、方案开始时间、方案制作时间进行查询筛选。鼠标左键选中一种方案，在右上角点击"打开"可以打开对应的方案进行查看。点击"批量选择"，可收藏、删除工况。

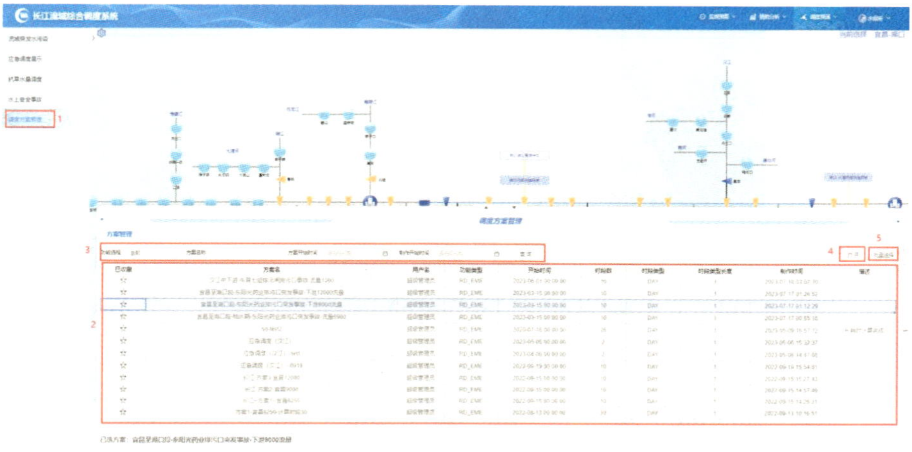

图 7.8-32 调度方案管理主界面

以"宜昌至湖口江段—枯水期—东阳光药业排污口突发事故—流量 6900"方案为例，点击打开后，跳转至"交互展示"界面，点击"宜昌—湖口"，选择"断面数据"，即可查看该方案计算成果(图 7.8-33)。在窗口右侧点击"方案对比"，即可选择保存好的对比方案在图中进行对比分析。在窗口上方点击"边界约束"，即可跳转至该方案的设置界面，查看该方案的边界条件和模型参数。

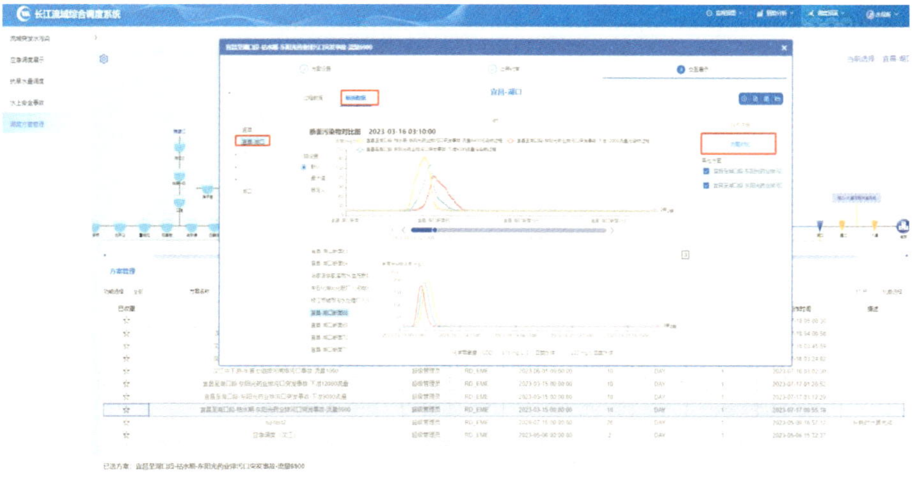

图 7.8-33 调度方案管理计算成果查看界面

7.8.7 应急调度展示

保存好的方案模拟成果将自动推送至"应急调度展示"平台中,点击主界面左侧栏中的"应急调度展示",即可跳转至地图展示界面,在三维地图上查看污染物的时空迁移扩散过程(图 7.8-34)。

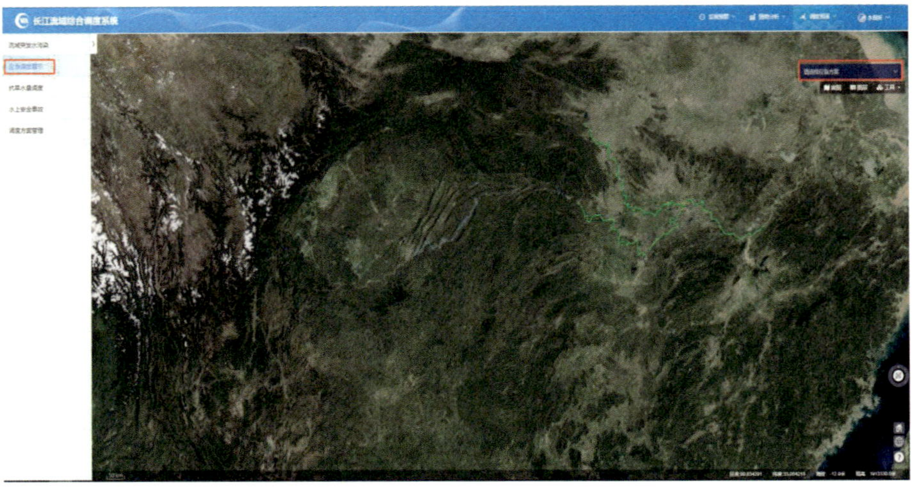

图 7.8-34 应急调度展示主界面

在界面右上方,可以选择需要查看的应急调度方案。一维模型以"宜昌至湖口江段—枯水期—东阳光药业排污口突发事故—流量 6900"方案为例,选中该方案后,点击界面下方"开始"按钮即可开始播放(图 7.8-35)。由图 7.8-35 可知,3 月 19 日 19 时污染物已扩散至枝江市江口水厂取水口附近。

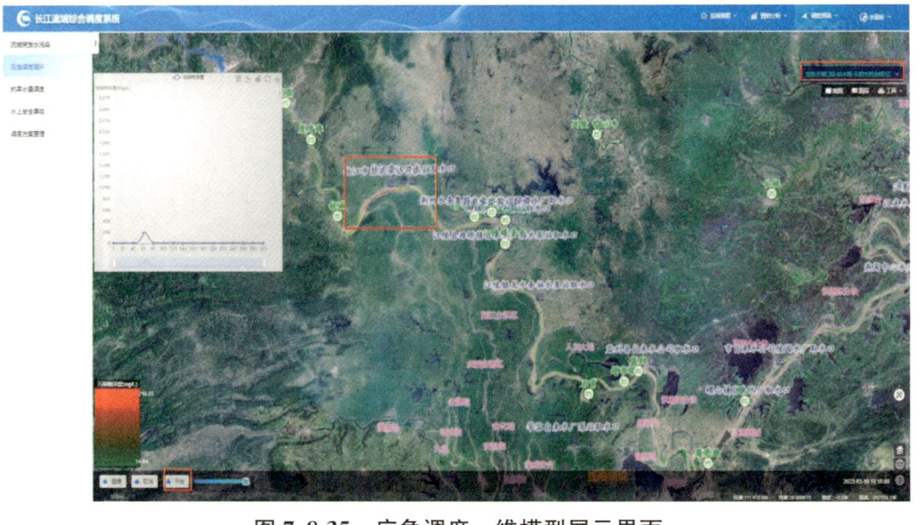

图 7.8-35 应急调度一维模型展示界面

二维模型以“某企业非法排污，污水排放流量为 $5m^3/s$，化学需氧量浓度为 1000mg/L，持续排放 12h，此时丹江口水库下泄流量为 $600m^3/s$”方案为例，选中该方案后，在界面下方点击“开始”即可开始播放(图 7.8-36)。可以在界面右侧的方案说明中查看该情景方案的设置条件，点击“查看峰值变化”，可点击左侧查看污染物峰值随时间变化的曲线。

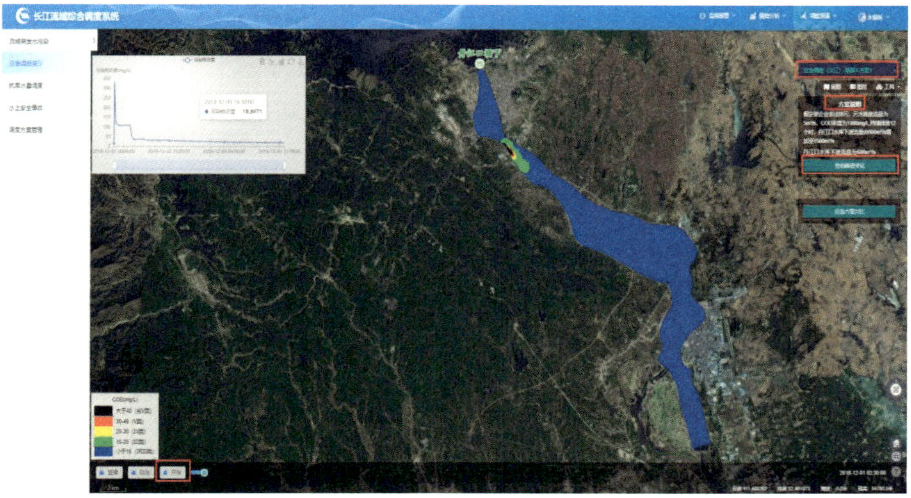

图 7.8-36　应急调度二维模型展示界面

点击“应急方案对比”，可跳转至方案对比界面。在左、右界面左上方分别选择一种方案，点击下方播放按钮即可开始展示(图 7.8-37)。由图 7.8-37 可知，丹江口下泄流量从 $600m^3/s$(方案 1)增加至 $1000m^3/s$(方案 2)后，污染物在江段中的迁移扩散速度明显加快，污染物的峰值浓度显著降低。提高丹江口下泄流量可有效改善江段污染情况。

图 7.8-37　应急调度二维模型对比展示界面

第8章

发电调度关键技术

8.1 中长期发电调度模型

分析梯级水电站不同调度时期的水量调度和发电调度特性，分析金沙江下游—三峡梯级水电站水量调度和发电调度之间存在的主要矛盾，提出水量调度、发电调度协调优化方法，建立梯级水电站中长期发电调度模型，为梯级水电站发电联合调度提供支撑。

(1)明确梯级水电站多维度、多层级分期调度约束

1)多维度分期水量调度约束分析

从防洪、航运、供水、生态等方面，按汛期、蓄水期、枯水期、汛前消落期等不同调度时段，梳理调度规程对各目标电站水量调度的相关要求，分析近年来开展的生态调度试验、中小洪水调度、长江流域水工程年度联合调度方案(运用计划)等调度运行要求，构建水电站多维度分期水量调度需求的时间序列，将水量调度约束条件进行数字化处理。

2)多层级分期发电调度约束处理

开展梯级水电站发电调度需求调研，分析总结不同调度时段对发电调度的约束条件。整理各水电站面向多受端电网，在不同调度时段的输电能力、机组可用性等约束条件，并依据现有规则提出发电调度刚性需求及其时间分布，明确水电站多受端分期发电需求和输电能力的时间序列，为发电调度提供约束条件。

3)流量—电量调度需求耦合性分析

考虑水库群调蓄对梯级水电站径流的影响，通过长系列径流调节计算，分析在不同来水情况下梯级水电站的水位过程特征，总结不同时期、不同来水情况下水量调度的刚性需求和柔性需求，作为水量调度、发电调度协调的约束依据。

(2)梯级水库中长期发电优化调度模型

1)发电优化调度模型构建

考虑长江上游梯级水库调度运行影响，在满足梯级电站多维度分期水量调度约束

的前提下，以整体发电效益最大为目标，考虑水位控制、出库流量控制、出力控制、电量控制、出入库平衡控制等多种约束，建立综合考虑水头—流量—电量—电价一体化的梯级水库中长期发电优化调度模型，实现多种调度模式优化的功能。

对水电站群而言，发电效益最大一般是其优化调度的首要目标，主要在汛期发电以提高全年发电总量，在枯水期按保证出力发电以满足电力系统的最低负荷需求。随着水电在电力系统中所占的比重越来越大，对枯水期的出力需求也随之提高，然而增大枯水期出力势必会引起库水位降低，从而减少全年发电总量，因此对于发电目标，在研究过程中以总发电量最大作为目标函数。

梯级总发电量最大：

$$\max f = \max E = \sum_{i=1}^{M} \sum_{t=1}^{T} N_i^t \cdot \Delta T$$

式中，E ——梯级总发电量；

N_i^t ——第 i 个水电站在第 t 时段的出力；

M ——梯级电站个数；

T ——总时段长度；

ΔT ——某一时段长度。

2)优化模型求解算法分析

根据建立的优化调度模型的变量维度、离散组合维度、非凸非线性特性、时空耦合特性、动态规划后效性等数学特征，拟采用差分进化算法对模型进行求解。该算法的决策变量为实数编码，将所有参与拦洪水库的水位过程依次排列，再通过进化算法模拟生物进化的方式，寻求最优的运行过程，即 X 中各变量的值。

$$X = (\overbrace{Z_{1,1},\cdots,Z_{1,T}}^{\text{第一座水库水位过程}},\cdots,\overbrace{Z_{i,t},\cdots,Z_{i,T}}^{\text{第 } i \text{ 座水库水位过程}})$$

算法流程主要包括种群初始化、变异操作、交叉操作、选择操作。

a)种群初始化

按照随机的方式在可行域内生成包含 NP 个个体的初始种群，即为第 1 代种群，其中每个个体结构如下所示：

$$x_i^1 = \{x_{i,1}^1, x_{i,2}^1, \cdots, x_{i,N}^1\}$$

式中，N——个体向量的维数。

b)变异操作

对第 g 代中的每个个体 x_i^g 进行如下所示操作：

$$m_i^{g+1} = x_{r1}^g + C_f \cdot (x_{r2}^g - x_{r3}^g)$$

式中，x_{r1}^{g}、x_{r2}^{g}、x_{r3}^{g}——从第 g 代种群中随机选取的 3 个互不相同的个体；

m_i^{g+1} ——生成的变异个体；

C_f ——变异因子，表示生成的变异个体受父代影响的程度。

c)交叉操作

将父代个体 x_i^g 与上一步生成的 m_i^{g+1} 中包含的信息进行交换，得到新的实验个体 w_i^{g+1} 。对这 3 个个体向量中的每个值，按如下所示的方式进行操作。

$$w_{i,j}^{g+1}=\begin{cases}m_{i,j}^{g+1} & \text{当 } r\leqslant Cr \text{ 或 } j=R(i)\\ x_{i,j}^{g} & \text{当 } r>Cr \text{ 且 } j\neq R(i)\end{cases}$$

式中，C_r ——交叉因子，取值范围为(0,1)，表示实验个体向量中各值来源于变异个体的概率；

$R(i)$ ——[1,N]的随机整数，可以保证实验个体中至少有一位来源于变异个体；

r——(0,1)的随机数。

d)选择操作

根据适应度对上一步中生成的 w_i^{g+1} 与父代个体 x_i^g 进行比较，将适应度较高的个体放入 $g+1$ 代种群。接着对 $g+1$ 代种群按照步骤②循环操作，直到进化至最大代数或达到停止条件。

$$x_i^{g+1}=\begin{cases}w_i^{g+1} & \text{当 } f(wig+1)>f(xig)\\ x_i^{g} & \text{当 } f(wig+1)\leqslant f(xig)\end{cases}$$

式中，f——适应度函数。

水库群中长期发电优化调度模型能根据流域各水库和站点的来水过程，在满足综合效益发挥的基础上，优化水电站的发电出力方式。

(3)模型实现方式

根据调度规程和研究成果，明确各水电站的调度目标、约束计算参数。同时，为了将中长期发电模型标准化、服务化，明确了模型输入和输出接口的数据内容和格式。模型输入包括方案编号、各水库实际来水过程、计算开始和结束时间、计算步长和时段个数、控制目标、水库特征参数、水库水位库容曲线、水库下泄能力曲线、水库下泄尾水位曲线、水库出力约束。模型输出包括水库计算来水过程、水库下泄过程、水库水位过程、方案统计信息、水库统计信息。

在代码编写中，将模型和算法进行了分离，方便后期对模型和算法进行维护升级。模型采用 Java 编写，根据模型库的要求通过 Spring MVC 进行封装，并发布为 HTTP POST 服务，输入和输出数据采用标准的 JSON 格式进行传输，方便进行统一调用，为流域防洪计算业务提供支撑。

8.2 发电调度实例化

发电调度分析主要面向业务人员，提供乌东德、白鹤滩、溪洛渡、向家坝、三峡、葛洲坝、丹江口 7 座水库的发电调度计算功能，包括发电调度和调度结果分析等核心计算任务，可为水库群的水资源利用提供辅助支持，为日常调度工作提供技术支撑。与防洪调度分析类似，分为发电调度计算和调度方案管理两个子功能。

8.2.1 发电调度计算

发电调度计算主要用于各水库按常规调度模型进行发电调度，其业务操作步骤与防洪调度管理的常规调度完全相同，主要区别为计算范围、时间属性、计算流程、模型算法。

(1)计算范围

以金沙江下游乌东德水库为起点，以长江干流大通站为终点；在区间支流方面，清江、岷江、沱江、嘉陵江、乌江、汉江，以及干流的水文站点都忽略不计，全部概化为区间流量进行简化考虑(图 8.2-1)。

(2)时间属性

包括当前计算方案的开始时间、时段类型、计算时段数、预热时段数。时段类型为日、旬、月，开始时间默认以日、旬、月的起始时间自动规整。例如，以日为时段，则开始时间精确到日，如 2022 年 6 月 15 日；以旬为时段，则开始时间精确到每旬首日，如上旬为 2022 年 6 月 1 日，中旬为 2022 年 6 月 11 日，下旬为 2022 年 6 月 21 日；以月为时段，则开始时间精确到每月首日，如 2022 年 7 月 1 日。

(3)计算流程

主要包括调度计算和分析评估两个计算流程。调度计算主要包括水库的洪水调节计算和河段的水流传播演进计算，不涉及河段水动力模拟(时间类型不匹配)；分析评估主要针对水库的发电调度结果分析统计关键特征指标。

(4)模型算法

水库中长期发电混合控制模型的控制模式与防洪调度混合控制模式存在局部区别，更侧重于发电调度决策。基于不同发电调度目标，可设置中长期梯级发电量最大和中长期梯级发电效益最大等优化调度模型。其中，中长期梯级发电量最大、中长期梯级发电效益最大模型是分别以总发电量最大、总发电效益最大为目标的联合优化模型。当任一水库设置了某个联合优化模型后，其余所有水库都会自动切换到该联合优化模型。河段仅按滞时演进方式进行区间流量传播计算。

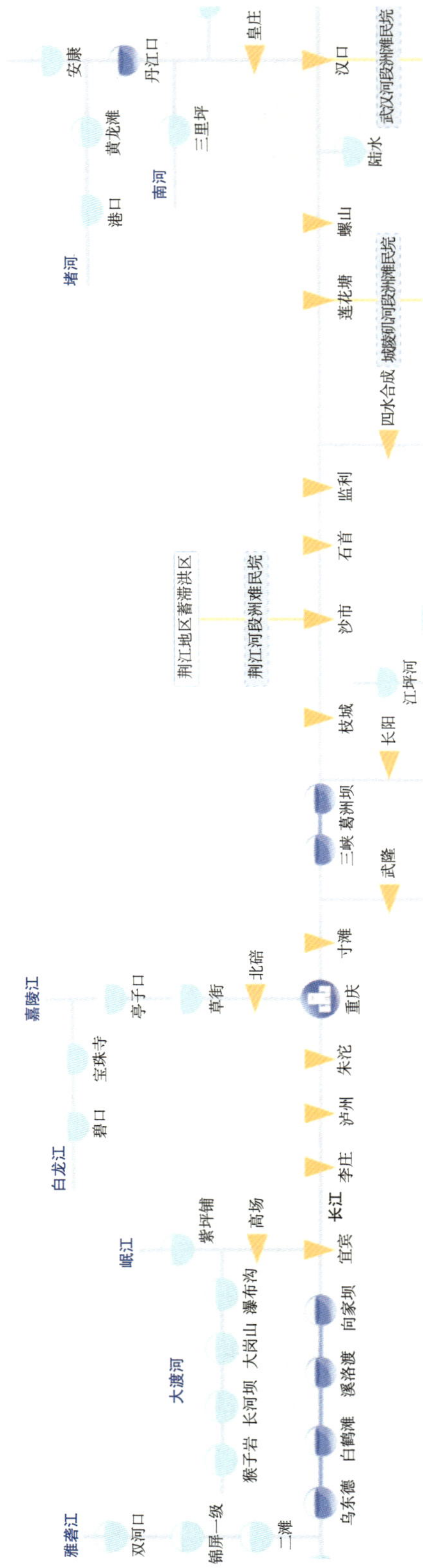

图8.2-1 发电调度计算范围

该页面为弹框模式，覆盖对应所有计算节点的节点树和流程模型表。关闭弹框后可随时点击概化图上计算节点或详细设置按钮再次唤出(图 8.2-2)。

图 8.2-2　发电调度计算方案设置

8.2.2　调度方案管理

与防洪调度计算方案管理相同，提供方案的按条件筛选，以及打开、收藏、移除/删除等功能(图 8.2-3)。

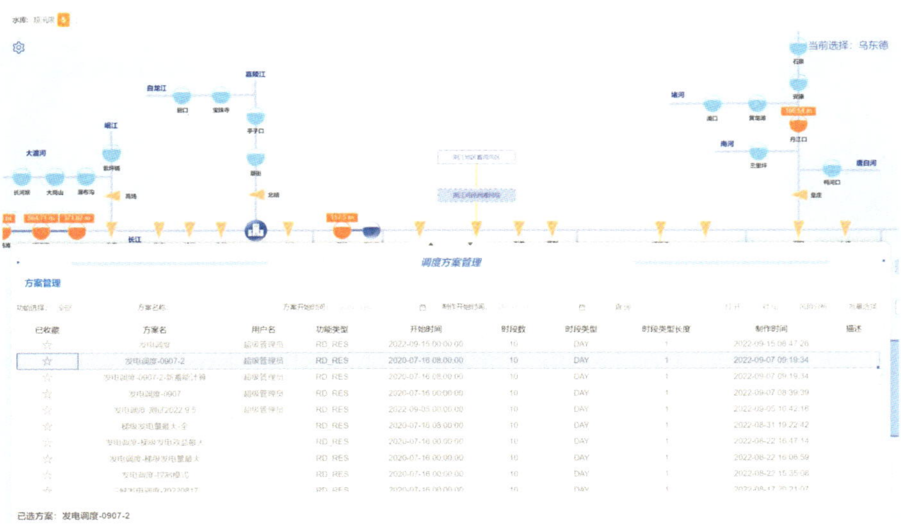

图 8.2-3　发电调度方案管理

除基本方案管理功能之外，发电调度方案管理增加了方案对比功能。针对方案列表中的某一方案，点击对比按钮，系统弹出可与选中方案进行对比的方案列表，勾选后可进行详细调度结果过程和评估分析指标(尾水位、净水头、发电量、水头损失、预想出力等)的综合对比展示(图 8.2-4)。

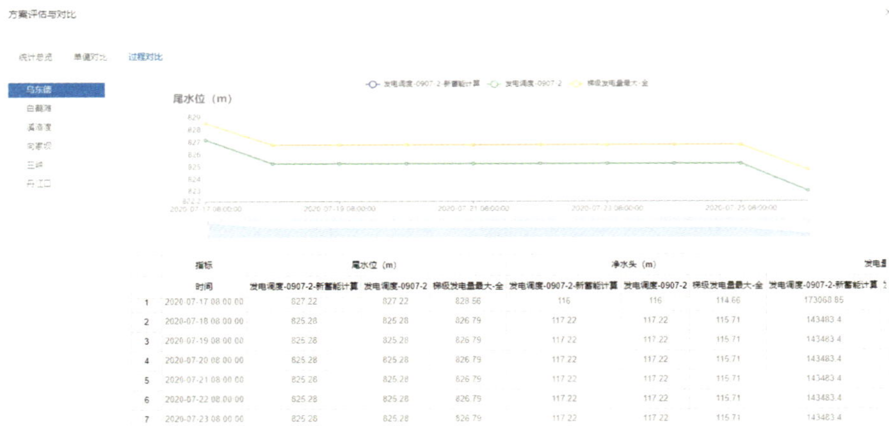

图 8.2-4　发电调度方案对比与评估

此外,系统提供风险分析功能,主要根据历史数据评估预报来水误差情况,以及预报不确定性与计算结果之间的影响关系,自动生成基于不确定性风险的来水流量,并在此基础上,按照水库调度控制模式和约束条件,考虑电站自身调峰能力,计算得到梯级电站发电曲线,分析发电计划执行风险。选择某一方案后点击“风险评估”,可以查看当前方案的风险分析详情和历史同期洪水情况(图 8.2-5)。

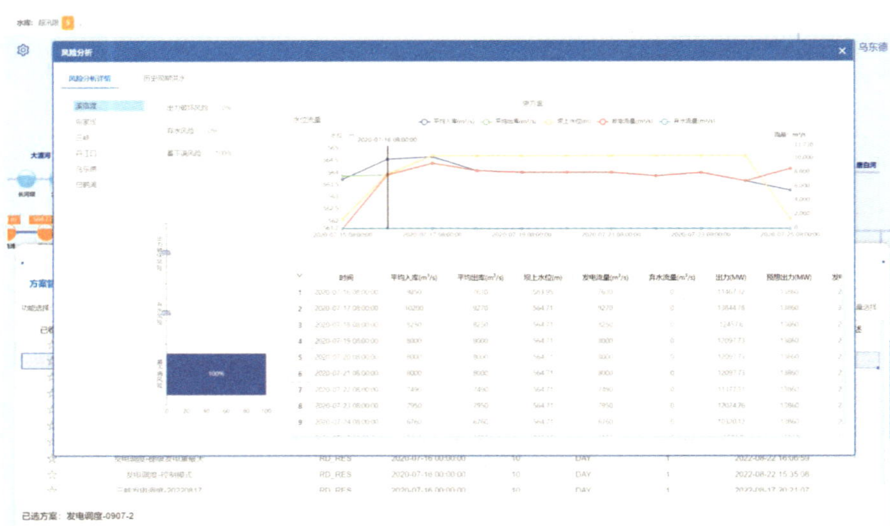

图 8.2-5　发电调度方案风险分析

第9章

多目标综合优化关键技术

9.1 流域调度目标梳理

本章采用防洪、水量利用率、发电量、供水 4 个目标作为综合调度的效益衡量方式。防洪主要考虑降低洪灾损失，水量利用率表示发电对水量的利用程度，发电量目标用发电量的增长表示，供水主要针对长江中下游主要干流站点的枯期流量。

9.1.1 效益评价方式

(1)防洪

以典型年实测洪水过程为方案计算的来水，涉及长江上游有预留防洪库容的 26 座水库，不包括洪家渡、乌江渡、东风、葛洲坝。将年度《长江流域水工程联合调度运用计划》的水库防洪运行方式作为基础防洪方案，上游水库在配合三峡水库的过程中，采用同步拦蓄方式；对于未开展配合三峡水库同步拦蓄研究的水库，按照装机对应的满发流量控制下泄。

(2)水量利用率

采用以日为单位的长系列径流资料，重点考虑溪洛渡、向家坝、三峡等示范区梯级水库。将梯级水库的总水量利用率作为评价指标，重点考虑目前存在弃水较多的年份，以目前发电运行方式作为基础方案，对比水量利用率的增加程度。

(3)发电量

采用与水量利用率相同的径流资料和基础方案，分析发电量的增加程度。

(4)供水

采用与水量利用率相同的径流资料，其他水库采用旬径流(部分差值到日尺度)，结合《长江流域水工程联合调度运用计划》和发电运行方式，将宜昌断面的枯期平均流量作为评价指标。

9.1.2 目标与调度阶段的耦合

(1)调度阶段的划分

水库数目多,且分布区域广,调度目标类别涵盖供水、发电、生态、防洪等方面,呈现出多样化特征。各类调度节点分布全流域,且同一调度期对不同目标的需求呈现出层次性。调度目标的实现,既有时间的累加性(如水量利用率、发电效益),又有阶段聚焦性(如防洪效益、供水效益)。

按照调度全周期的理念,考虑到阶段调度需求的差异性,将调度周期划分为汛前期、主汛期、汛期末段、蓄水期、供水期、汛期消落期 6 个调度阶段,其中汛前期与汛前消落期、汛期末段与蓄水期有部分时段重合。因水库群分布区域广,汛前期与主汛期、蓄水期与供水期具有一定的水文异步性,在综合调度模型中只是概念上的划分,在具体水库调度过程中仍依据水库所在流域的水文分期结论。

(2)调度阶段目标

1)汛前期

从流域防洪角度出发,汛前期主要以减少防洪压力为主。水库运行方式涵盖汛限水位上浮、中小洪水调度等,调度效果主要从防洪效益、水量利用率、发电效益等角度衡量。其中,防洪效益指标主要是减少超警、超保时间;水量利用率和发电效益与中小洪水利用相关,当防洪运用较为频繁时,水量利用率和发电效益的提升也较为明显。

2)主汛期

从流域防洪安全角度出发,主汛期主要以减灾为主。水库运行方式主要是保障流域防洪安全。但是从洪水发生概率和洪水发展过程来讲,分为发生和未发生标准以上洪水情况,洪水过程又分为起涨、发展、成形、消退等阶段。因此,防洪方式与洪水量级有关,针对不同阶段不同量级的洪水,追求的目标和洪水附带的效应各不相同。综上所述,主汛期调度以防洪减灾为主,并在量级较小阶段考虑减轻防洪压力,主要涉及的效益目标涵盖防洪效益、水量利用率、发电效益等。

3)汛期末段

从流域防洪形势出发,汛期末段的防洪重点是局部流域防洪安全,应该为该区域预留足够水库防洪库容,同时,剩余的防洪库容,需要结合流域防洪形势发展,随着时段逐步、有序地释放。该阶段在确保局部流域防洪安全的前提下,确保蓄水调度与防洪库容利用之间的协调。体现的效益指标主要包括水量利用率和发电效益,同时应该适当考虑对两湖出湖水量的影响。

4)蓄水期

蓄水期的重点是如何结合下游用水需求,优化水库蓄水进程,提高流域整体蓄水工况。效益指标主要包括发电效益、两湖生态用水影响、水库蓄满率等。由于供水期调度过程较为稳定，可在一定程度上推演后期两湖水位的变化过程，进一步地，蓄水期两湖水位直接决定后期对两湖生态的影响，这部分生态效益可结合后期水位过程变化推演，结合两湖各种生物对水位变化过程的需求，进行系统性评估。

5）供水期

供水期主要是发电与供水的协调。供水保障目标具有一定的弹性，在保障后续发电能力的同时尽可能地提高供水量。该阶段的目标主要体现在发电效益和供水效益上，其中，供水效益主要体现为供水调度目标断面的流量增幅。

6）汛前消落期

汛前消落期主要是发电与防洪的协调。重点解决集中消落次序的问题，而防洪影响相对较小，需要避免因水库集中下泄而增加下游防洪压力。主要目标以发电效益为主，同时需考虑防洪效益和水量利用率。在防洪效益方面，主要考虑汛前期两湖来水与上游集中消落遭遇的可能性，预防对下游防洪造成压力；在水量利用率方面，主要研究上游水库群的集中消落，需要避免增加下游水库的弃水量。

9.2　全周期—自适应—嵌套式的水库群多目标模型

（1）全周期

主要体现在调度贯穿全周期和调度阶段细分两个方面。调度贯穿全周期主要针对调度过程的连续性和完整性；调度阶段细分主要体现调度目标间矛盾的聚焦性和调度方案的针对性。

（2）自适应

主要体现在目标切换和水库调度方式的转换两个方面。目标切换主要发生在调度阶段的过渡和调度需求最低限值遭到破坏的情境；水库调度方式的转换发生在适应目标不同程度的需求变化和目标切换的情况。

（3）嵌套式

主要体现在时间、空间两个层面。在时间层面，主要考虑水库运行方案从长、中期间的计划到短期执行；在空间层面，主要考虑目标效益有从流域、区域、支流域、水库等逐级嵌套分解的特点。

9.2.1　多目标调度模型与各效益关系

水文数值模拟和预测技术是整个调度的数据基础，防洪、供水、生态、发电等研究调度目标则具有较强的针对性和调度阶段聚焦性，水库群联合调度风险决策为系统性评价水库群联合调度方案获得效益的不确定性提供技术支撑。

本节建立的多目标模型是实现综合调度目标的载体，是生成面向全周期多目标综合调度的水库群运行方案的主体。其中，防洪、发电、水量利用率、供水断面流量等目标增值的实现将成为模型计算内在的驱动力和约束力。多目标效益之间的关联关系见图 9.2-1。

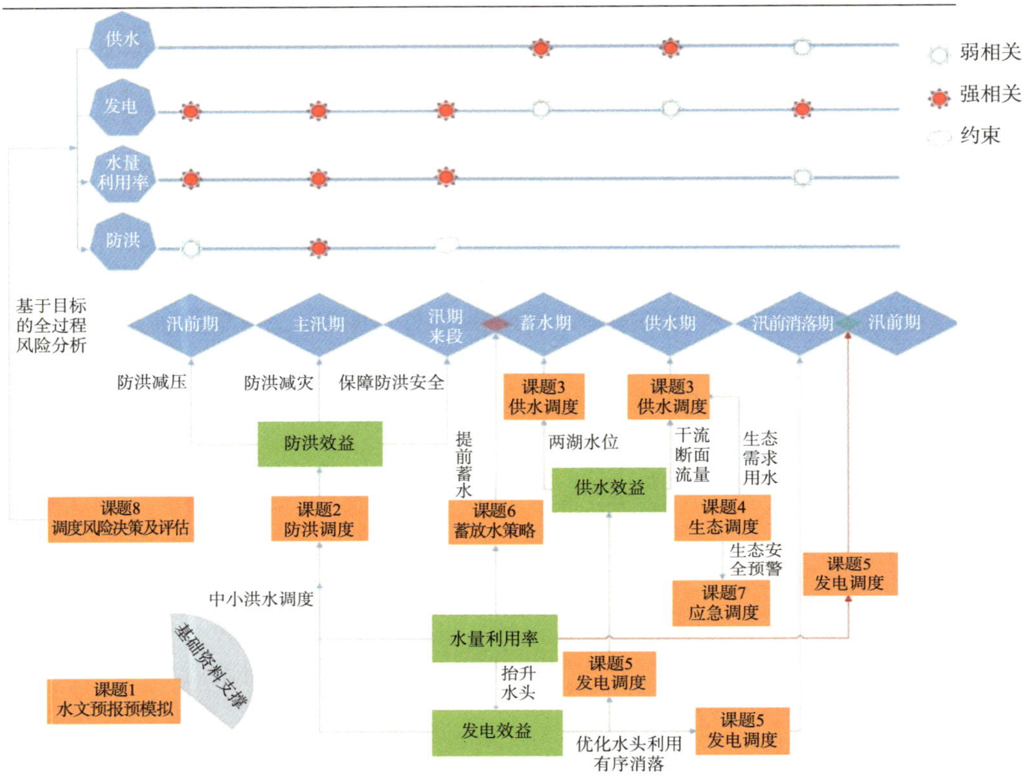

图 9.2-1　多目标效益之间的关联关系

9.2.2　多目标调度模型边界约束

在明确研究目标和各类目标实现所聚焦的具体调度阶段的基础上，建模的边界约束将变成驱动和约束模型优化走向的关键因素。依据模型特征进行分析，将建模边界约束分为效益目标约束、调度节点需求极值约束、水库运行约束。为表达模型边界约束式，将调度周期细分的 6 个阶段，依次编号 1～6，分别代表汛前期、主汛期、汛期末段、蓄水期、供水期、汛前消落期。

(1)发电目标约束

$$\sum_{T=1}^{6} E_T \geqslant E_0 \times 1.05$$

式中，E_0——设计发电量，示范区各梯级水库设计发电量见表 9.2-1。

表 9.2-1　　示范区各梯级水库设计发电量

电站	溪洛渡	向家坝	三峡	葛洲坝	合计
装机容量/万 kw	1260	600	2240	271.5	4371.5
发电量/(亿 kW·h)	571.2	307.47	881.9	157	1917.57

(2)水量利用率目标约束

$$\frac{\sum W_T - \sum DW_T}{\sum W_T} \geqslant DA \times 1.03$$

式中，W_T ——各阶段水库群总入库水量；

DW_T ——各阶段的弃水水量；

DA ——应用前的水量利用率。

示范区各梯级水库水量利用率见表 9.2-2。

表 9.2-2　　示范区各梯级水库水量利用率(初步设计成果)

电站	溪洛渡	向家坝	三峡	葛洲坝
装机容量/万 kW	1260	600	2240	271.5
坝址多年平均径流量/亿 m^3	1440(1939 年 6 月至 1998 年 5 月)	1430(1953 年 6 月至 1988 年 5 月)	4530	4530(1877—1971 年)
水量利用率/%	88.9	89.98	97	75.5
上游建库规模		考虑了上游二滩、溪洛渡、锦屏一级电站的调蓄作用	考虑瀑布沟、二滩等电站调蓄	三峡正常蓄水位 150m，死水位 130m，防洪限制水位 135m
应减少的弃水量(按 3%计)/亿 m^3	43.2	42.9	135.9	135.9

(3)防洪减灾目标约束

$$\Delta Q_{\text{over}} \geqslant Q^*_{\text{over}} \times 10\% \qquad (T=2)$$

式中，Q^*_{over}——水库防洪调度联合前流域超额洪量；

ΔQ_{over}——超额洪量的减少量；

T——调度周期的 6 个阶段，分别依次为汛前期、主汛期、汛期末段、蓄水期、供水期、汛前消落期，$T=2$ 即代表主汛期。

洪水主要发生在主汛期，以 1954 年实际洪水为统计样本，不同成库水平年下长江中下游超额洪量见表 9.2-3。

表 9.2-3　　不同成库水平年下长江中下游超额洪量

运行控制方式	三峡优化调度方案	2015 年成库水平	远景水平年
三峡水库控制	对城陵矶控制水位 155m		
上游拦蓄时机		同步	同步
上游水库拦蓄方式		拦蓄基流	拦蓄基流
超额洪量/亿 m^3	401	325	253

(4)供水断面流量增加目标约束

$$\overline{Q}_T^{i}-\overline{Q}_T^{i*}\geqslant 500\qquad (T=4,5)$$

式中，i ——供水目标控制断面编号；

$\overline{Q}_T^{i*}$ ——近几年目标控制断面的时段平均流量；

T——调度周期的 6 个阶段，分别依次为汛前期、主汛期、汛期末段、蓄水期、供水期、汛前消落期，$T=4,5$ 即代表蓄水期和供水期。

9.3　多目标综合优化调度实例化

多目标综合优化调度分析可以对所有类型的调度方案进行对比分析展示。根据来水方案筛选同一水情计算的方案集，可以通过人工选择确定需要进行分析的多种方案，从综合、防洪、发电、供水等多个维度对方案的效益进行多指标图表对比，进一步提供决策选择算法，根据确定的权重推荐最合适的方案(图 9.3-1)。主要分为方案预览、多目标调度分析、决策分析 3 个子功能。

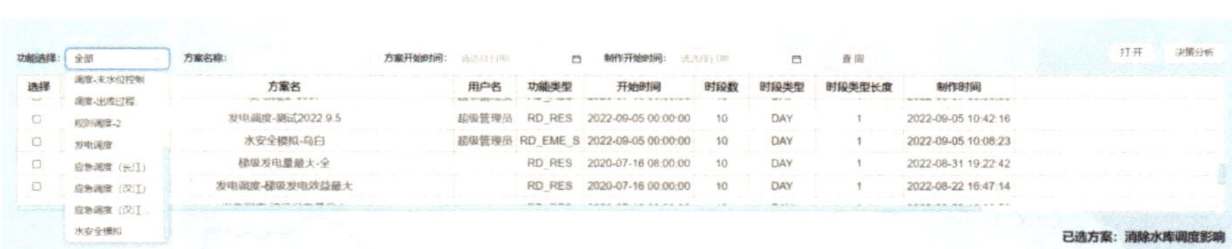

图 9.3-1　多目标综合调度分析方案列表

9.3.1　方案预览

系统提供方案预览功能以直观展示方案调度结果。在方案列表中选择某一调度方案后，点击打开按钮可以查看当前调度方案各水库和各站点的具体水位流量过程(图 9.3-2)。

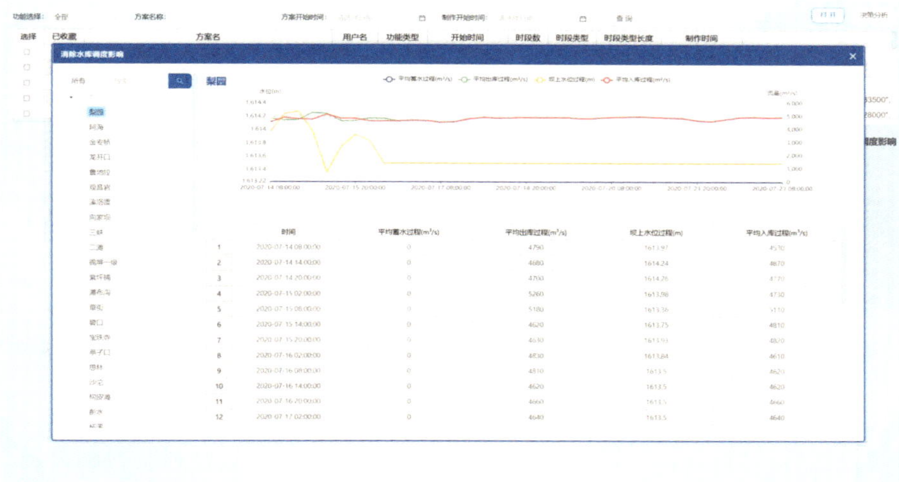

图 9.3-2　多目标调度分析方案预览

9.3.2　多目标综合分析

多目标综合分析从综合、防洪、发电、供水等多个维度对方案的效益进行多指标对比。勾选方案列表中的方案，系统在页面下方展示对比结果。点击左侧切换调度具体目标，并勾选表格中的“选择”按钮，可以将选择的指标添加到柱状图栏，同时，综合展示面板自动添加所有防洪、发电、水资源勾选的对比指标(图 9.3-3)。

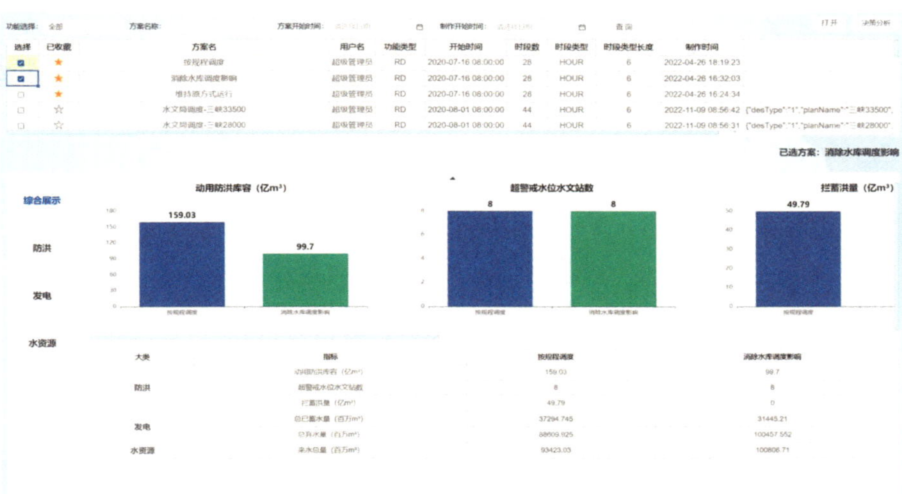

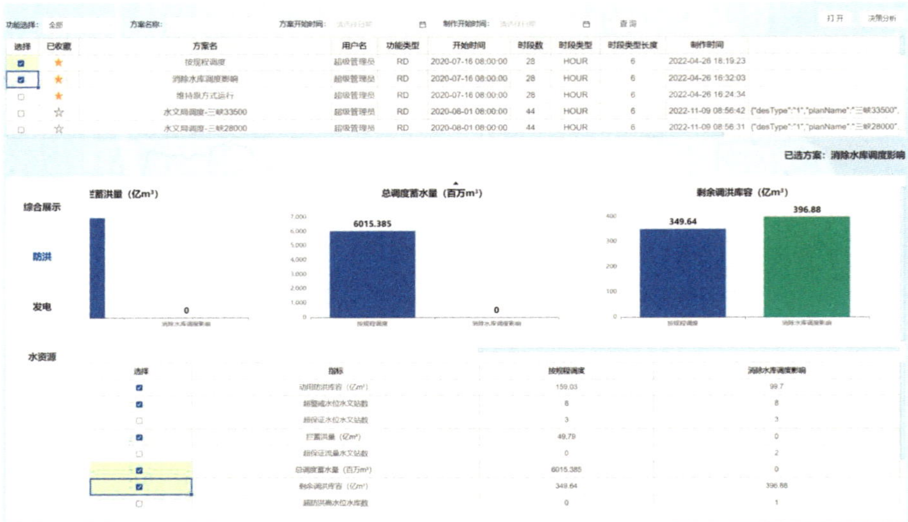

图 9.3-3　多目标调度分析调度指标对比

9.3.3　决策分析

围绕多目标调度常态化需求，系统提供决策分析选择算法，根据确定的权重推荐最合适的方案，实现调度方案智能推荐。用户可在方案列表中选定基本方案后，点击右上角决策分析，打开决策分析功能（图 9.3-4）。

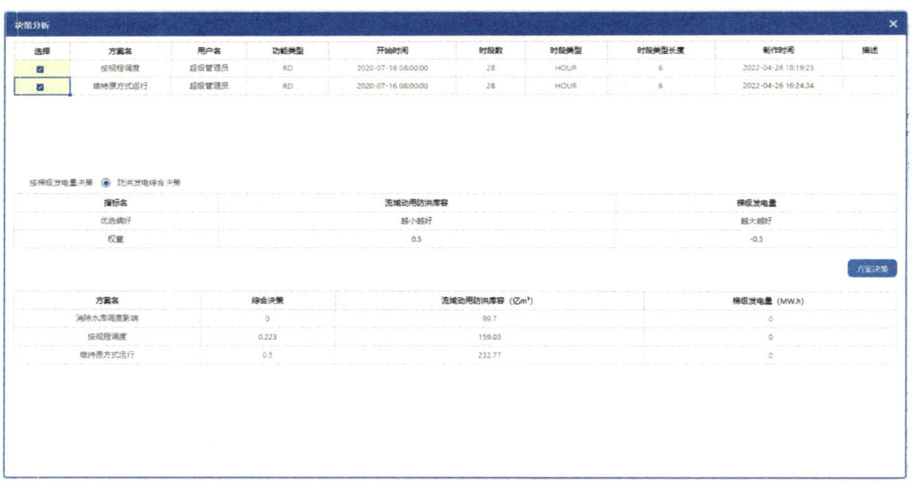

图 9.3-4　多目标调度分析决策分析

第10章 综合调度系统平台建设

10.1 综合调度系统平台架构

综合调度系统在统一标准和安全防护体系下，基于松耦合、易扩展的设计思路，采用微服务架构和容器云平台技术分层构建。三峡集团子系统作为综合调度系统中业务应用的主体部分，负责开发综合调度通用应用平台。其整体架构依托于综合调度系统的软硬件环境进行设计、开发，主要包括基础设施层、数据资源层、应用支撑层、业务应用层(图 10.1-1)。

系统基于河流水系拓扑关系流程概化图实现预报调度一体化；采取大数据实时流的计算技术和面向预报调度的网络服务构建技术，实现模型、基础算法等服务资源化；利用机器学习不断对模型化资源进行调优处理，提高预报调度方案计算精度，为综合调度过程加速；结合云服务与智能化处理，达到数据、模拟、诊断、调度、控制、评价、管理的一体化和高效率。

10.1.1 基础设施层

充分利用云平台高可用性、高性能、高安全性的优势，建立基于容器云的 IaaS 服务平台，建立物理分散、逻辑统一、业务驱动、云管协同、业务感知的数据中心解决方案，为相关的系统应用提供强有力的支撑，建立高性能计算资源环境，提供满足系统需求的数据存储网络，打造集软件工程、技术运营、质量保障(DevOPS)于一体的智能云平台环境。

基础设施层主要包括服务器、存储、网络、云服务设施、安防设施等。

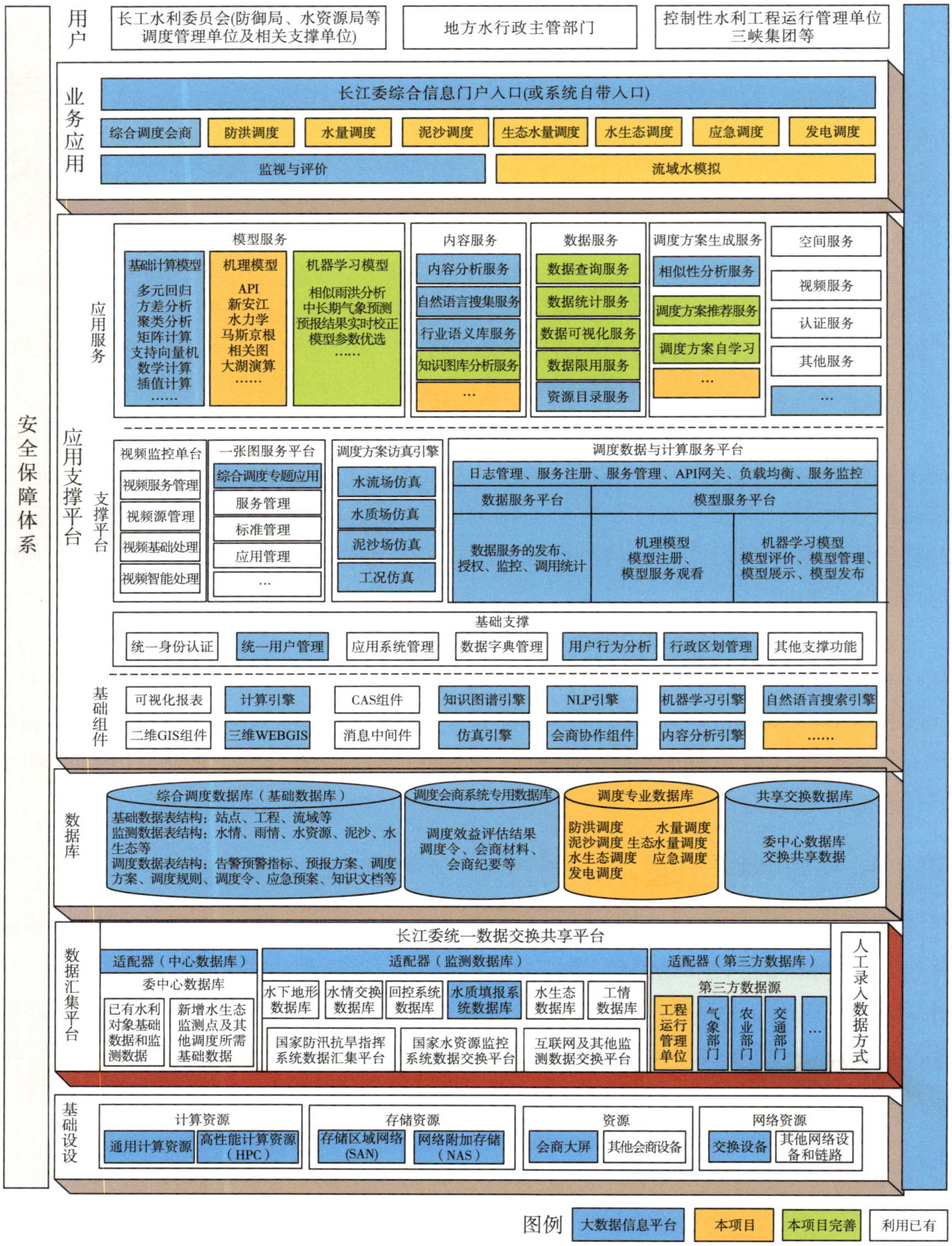

图 10.1-1 综合调度系统总体架构

10.1.2　数据资源层

数据支撑层包括基础、工程、水文、气象、安全、决策等方面的数据，以统一大数据平台为支撑进行存储分析，根据微服务架构规划，将已建的异构的数据库按照标准规范，实施数据库整合。整合后的数据库既要保证已有业务应用系统的正常运行，又要充分考虑为新的业务应用提供支撑，为建设各层次的微服务应用和实现数据共享奠定基础。

统一数据资源中心利用基础设施层提供的存储能力，基于大数据技术，提供完善的数据资源对外访问接口，充分利用关系型数据库和非关系型数据库在处理各类数据上的优势，结合长江委统一数据交换平台，形成完整的长江委数据资产管理分析引擎。

10.1.3　应用支撑层

应用支撑层基于“微服务化、开放兼容、持续演进、云原生”的设计理念进行构建，提取通用的服务并且分模块封装，形成统一的数据访问、基础算法、专题图与报表、数据分析与可视化、模型服务、地图服务、云计算服务、安全防护等多个支撑上层应用服务系统。分管理和数据两个层面进行构建。

在基础框架方面，应用支撑层提供了开发综合调度应用需要的各类基础组件，包括统一用户管理、二三维仿真引擎、可视化报表工具、消息中间件、机器学习引擎、自然语言搜索引擎、视频监控管理等工具。

在专业模型方面，应用支撑层将流域模拟、预报调度模型、仿真模型、机器学习模型等算法封装为服务，纳入容器统一管理。

10.1.4　业务应用层

业务应用层的建设基于大数据信息平台，所有数据和计算服务由综合服务平台提供，是系统与用户交流的窗口。主要包括流域水模拟、预报调度分析、预报调度方案评价、仿真与可视化、预报调度方案管理、监视与评价、综合调度会商。其中，预报调度分析包括防洪调度、水量调度、泥沙调度、生态水量调度、水生态调度、应急调度、发电调度、航运调度、多目标综合调度优化分析共9个方面。

10.1.5　标准规范体系

标准规范体系为整个项目提供标准化、规范化的保障环境。标准规范体系具体包括数据交换、资源目录服务、业务数据更新维护方面的技术标准，软硬件资源整合与云化改造建设和运行方面的标准，运行维护方面的标准等。

10.1.6 运行维护体系

运行维护体系对系统的运行状态进行全面监控，同时及时处理运行问题，有效保障整个系统安全、稳定、高效、持续地运行。同时，通过运行维护制度与运行维护技术支持队伍的建设，提升运行维护工作效率，提高系统整体运行维护水平。

10.1.7 安全保障体系

安全保障体系主要包括安全管理制度、安全基础设施、网络安全、主机安全、应用安全、数据安全等，保障整个平台数据存储、传输、访问、共享，以及各类信息化应用的安全。

10.2 综合调度系统平台集成技术

10.2.1 集成框架

考虑到项目建设中各个子系统分别开发的融合问题，制定详细的系统集成方案。根据建设需求，所有业务系统统一集成至综合调度系统，各系统在逻辑层面相互独立，在逻辑上耦合成一个整体。集成后的系统作为一个有机的整体分为三层，应用层实现用户的交互，所有的前台界面和用户访问在此层实现；平台服务层完成系统的业务功能，通过 API 网关管理所有的服务调用和请求分发，服务调用采用服务资源池管理，对于访问密集型应用使用负载均衡减小业务压力；数据持久层提供底层的数据存储服务(图 10.2-1)。

图 10.2-1 系统集成框架

其中,综合调度平台作为用户的顶层访问入口,集成了各个业务系统的功能和界面。其开发方式采用B/S模式,用户通过浏览器访问系统,平台服务层基于微服务架构,整合其他模块功能。

10.2.2　集成方式

系统的集成方式主要有以下4种。

(1)整体集成

对于较为独立且拥有完整用户交互逻辑的子系统,采用整体集成的方式,通过网络访问地址,直接将业务系统整体纳入平台,作为平台页面的一部分。各子功能模块在开发时,须严格遵守界面设计规范。子功能模块的菜单栏在顶部或右侧,页面大小需要支持1920像素×1080像素至1366像素×768像素的分辨率,且界面排版为响应式框架,支持上述范围内的窗口缩放。其中用户信息和访问权限,由单点登录系统进行统一控制,系统在调用时,直接集成URL地址,通过单点登录的方式直接进入子系统界面而不需要再次登录。

(2)功能集成

主要的基础方式。对于提供实时分析、模型计算的功能型应用,采用微服务框架,基于类RESTful规范的WebAPI进行数据交互。各应用封装成使用HTTP/HTTPS协议的Web服务,系统按照约定的URL地址,调用各个业务功能,其数据传输的参数和返回值采用JSON格式,数据结构需要满足约定要求。同时,在应用支持平台中,提供API网关,负责服务的发现、注册、管理、负责均衡等功能,各系统需要提交WebAPI的调用规范到API网关进行统一管理。

API网关是服务调度的核心,起到定位服务资源和统一发放的作用。所有的服务访问,都通过API网关进行请求,API网关收到请求后,按照事先约定的地址和方式,将请求重新定向到各个服务节点,保证了所有服务的统一资源管理,同时也便于各服务的维护。新增的服务,统一在API网关进行注册,同时需要提供详细的调用地址和参数规范。API网关也提供所有接口的方法说明和调用说明。

(3)数据集成

对于需要海量数据处理、大量数据分析的应用,以及自动计算的定时任务,采用数据交互的方式,通过消息队列(MQ)发送数据处理请求,待计算完成后,直接从数据库中获取计算结果。对于定时滚动计算的应用,建立统一的数据存储服务,其数值结果存入数据库中供平台使用,文本、图片、视频等多媒体内容通过数据服务发布成服务供其他系统调用。

(4)逻辑集成

对于较为独立且拥有完整用户交互逻辑的外部系统，采用整体集成的方式，通过网络访问地址，直接将外部业务系统整体纳入平台，作为平台页面的一部分。对于之前待建的系统和无法进行修改的系统、功能，通过逻辑集成的方式融合到新系统当中。在充分分析这些业务的逻辑和算法后，采用二次开发的方式，将需求和功能纳入新系统的开发。

10.3 系统应用示例

(1)长江1870年洪水防洪调度演练

2022年6月8日，长江委组织开展2022年长江防洪调度演练。此次演练假设2022年发生1870年历史特大洪水，基于流域现状条件进行预报调度模拟和推演，沉浸式模拟了长江流域控制性水工程联合调度、长江干流堤防高水位运行、中下游蓄滞洪区分洪运用等关键决策过程。

此次演练以综合调度系统作为支撑，打造了信息复原与扩容、多源异构信息资源池、CJH模型应用市场、实时洪水调度知识平台、长江洪水模拟预报引擎、预报调度＋数字孪生六大“硬核利器”，高质量完成全过程水文模拟计算、“四情”(雨情、水情、灾情、险情)重构、调度方案分析制作、系统平台展示、会商汇报等重要任务。

(2)长江“1999＋”洪水防洪调度演练

2023年4月21日，根据水利部统一部署，长江委选取长江中游城陵矶附近地区防洪形势较为紧张的1999年大洪水作为本底并适当放大，开展防洪调度演练，以演备战，以练代训，进一步检验和提升流域防洪体系的防御能力。

此次演练仍以综合调度系统作为支撑，经过一年的使用和迭代后，该系统较首次亮相更加成熟和干练。在计算效率方面，通过解耦站点(对象)—模型—参数的数据流，形成灵活“借调”“一对多”的计算模式，模型的通用性得到加强；同时，基于分布式部署的模型计算逻辑框架，采用并行计算的方法，同步加速各个预报节点的计算速率，实现覆盖全河系主要控制站和水工程调度方案的“秒级”运算。在智慧调度方面，进一步完善了预报调度一体化，实现了预报调度“正向”互馈预演、调度方案“逆向”智能推荐，让水工程调控更加智慧。在调度预演方面，采用多源影像融合、多时相影像集成等技术，实现高分辨率、全色影像与高光谱融合，复刻三峡库区倾斜摄影模型，结合发展、融合、共享等手段，扩容仿真情景，对不同调度目标下，库区水面线变化所造成的库区两岸淹没范围、淹没深度、淹没风险进行评估与预警，使调度方案制定者以“上帝视角”，充分了解调度方案的得与失。

(3)2022 年长江防洪预报调度

2022 年 6 月 10 日，综合调度系统业务应用系统主体功能正式上线试运行。恰逢长江流域遭遇严重枯水与历史最早咸潮入侵，该系统以业务应用为导向，其水量预测与优化调度功能板块在长江委 8 月、9 月组织的两轮“长江流域水库群抗旱保供水联合调度专项行动”以及 10 月以三峡水库为核心的抗旱咸潮保供水应急调度方案制定中，发挥了重要作用。

8 月、9 月两轮专项行动累计向长江中下游补水 61.6 亿 m^3，有效改善了长江中下游和两湖地区沿江取水条件，供水工程受益人口约为 1385 万，重点保障 356 处大中型灌区 4316 万亩秋粮作物灌溉用水需求；10 月调度三峡及上中游水库群应急补水 41.53 亿 m^3，加强沿江引调水工程流量控制，有效应对长江口咸潮入侵，上海三大水源地取水水库累计取原水约 5010 万 m^3，延长了供水时间。

(4)2023 年防洪调度

2023 年，有力支撑了汛期长江流域三峡—金沙江下游梯级等水库汛期运行水位动态控制，顺利支撑三峡水库第 13 次满蓄至 175m，助力长江流域控制性水库群蓄水规模首次超过 1000 亿 m^3，为长江流域水库群综合效益发挥提供了强有力保障。

参考文献

[1] 蔡其华.充分考虑河流生态系统保护因素,完善水库调度方式[J].中国水利,2006,2:14-17.

[2] 曾祥胜.人为调节涨水过程促使家鱼自然繁殖的探讨[J].生态学杂志,1990,9(4):20-23.

[3] 郭文献,夏自强,王远坤,等.三峡水库生态调度目标研究[J].水科学进展,2009,20(4):554-559.

[4] 郭文献,王鸿翔,徐建新,等.三峡水库对下游重要鱼类产卵期生态水文情势影响研究[J].水力发电学报,2011,30(3):22-26+38.

[5] 黄仁勇,黄悦.三峡水库干支流河道一维非恒定水沙数学模型初步研究[J].长江科学院院报,2009,26(2):9-13.

[6] 黄仁勇,李飞,张细兵.三峡水库运用初期库区水沙输移数值模拟[J].长江科学院院报,2012,29(1):7-12.

[7] 黄仁勇.长江上游梯级水库泥沙输移与泥沙调度研究[D].武汉:武汉大学,2016.

[8] 金鑫,王凌河,赵志轩,等.水库生态调度研究的若干思考[J].南水北调与水利科技,2011,9(2):22-26+32.

[9] 李翀,彭静,廖文根.长江中游四大家鱼发江生态水文因子分析及生态水文目标确定[J].中国水利水电科学研究院学报,2006,4(3):170-176.

[10] 李清清,覃辉,陈广才,等.基于人造洪峰的三峡梯级生态调度仿真分析[J].长江科学院院报,2011,28(12):112-117.

[11] 李清清,覃辉,陈广才,等.长江中游水文情势变化及对鱼类的影响分析[J].人民长江,2012,43(11):86-89.

[12] 林朝达,林俊强,夏继红,等.三峡水库运行以来四大家鱼产卵的生态水文响应变化[J].水利水电技术.2021,52(5):158-166.

[13] 彭期冬,廖文根,李翀,等.三峡工程蓄水以来对长江中游四大家鱼自然繁殖影

响研究[J]. 四川大学学报(工程科学版). 2012,44(2):228-232.

[14] 王俊娜,李翀,廖文根,等. 基于遗传规划法识别影响鱼类丰度的关键环境因子[J]. 水利学报,2012,43(7):860-868.

[15] 赵越,周建中,许可,等. 保护四大家鱼产卵的三峡水库生态调度研究[J]. 四川大学学报(工程科学版),2012,44(4):45-50.

[16] 周建军. 优化调度改善三峡水库生态环境[J]. 科技导报,2008,26(7):64-71.

[17] LI M Z, GAO X, YANG S R, et al. Effects of environmental factors on natural reproduction of the four major Chinese carps in the Yangtze River, China[J]. Zoological Science, 2013, 30(4):296-303.

[18] XU W, QIAO Y, CHEN X J, et al. Spawning activity of the four major Chinese carps, in middle mainstream of the Yangtze River, responding to the three Gorges Reservoir operation[J]. Journal of Applied Ichthyology, 2015, 31(5):846-854.

[19] XU W, YANG Z, YI R, et al. Relationship between environmental variables and egg abundance of the four major Chinese carps, downstream of the Three Gorges Reservoir[J]. River Research and Applications, 2021, 37(8):1191-1200.

[20] ZHANG G H, CHANG J, SHU G F. Applications of factor-criteriasystem: reconstructionanalysis of the reproductionresearch on grass carp, blackcarp, silver carp and bigheadin the Yangtze river[J]. International Journal of General Systems. 2000, 29(3): 419-428.